“十三五”高等职业教育能源类专业规划教材

光伏组件生产加工技术

黄建华　段文杰　陈　楠　主编
李毅斌　主审

中国铁道出版社有限公司
CHINA RAILWAY PUBLISHING HOUSE CO., LTD.

内容简介

本书以光伏组件生产加工技术为主要内容，在简要介绍光伏电池基本原理的基础上，按生产工艺流程，全面、深入地介绍了光伏电池片分检、焊接、叠层敷设、层压、组件组装、测试检验等各方面的内容。考虑到近年来光伏行业发展迅速，不断有新技术、新工艺出现，书中还介绍了晶硅光伏组件新技术及其他光伏组件等内容。

本书适合作为高等院校光伏材料制备技术、光伏发电技术与应用等相关专业学生的教材，同时也可作为光伏生产企业对员工的岗位培训教材，还可以作为相关专业工程技术人员的参考书。

图书在版编目（CIP）数据

光伏组件生产加工技术/黄建华，段文杰，陈楠主编. —北京：中国铁道出版社有限公司，2019.2（2024.12重印）
“十三五”高等职业教育能源类专业规划教材
ISBN 978-7-113-25323-3

Ⅰ. ①光… Ⅱ. ①黄… ②段… ③陈… Ⅲ. ①太阳能电池-加工-高等职业教育-教材 Ⅳ. ①TM914.4

中国版本图书馆CIP数据核字(2019)第031604号

书　　名：光伏组件生产加工技术
作　　者：黄建华　段文杰　陈　楠

策　　划：李露露　　**编辑部电话：**（010）63560043
责任编辑：李露露　鲍　闻
封面设计：付　巍
封面制作：刘　颖
责任校对：张玉华
责任印制：赵星辰

出版发行：中国铁道出版社有限公司（100054，北京市西城区右安门西街8号）
网　　址：https://www.tdpress.com/51eds
印　　刷：三河市航远印刷有限公司
版　　次：2019年2月第1版　2024年12月第5次印刷
开　　本：787 mm×1 092 mm　1/16　**印张：**13.5　**字数：**328千
书　　号：ISBN 978-7-113-25323-3
定　　价：42.00元

PREFACE

前　言

能源作为社会发展的动力，其技术革新推动着人类社会的进步。随着全球工业化水平日益提高、世界人口数量急剧增长，人类对能源的需求也越来越大，不可再生能源面临着枯竭，由使用化石能源带来的环境污染问题也日益严重。优化能源结构，实现低碳发展，是我国经济社会转型发展的迫切需要，因此国家在节约能源的同时也在积极开发新能源。太阳能是最清洁环保的可再生能源之一，也是未来最具开发潜力的能源。目前对于太阳能的利用，最有效的方式是光伏发电的应用。21世纪以来，中国光伏产业发展迅速，产业结构也发生了很大的变化，光伏市场已从专注于电池及组件出口逐步转向国内光伏发电市场的开发。目前，光伏产业已经实现规模化发展，技术不断进步，产业不断升级。光伏产业在历经了多年的高速发展后，已经成为中国能源系统中不可或缺的组成部分。

促进光伏产业的可持续发展，人才培养是关键。当前光伏产业的快速发展与人才培养相对落后的矛盾日益凸显，越来越多的光伏企业人力资源紧张。光伏产业相关技术更新较快，教材也需要根据光伏材料的新技术和新工艺进行实时更新，才能培养出满足产业发展需要的专业人才。

本书按照光伏组件生产过程安排教学内容，共分九个项目。项目一主要介绍光伏电池的工作原理，组件的分类及总体工艺流程。在此基础上，按生产工艺流程项目二至项目七全面、深入地介绍了光伏电池片分检与激光划片、焊接工艺、叠层敷设、层压工艺、组框工艺、测试检验等各方面的内容，使教学单元完整且符合生产实际情况。考虑到近年来光伏行业发展迅速，不断有新技术、新工艺出现，书中项目八、项目九介绍了晶硅光伏组件新技术及其他光伏组件等内容，便于读者对光伏组件新技术、新工艺有一定的了解和把握。教材采用“任务驱动”的模式组织教学内容。任务中有任务描述、学习目标、相关知识、知识拓展及任务实施等环节，便于学生带着问题去学习，同时利于进行理实一体化的教学。

本书适合作为高等院校光伏材料制备技术、光伏发电技术与应用等相关专业学生的教材，同时也可作为光伏生产企业对员工的岗位培训教材，还可以作为相关专业工程技术人员的参考书。

本书由湖南理工职业技术学院黄建华、段文杰，南昌大学材料科学与工程学院陈楠任主编。全书由黄建华拟定提纲并编写项目四，以及项目五中的任务一至任务四；段文杰统稿并编写项目一、项目二；陈楠编写项目六至项目九及项目五中的任务五；江西新能源科技职业学院成建林、马禄彬编写项目三。

在本书编写过程中得到保定光为绿色能源科技有限公司于琨，杭州瑞亚教育科技有限公司易潮、葛鹏、桑宁如，衢州职业技术学院廖东进等人的大力支持和帮助，在此表示深深的感谢！

教材的开发是一个循序渐进的过程，限于编者水平有限，经验不足，在编写过程中难免会有疏漏之处，竭诚欢迎广大师生和读者提出宝贵意见，使本书不断改进、不断完善。

编　者

2018年12月

目　录

CONTENTS

项目一 光伏组件基础

任务一　光伏电池工作原理

学习目标

(1)掌握光伏电池发电的基本原理。

(2)掌握光伏发电系统组成。

(3)了解逆变器的重要作用。

(4)熟悉电池片制备工艺。

任务描述

光伏发电技术是利用光伏电池的光生伏特效应将光能直接转变为电能的一种技术。光伏电池主要由光伏组件、控制器和逆变器等设备组成。本任务将学习光伏电池工作原理,光伏发电系统组成等知识。

相关知识

一、光伏电池发电原理

光伏发电的基本原理是利用光伏电池的光生伏特效应直接把太阳的辐射能转变为电能。当太阳光照射到由P、N型两种半导体材料构成的光伏电池上时,其中一部分光线被反射,一部分光线被吸收,还有一部分光线透过电池片。被吸收的光能激发被束缚的高能级状态下的电子,产生电子-空穴对,在PN结的内建电场作用下,电子、空穴相互运动(见图1-1),N区的空穴向P区运动,P区的电子向N区运动,使光伏电池的受光面有大量负电荷(电子)积累,而在电池的背光面有大量正电荷(空穴)积累。若在电池两端接上负载,负载上就有电流通过,当光线一直照射时,负载上将源源不断地有电流流过。

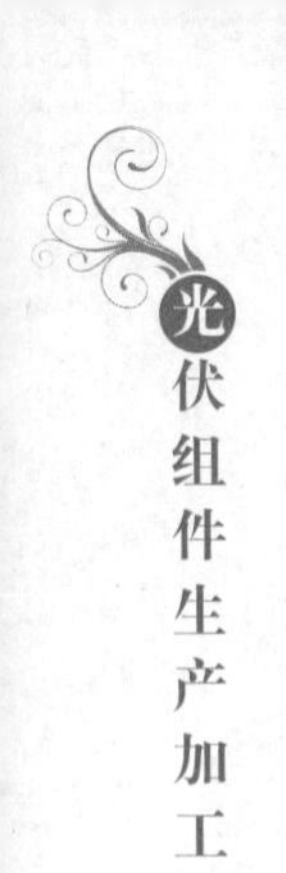

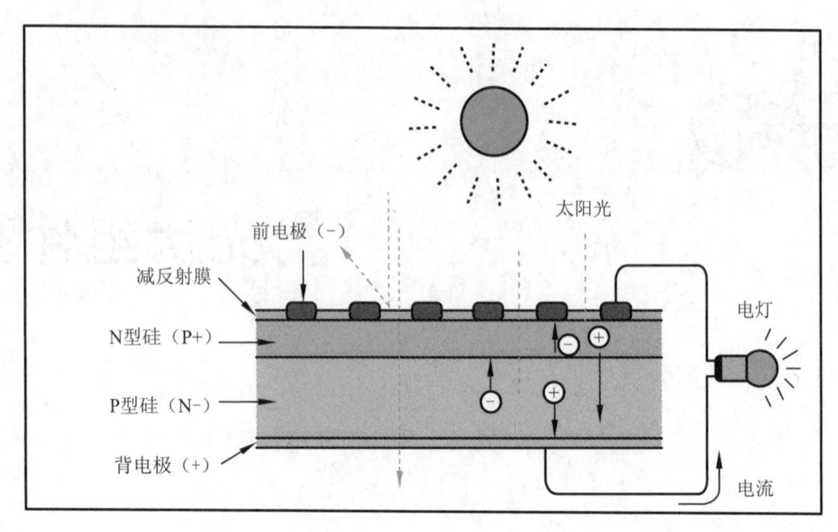

图 1–1　光伏发电原理示意图

二、光伏发电系统组成及功能

光伏发电系统是通过光伏组件将太阳辐射能转换为电能的发电系统。发电系统主要由光伏组件(或阵列)、蓄电池(组)、光伏控制器、交流逆变器(在有需要输出交流电的情况下使用)等设备构成,光伏发电系统结构如图 1–2 所示。

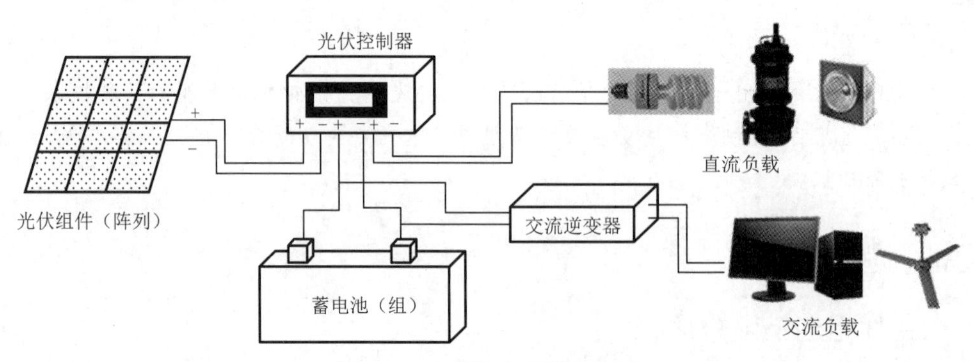

图 1–2　光伏发电系统结构图

光伏组件(阵列)将太阳光的辐射能量转换为电能,并送往蓄电池中存储起来,也可以直接用于推动负载工作;蓄电池(组)用来存储光伏组件产生的电能,并可随时向负载供电;光伏控制器的作用是控制光伏组件对蓄电池充电以及蓄电池对负载的放电,防止蓄电池过充电、过放电;交流逆变器是把光伏组件(阵列)或者蓄电池(组)输出的直流电转换成交流电供应给电网或者交流负载。

三、光伏发电系统组件

(1)光伏组件(阵列)

光伏组件(阵列)是把多个单体的光伏电池片,根据需要串并联起来,并通过专用材料和专门生产工艺进行封装后的产品。

光伏组件的性能参数主要有:短路电流、开路电压、峰值电流、峰值电压、峰值功率和转换效率等。

(2)蓄电池

光伏发电系统最普遍使用的能量存储装置就是蓄电池(组),蓄电池(组)的作用主要是存储光伏电池产生的电能,并可随时向负载供电。

铅酸蓄电池主要技术参数有:蓄电池的容量、放电率、放电深度、终止电压、循环寿命、过充电寿命、自放电率等。

(3)光伏控制器

光伏控制器的主要功能有:防止蓄电池过充电与过放电保护、系统短路保护、系统极性反接保护、夜间防反充保护等。在温差较大的地方,光伏控制器还具有温度补偿的功能。另外,光伏控制器还有光控开关、时控开关等工作模式,以及充电状态、蓄电池电量等各种工作状态的显示功能。

控制器的主要技术参数有:系统电压、最大充电电流、蓄电池过充电保护电压(HVD)、蓄电池的过放电保护电压(LVD)、蓄电池充电浮充电压。

(4)交流逆变器

光伏发电系统中使用的交流逆变器是一种将光伏电池产生的直流电转换为交流电的转换装置。光伏逆变器分为并网型与离网型。并网型光伏逆变器要求较高,除输出交流电的电压、频率与相位能自动跟踪电网外,还需具备防孤岛效应等功能;离网型光伏逆变器要求相对简单一些,对输出的交流电压大小、频率与相位只要达到预定值即可。

知识拓展

光伏电池性能特点

1. 标准测试条件

光源辐照度:1 000 W/m^2。

测试温度:25 ℃ ±1 ℃。

AM1.5 地面太阳光谱辐照度分布。

2. 光伏电池等效电路

(1)理想光伏电池等效电路。相当于一个电流为 I_{ph} 的恒流源与一只正向二极管并联,流过二极管的正向电流称为暗电流(I_D),流过负载的电流为 I,负载两端的电压为 V,如图 1-3 所示。

(2)实际光伏电池等效电路。由于漏电流等产生的旁路电阻为 R_{sh},由体电阻和电极的欧姆电阻产生的串联电阻为 R_s,实际等效电路如图 1-4 所示。在 R_{sh} 两端的电压为:$V_j = V + I_{R_s}$,因此流过旁路电阻 R_{sh} 的电流为:

$$I_{sh} = (V + I_{R_s}) / R_{sh}$$

流过负载的电流为:

$$I = I_{ph} - I_D - I_{sh}$$

暗电流 I_D 是注入电流和复合电流之和,可以简化为单指数形式:

$$I_D = I_{oo}\exp\left(\frac{qV}{A_0kT} - 1\right)$$

式中 I_{oo}——光伏电池在无光照时的饱和电流;

A_0——结构因子,它反映了 PN 结的结构完整性对性能的影响;

K——玻尔兹曼常量。

在理想情况下：$R_{sh}\to\infty$，$R_s\to 0$。

由此得到：

$$I = I_{ph} - I_D = I_{ph} - I_{oo}\exp\left(\frac{qV}{A_0kT}-1\right)$$

在负载短路时，即 $V_j=0$（忽略串联电阻），便得到短路电流，其值恰好与光电流相等，即$I_{sc}=I_{ph}$。

因此得出：

$$\begin{aligned} I &= I_{ph} - I_D \\ &= I_{sc} - I_{oo}\exp\left(\frac{qV}{A_0kT}-1\right) \end{aligned}$$

在负载 $R\to\infty$ 时，输出电流→0，便得到开路电压 V_{oc} 其值由下式确定：

$$V_{oc}=\frac{A_okT}{q[\ln(I_{sc}/I_{oo})+1]}$$

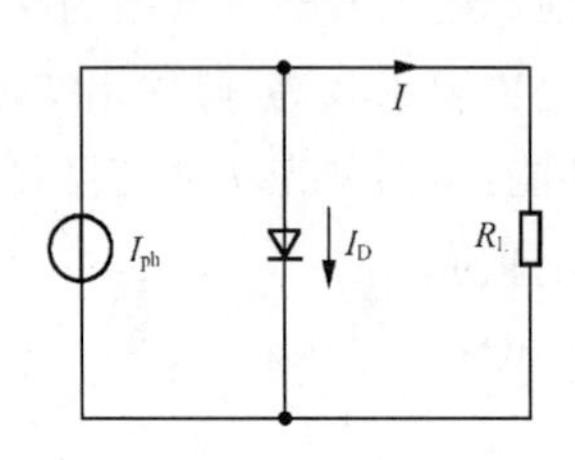

图 1-3　理想的光伏电池等效电路

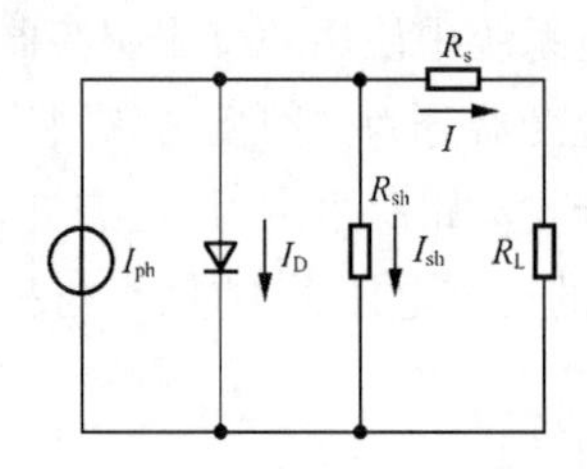

图 1-4　实际的光伏电池等效电路

（3）伏安（$I-V$）特性曲线

受光照的光伏电池，在一定的温度和辐照度以及不同的外电路负载下，流入负载的电流 I 和电池端电压 V 的关系曲线，如图 1-5 所示。

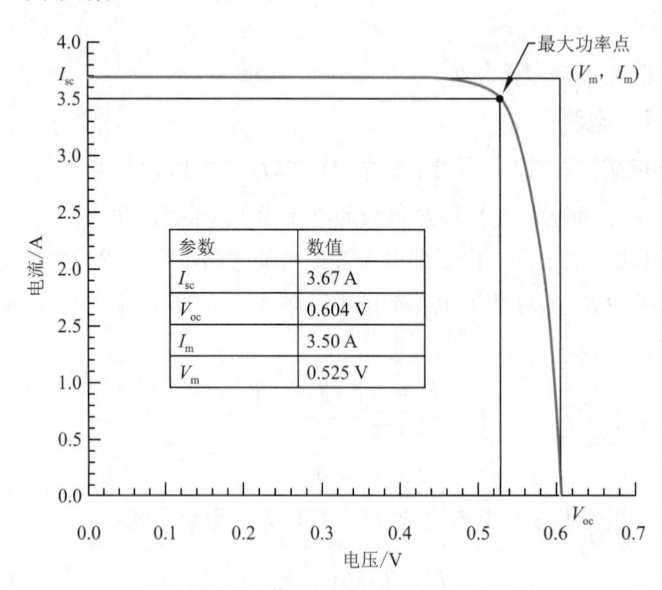

图 1-5　光伏电池的 $I-V$ 特性曲线

(4)开路电压

在一定的温度和辐照度条件下,光伏发电器在空载(开路)情况下的端电压,通常用 V_{oc} 来表示。光伏电池的开路电压与电池面积大小无关,通常单晶硅光伏电池的开路电压为 450 ~ 600 mV,最高可达 690 mV。光伏电池的开路电压与入射光谱辐照度的对数成正比。

(5)短路电流

在一定的温度和辐照条件下,光伏发电器在端电压为零时的输出电流,通常用 I_{sc} 来表示。I_{sc} 与光伏电池的面积大小有关,面积越大,I_{sc} 越大。一般 1 cm^2 的光伏电池的 I_{sc} 为 16 ~ 30 mA。I_{sc} 与入射光的辐照度成正比。

(6)最大功率点

在光伏电池的伏安特性曲线上对应最大功率的点,又称最佳工作点,对应功率用 P_m 表示。

(7)最佳工作电压

光伏电池伏安特性曲线上最大功率点所对应的电压,通常用 V_m 表示。

(8)最佳工作电流

光伏电池伏安特性曲线上最大功率点所对应的电流,通常用 I_m 表示。

(9)转换效率

受光照光伏电池的最大功率与入射到该光伏电池上的全部辐射功率的百分比。

$$\eta = \frac{V_m I_m}{A_t P_{in}}$$

式中:V_m 和 I_m 分别为最大输出功率点的电压和电流;A_t 为光伏电池的总面积; P_{in} 为单位面积太阳入射光的功率。

(10)填充因子(曲线因子)

光伏电池的最大功率与开路电压和短路电流乘积之比,通常用 FF 表示:

$$\mathrm{FF} = \frac{I_m V_m}{I_{sc} V_{oc}}$$

式中:$I_{sc} V_{oc}$ 是光伏电池的极限输出功率;$I_m V_m$ 是光伏电池的最大输出功率。

填充因子是表征光伏电池性能优劣的一个重要参数。

(11)电流温度系数

在规定的试验条件下,被测光伏电池温度每变化 1℃,光伏电池短路电流的变化值,通常用 α 表示。对于一般晶体硅电池:

$$\alpha = +0.1\%\ ℃^{-1}$$

(12)电压温度系数

在规定的试验条件下,被测光伏电池温度每变化 1℃,光伏电池开路电压的变化值,通常用 β 表示。对于一般晶体硅电池:

$$\beta = -0.38\%\ ℃^{-1}$$

任务实施

晶硅电池加工过程中所包含的制造步骤,根据不同的电池生产商有所不同。常见的晶硅电池制备工艺主要包括制绒、扩散制结、去周边层、去 PSG、PECVD、丝网印刷、烧结、测试包装等。常见单晶硅电池片、多晶硅电池片如图 1-6 所示。

(a) 单晶硅电池片

(b) 多晶硅电池片

图 1-6 单晶硅电池片和多晶电池片

1. 制绒

在晶硅电池制备工艺中，由于采用的原材料是硅片，硅片表面在多线切割过程中有一层 10~20 μm 的损伤层，在晶硅电池制备时首先需要利用化学腐蚀将损伤层去除，然后制备绒面结构。

对于单晶硅而言，如果选择择优化学腐蚀剂，就可以在硅片表面形成金字塔结构（又称绒面结构或表面织构化），这种结构比平整的化学抛光的硅片表面具有更好的减反射效果，能够更好地吸收和利用太阳光线。当一束光线照射在平整的抛光硅片上时，约有 30% 的太阳光会被反射掉；如果光线照射在金字塔形的绒面结构上，反射的光线会进一步照射在相邻的绒面结构上，减少太阳光的反射；同时，光线斜射入晶体硅，从而增加太阳光在硅片内部的有效运动长度，增加光线吸收的机会。图 1-7 为单晶硅制绒后的 SEM 图，高 10 μm 的峰是方形底面金字塔的顶。这些金字塔的侧面是硅晶体结构中相交的(111)面。

对于由不同晶粒构成的铸造多晶硅片，由于硅片表面具有不同的晶向，择优腐蚀的碱性溶液显然不再适用。研究人员提出利用非择优腐蚀的酸性溶液，在铸造多晶硅表面制造类似的绒面结构，增加对光的吸收。到目前为止，人们研究最多的是 HF 和 HNO_3 的混合液。其中 HNO_3 作为氧化剂，它与硅反应，在硅的表面产生致密的不溶于 HNO_3 的 SiO_2 层，使得 HNO_3 和硅隔离，反应停止；但是 SiO_2 可以和 HF 反应，生成可溶解于水的络合物 H_2SiF_6（六氟硅酸），导致 SiO_2 层的破坏，从而 HNO_3 对硅的腐蚀再次进行，最终使得硅表面不断被腐蚀。

图 1-7 在扫描电镜下绒面电池表面的外貌

2. 扩散制结

晶体硅光伏电池一般利用掺硼的 P 型硅作为基底材料，在 850 ℃左右，通过扩散五价的磷原子形成 N 型半导体，组成 PN 结。磷扩散的工艺有多种，主要包括气态磷扩散、固态磷扩散和液态磷扩散。

在晶硅电池里，最常用的方法是液态磷扩散，液态磷扩散可以得到较高的表面浓度，在硅光伏电池工艺中更为常见。通常利用的液态磷源为 $POCl_3$（三氯氧磷），通过保护气体，将磷源携带进入反应系统，在 800~1 000 ℃之间分解，生成 P_2O_5。接着，P_2O_5 与硅反应生成 P，导致磷不断向硅片体内扩散。液态磷源扩散如图 1-8 所示。其反应式为：

$$5POCl_3 = P_2O_5 + 3PCl_5$$

$$2P_2O_5 + 5Si = 5SiO_2 + 4P$$

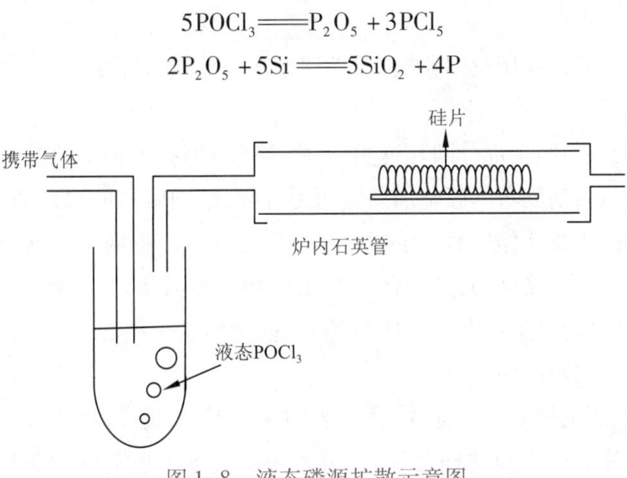

图 1-8　液态磷源扩散示意图

3. 去周边层

在扩散过程中，硅片周边表面也被扩散，形成 PN 结，这将导致电池的正负极连通，造成电池短路，所以需要将扩散边缘的 N 型层去除。周边上存在任何微小的局部短路都会使电池并联电阻下降，以致成为废品。

目前电池片生产工艺中，去周边层最常用的方法为等离子干法刻蚀。原理为利用等离子体辉光放电将反应物激发，形成带电粒子，带电粒子轰击硅片边缘，与硅反应产生挥发性产物，达到边缘腐蚀的目的，从而去除边缘的 N 型结。

4. 去 PSG

在扩散过程中，三氯氧磷与硅反应生产的副产物二氧化硅残留于硅片表面，形成一层磷硅玻璃（掺 P_2O_5 或 P 的 SiO_2，含有未掺入硅片的磷源）。磷硅玻璃对于太阳光线有阻挡作用，并影响到后续减反射膜的制备。

目前电池片生产工艺中，去 PSG 常用的方法是酸洗。原理为利用氢氟酸与二氧化硅反应，使硅片表面的 PSG 溶解。

5. PECVD

光照射到平坦的硅片表面，其中一部分被反射，即使对绒面的硅表面，由于入射光产生多次反射而增大了吸收率，但仍有约 11% 的反射损失。在其上覆盖一层减反射膜层，可大大降低光的反射，增加对光的吸收。

减反射膜的基本原理是利用光在减反射膜上下表面反射所产生的光程差，使得两束反射光干涉相互抵消，从而减弱反射，增加投射。在光伏电池材料和入射光谱确定的情况下，减反射的效果取决于减反射膜的折射率及厚度。

目前电池片生产工艺中，常见的镀膜工艺为 PECVD（等离子增强化学气相沉积法）。利用硅烷与氨气在辉光放电的情况下发生反应，在硅片表面沉积一层氮化硅减反射膜，增加对光的吸收。

6. 丝网印刷与烧结

光伏电池的关键是 PN 结，有了 PN 结即可产生光生载流子，但有光生载流子的同时还必须将这些光生载流子导通出来，为了将光伏电池产生的电流引导到外加负载，需要在电池 PN 结的

两面建立金属连接。

目前，金属电极主要是利用丝网印刷，在晶硅电池两面制备金属电极。随后通过烧结，形成良好的欧姆接触。

丝网印刷是利用网版图文部分网孔透墨，非图文部分网孔不透墨的基本原理进行印刷。印刷时在网版上加入浆料，刮胶对网版施加一定压力，同时朝网版另一端移动，浆料在移动中从网孔挤压到承载物上，由于黏性作用而固定在一定范围之内。由于网版与承印物之间保持一定的间隙，与承印物只呈移动式接触，而其他部分与承印物为脱离状态，浆料与丝网发生断裂运动，保证了印刷尺寸黏度。刮胶刮过整个版面后抬起，同时网版也抬起，并通过回墨刀将浆料轻刮回初始位置，完成一个印刷过程。

烧结工艺是将印刷电极后的电池片，在适当的气氛下，通过高温烧结，使浆料中的有机溶剂挥发，金属颗粒与硅片形成牢固的硅合金，与硅片形成良好的欧姆接触，从而形成光伏电池的上、下电极。

7. 测试包装

为了将电池片分级并分析发现制程中的问题，从而加以改善制程。在电池片的最后工艺中，将对电池片进行测试。

测试的原理是利用稳态模拟太阳光或者脉冲模拟太阳光，使电池片形成光电流。测试电池的 I_{sc}、V_{oc}、FF、E_{ff} 等性能参数。

任务二　光伏组件分类及组成

学习目标

(1) 熟悉光伏组件的常见类型。

(2) 掌握硅基光伏组件的组成结构。

任务描述

光伏组件按不同的分类方式可以分为不同的类型，本任务介绍光伏组件的常见分类，并以硅基光伏组件为例，介绍光伏组件的组成。

相关知识

光伏组件按光伏电池的材料可以分为晶硅组件和薄膜组件，其中晶硅组件又可以分为单晶硅组件和多晶硅组件（见图 1-9）；薄膜组件则主要包括硅基薄膜组件、铜铟镓硒（CIGS）薄膜组件、砷化镓薄膜（GaAs）组件及碲化镉（CdTe）薄膜组件等。

1. 单晶硅组件

单晶硅光伏电池的光电转换效率约为 17%，最高的达到 24%，这是所有种类的光伏电池中光电转换效率最高的，但制作成本很大，以致它还不能被大量和普遍地使用。由于单晶硅一般采用钢化玻璃以及防水树脂进行封装，因此其坚固耐用，大部分厂商一般都是提供 25 年的质量保证。市场上 1.63 m^2 左右单晶硅光伏组件的常见功率为 270 W、275 W、280 W，而 1.93 m^2 左右的单晶硅光伏组件的常见功率为 310 W、315 W、320 W 等。其特性是：与多晶硅相比，同等面积转换效率更高，造价也要高些。

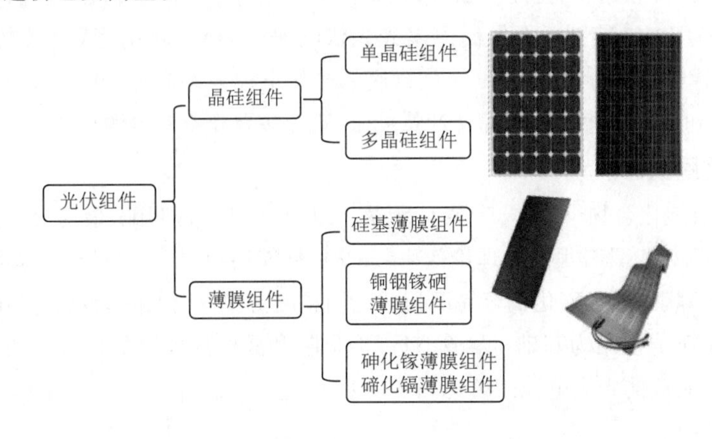

图 1-9　光伏组件分类

2. 多晶硅组件

多晶硅光伏电池的制作工艺与单晶硅光伏电池差不多，但是多晶硅光伏电池的光电转换效率则要降低不少，其光电转换效率约为 15%。从制作成本上来讲，其比单晶硅光伏电池要便宜一些，材料制造简便，节约电耗，总的生产成本较低，因此得到大量发展。此外，多晶硅光伏电池的使用寿命也要比单晶硅光伏电池短。在市场上 1.63 m^2 左右面积的多晶硅光伏组件常见功率为 260 W、265 W、270 W，而 1.93 m^2 左右面积的常见功率为 300 W、305 W、310 W，随着高效电池的出现，组件的功率还会进一步提高。其特点是：衰减慢、使用寿命长、与单晶硅光伏组件相比价格上有优势。

3. 硅基薄膜组件

硅基薄膜组件主要指非晶硅薄膜组件。非晶硅光伏电池是 1976 年出现的薄膜式光伏电池，它与单晶硅和多晶硅光伏电池的制作方法完全不同，工艺过程大大简化，硅材料消耗很少，电耗更低，它的主要优点是在弱光条件也能发电。但非晶硅光伏电池存在的主要问题是光电转换效率偏低，国际先进水平为 10% 左右，且不够稳定，随着时间的延长，其转换效率会衰减。每平方米非晶硅光伏组件的功率最大只有 78 W，最小只有 50 W 左右，其特点是：占地面积大、比较易碎、转换效率低、运输不安全、衰减快，但是弱光性较好。

4. 铜铟镓硒薄膜组件

铜铟镓硒（CIGS）薄膜组件是在 CIS（$CuInSe_2$）的基础上发展起来的，指使用化学物质 Cu（铜）、In（铟）、Ga（镓）、Se（硒）通过共蒸发或后硒化工艺在衬底上形成吸收层的光伏电池技术。分为溅射法和共蒸发法两种。前者采用多元素溅射的方式，在柔性衬底上沉积铜铟镓硒功能膜层，后者则通过多元素共蒸发的方式来实现。CIGS 电池具有性能稳定、抗辐射能力强，光电转换效率目前是各种薄膜光伏电池之首，接近于目前市场主流产品晶体硅光伏电池的转换效率，成本却只有其 1/3。因为其性能优异，被国际上称为下一代的廉价光伏电池，无论是在地面阳光发电还是在空间微小卫星动力电源的应用上都具有广阔的市场前景。

5. 砷化镓薄膜组件

砷化镓(GaAs)属于Ⅲ-Ⅴ族化合物半导体材料,其能隙为1.4 eV,正好为高吸收率太阳光的值,与太阳光谱的匹配较适合,且能耐高温,在250 ℃的条件下,光电转换性能仍然良好,其最高光电转换效率约为30%,特别适合做高温聚光光伏电池。GaAs(砷化镓)光伏电池大多采用液相外延法或MOCVD技术制备。用GaAs做衬底的光伏电池效率高达29.5%(一般在19.5%左右),产品耐高温和辐射,但生产成本高,产量受限,现今主要作空间电源用。

6. 碲化镉薄膜组件

CdTe是Ⅱ-Ⅵ族化合物半导体,带隙1.5 eV,与太阳光谱非常匹配,最适合于光电能量转换,是一种良好的PV材料,具有很高的理论效率(28%),性能很稳定,一直被光伏界看重,是技术上发展较快的一种薄膜电池。碲化镉容易沉积成大面积的薄膜,沉积速率也高。CdTe薄膜光伏电池通常以CdS/CdTe异质结为基础。尽管CdS和CdTe和晶格常数相差10%,但它们组成的异质结电学性能优良,制成的光伏电池的填充因子(FF)高达0.75。

知识拓展

光伏组件按用途分类

光伏组件是由光伏电池片群密封而成,是阵列的最小可换单元。目前大多数光伏电池片是单晶或多晶硅电池。这些电池正面用钢化玻璃、背面用软的东西封装。它就是光伏系统中把辐射能转换成电能的部件。除此以外,还有非晶硅光伏电池。因为非晶硅是靠气体反应形成的,很容易形成薄膜,在一块衬底上便于使多个单元电池串联连接而获得较高的电压输出。

按照光伏电池的用途、目的、规模、种类等有各种形状的光伏电池组件,下面就几种典型的例子进行介绍。

(一)用于电子产品的组件

为驱动计算器手表、收音机、电视、充电器等电子产品,一般需1.5 V至数十伏的电压。而单个光伏电池产生的电压小于1 V,所以要驱动这些电子产品,必须使多个光伏电池元件串联连接才能达到要求电压。

如图1-10(a)和图1-10(b)给出了民用晶体光伏组件的结构,是把光伏电池元件排列好,串联连接做成组件。可见,为驱动电子装置,需要一定的高压,而该组装方法存在的问题是成本高,接线点太多;从可靠性的观点而言,接线点太多是不利的。

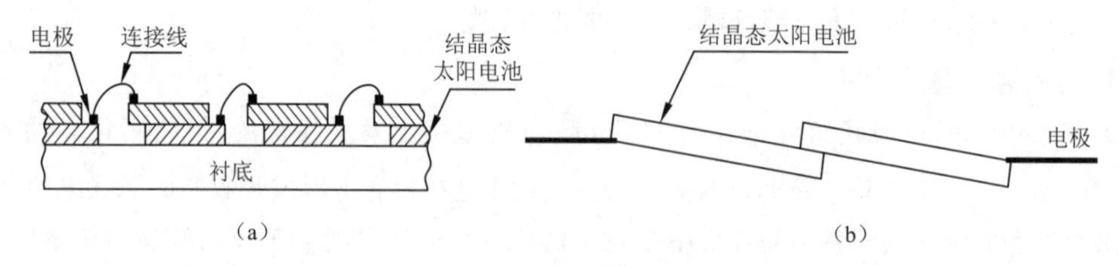

图1-10 民用晶体硅光伏电池组件的结构

(二)用于电力的组件

电力用的光伏电池一般均安装在室外,所以除光伏电池本身以外,还必须采用能经受雨、风、沙尘和温度变化，甚至冰雹袭击等的框架、支撑板和密封树脂等进行完好的保护。

图 1-11(a)所示为衬片式结构，在光伏电池的背后放一块衬片作为组件的支撑板，其上用透明树脂将整个光伏电池封住。支撑板采用纤维钢化塑料(FRP)等。

目前最常用的是图 1-11(b)所示的超光面式结构，在光伏电池的受光面放一块透明基板作组件的支撑板，其下用填充材料和背面被覆盖材料将光伏电池密封。上面的透明板用玻璃，最好采用透明度和耐冲击强度均好的钢化白玻璃。填充材料主要采用在紫外光照射时透过率衰减较小的聚乙烯醇缩丁醛(PVB)和耐湿性良好的乙烯乙酸乙烯(EVA)。反面涂层多采用金属铝同聚氟乙烯(PVF)夹心状结构，使其具有耐湿性和高绝缘性。

此外，针对可靠性要求特别高的应用，人们开发了一种新的封装方式，即玻璃对装式，如图 1-11(c)所示，即在两块玻璃板之间用树脂把光伏电池元件封入。

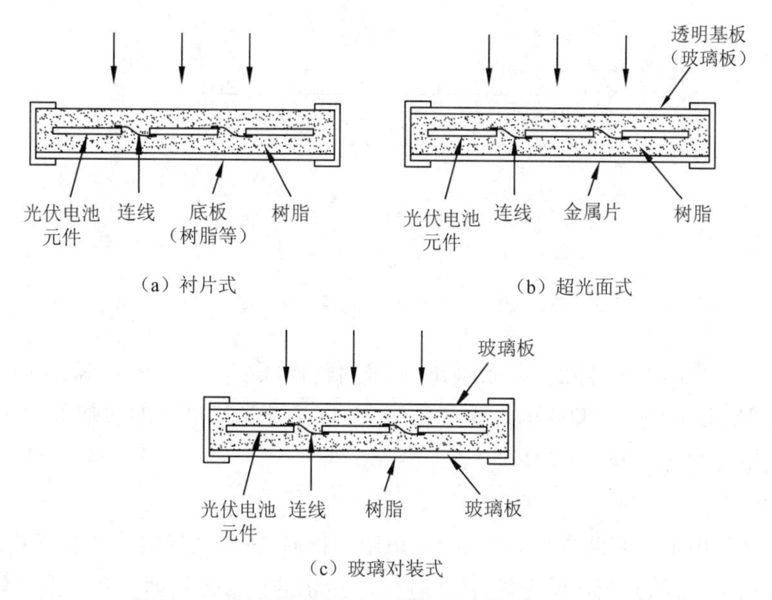

图 1-11　各种结构晶硅光伏电池电力用组件的结构

随着非晶硅光伏电池的发展，人们也在研究采用同晶体硅光伏电池一样的超光面封装方式，如图 1-12(a)所示，把集成型光伏电池衬底玻璃直接用作受光面的保护板，各单元电池的连接也不用导线，所以能使组件的组装工艺变得特别简单。此外，图 1-12(b)所示的组件也在研究之中。今后如果更大面积光伏电池的研制取得进展，估计选用图 1-12(c)所示的单块衬底型组件是更适合的，这样可以进一步降低组件成本。

非晶硅光伏电池组件与单晶硅光伏电池组件相比，其输出对温度的关系较小，转换效率随着光强的减小，在直线范围内比单晶硅小。

(三)聚光式组件

聚光式光伏电池发电系统是在聚焦的太阳光下工作的，有关这方面的研究工作最近取得了较大的进展。它分为透镜式和反光镜式两种。

(1)透镜式

聚光所必需的大面积透镜采用凸透镜，它是把分割的凸透镜曲面连接在一起。菲涅耳透镜的形状有圆形和线形之分。图 1-13(a)给出了线形菲涅耳透镜的实例，太阳光聚焦于配置为点状或线状的光伏电池上。

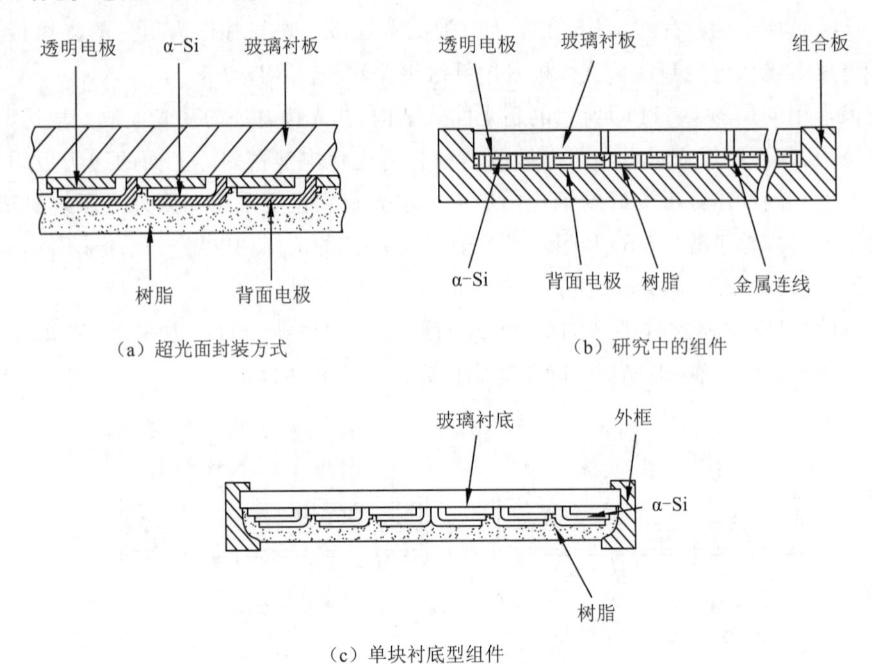

图 1-12　采用非晶硅光伏电池的各种电力用组件的结构

光伏电池除了采用单晶硅光伏电池以外,常采用转换效率较高的砷化镓光伏电池。在圆形菲涅耳透镜、聚光比为 500～1 000 的点聚焦情况下,单晶硅光伏电池的转换效率为 15%～17% 而砷化镓光伏电池的达到 18%～20% 。

(2)反光镜式

反光镜式光伏电池又有两种形式,一种是采用抛物面透镜,光伏电池放在其焦点上,另一种是底面放置光伏电池,侧面配置反光镜,图 1-13(b)所示的槽形抛物面透镜的形式较为常用。

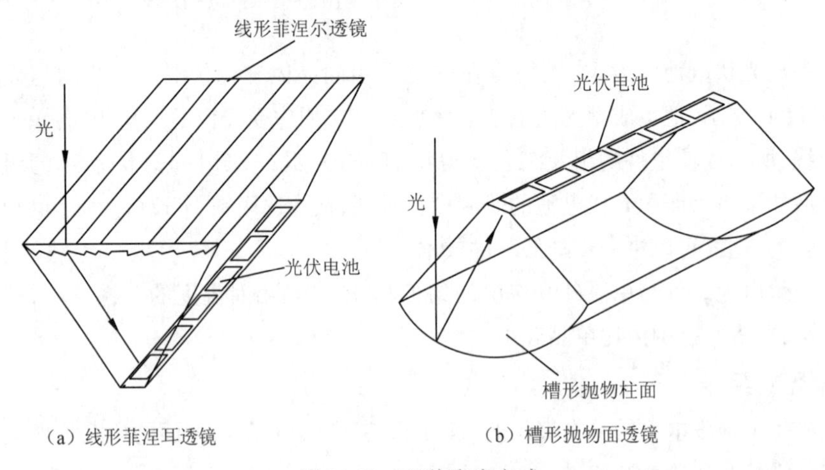

图 1-13　两种聚光方式

此外还有其他方式,图 1-14(a)所示为荧光聚光板型光伏电池,其把所吸收的光通过荧光板变为荧光,荧光在荧光板内传播,最后被聚集于放置着光伏电池的端部。现在这种荧光聚光板型光伏电池已能做到:面积为 1 m^2 的,效率为 1% ;面积为 1 600 cm^2 的,效率为 2.5% 。另外在该方式中,正在研究图 1-14(b)所示的波长为分割型的荧光聚光板型光伏电池,其关键问题是要降低荧光板的价格,提高发光效率,以及提高可靠性等。

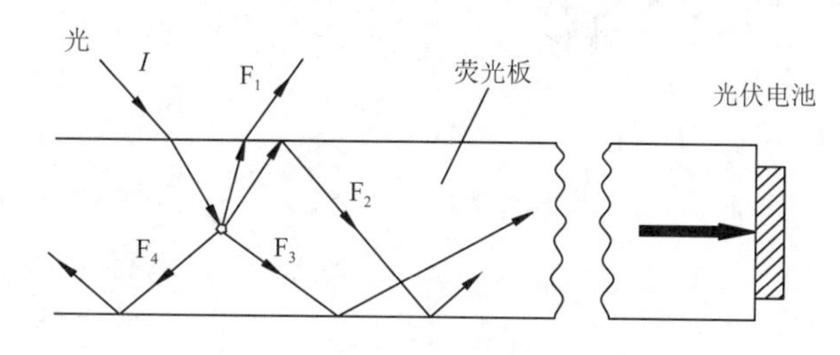

(a)荧光聚光板型光伏电池的原理

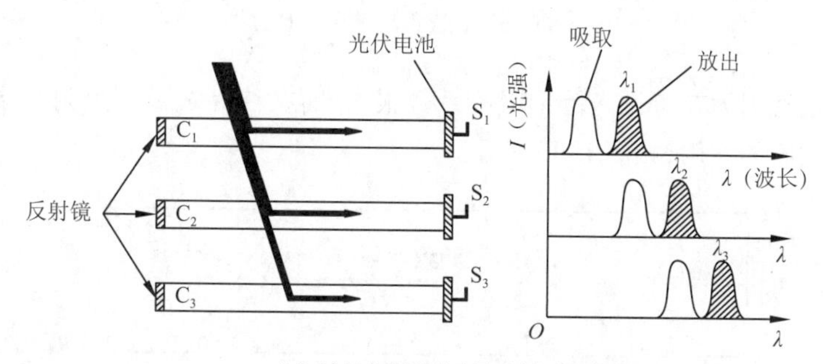

(b)波长分割型荧光聚光板型光伏电池

图 1-14　其他聚光光伏电池

(四)混合型组件

光热混合型组件是为更有效地利用太阳能,让太阳光发电又发热的器件。这种混合型组件有聚光型光热混合型组件和聚热器型光热混合型组件。

聚光型光热混合型组件如图 1-15 所示,聚光型光伏电池背面通过导热媒介物进行聚热。新能源综合开发机构(NEDO)委托研究表明,系统能得到 5 kW 的电输出、25 kW 的热输出。

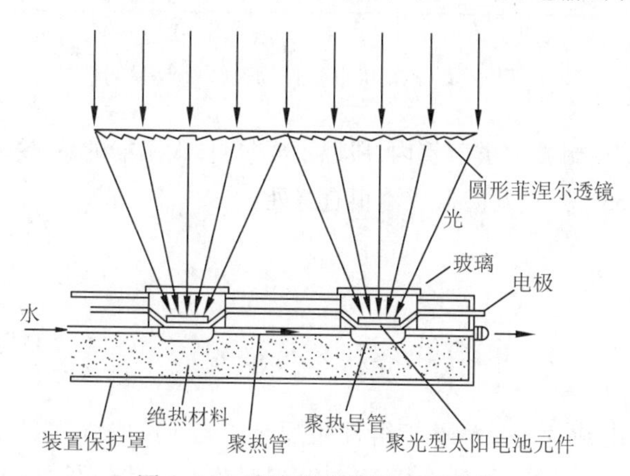

图 1-15　聚光型光热混合型组件

聚热型光热混合型组件是将光伏电池连接到聚热板上而发电的。图 1-16 所示为在真空玻璃管型聚热板上形成非晶硅光伏电池的混合型组件。

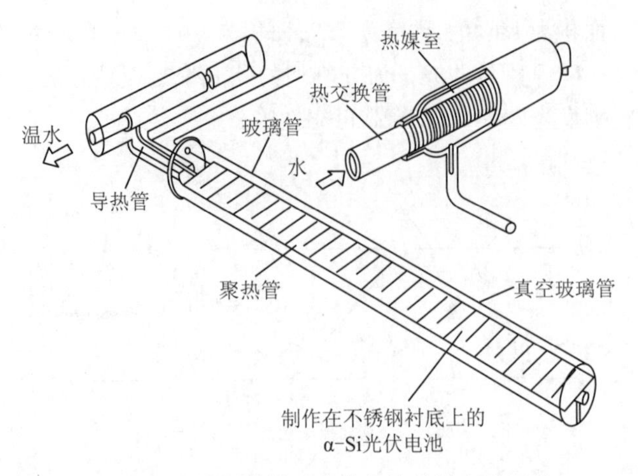

图 1-16 采用非晶硅光伏电池的混合型组件

非晶硅光伏电池因为在可见光范围吸收系数很大,而在红外线范围反射系数大,所以也起着良好的选择吸收膜的作用,如图 1-17 所示。

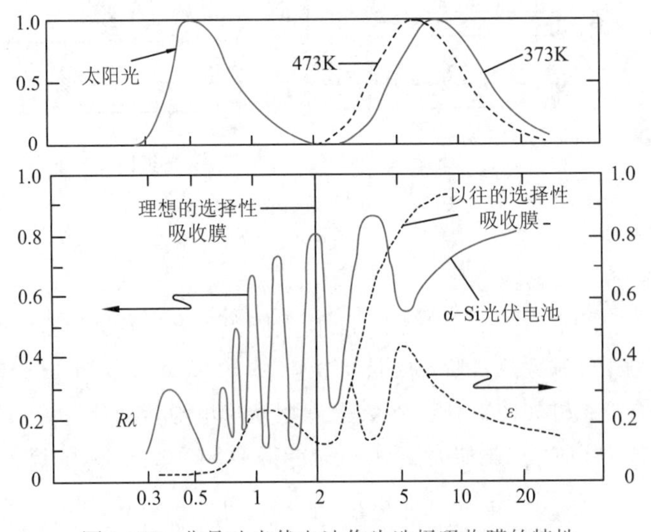

图 1-17 非晶硅光伏电池作为选择吸收膜的特性

非晶硅光伏电池被密封真空玻璃管内,所以不要包封,太阳能的总转换效率达 58%,其中电能转换 5%,热能转换 53%。这对降低成本很有好处。

任务实施

认识光伏组件的组成

除任务一介绍的电池片外,太阳能组件主要还有玻璃、EVA 胶膜、背膜、互连条、汇流条、铝合金边框、硅胶、二极管、接线盒等核心组成部分。光伏组件部分组成结构如图 1-18 所示。

1. 玻璃

采用低铁钢化绒面玻璃(又称为白玻璃),厚度为3.2 mm±0.2 mm,在光伏电池光谱响应的波长范围内(320～1 100 nm)透光率达91%以上,对于大于1 200 nm的红外光有较高的反射率。此玻璃同时能耐太阳紫外光线的辐射,透光率不下降。玻璃要清洁无水汽、不得裸手接触玻璃两表面。

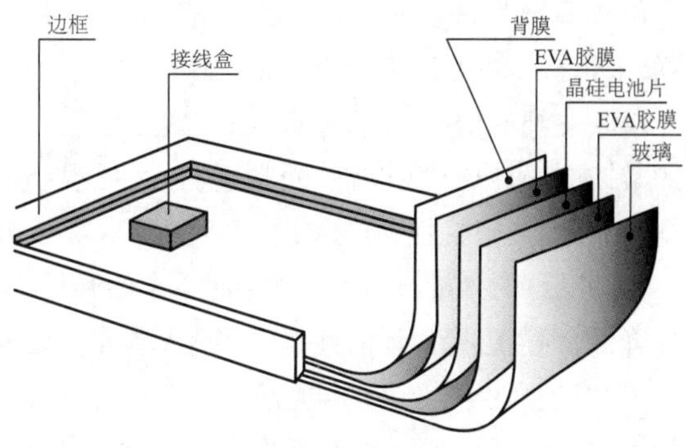

图1-18　光伏组件部分组成结构

(1)用作光伏组件封装材料的钢化玻璃,对以下几点性能有较高的要求:

① 抗机械冲击强度。

② 表面透光性。

③ 弯曲度。

④ 外观。

(2)玻璃的质量要求以及来料抽检:

① 钢化玻璃标准厚度为3.2 mm,允许偏差为0.2 mm。

② 钢化玻璃的尺寸为1 574 mm×802 mm,允许偏差为0.5 mm,两条对角线允许偏差为0.7mm。

③ 钢化玻璃允许每米边上有打磨爆边,但要求长度不超过10 mm,自玻璃边部向玻璃板表面延伸深度不超过2 mm,自板面向玻璃另一面延伸不超过玻璃厚度的1/3。钢化玻璃内部不允许有长度大于1 mm的集中的气泡。对于长度小于1 mm气泡每平方米不得超过6个。

④ 不允许有结石,裂纹,缺角的情况发生。

⑤ 钢化玻璃在可见光波段内透射比不小于90%。

⑥ 钢化玻璃表面允许每平方米内宽度小于0.1 mm,长度小于50 mm的划伤数量不多于4条。每平方米内宽度0.1～0.5 mm、长度小于50 mm的划伤不超过1条。

⑦ 钢化玻璃不允许有波形弯曲,弓形弯曲不允许超过0.2%。

2. EVA

晶体硅光伏电池封装材料是EVA,它是乙烯与乙酸乙烯酯的共聚物,化学式结构如下:

$$\mathrm{-\!\!\!\left(CH_2-\underset{\displaystyle \underset{\displaystyle O=C-CH_3}{\overset{|}{\underset{|}{O}}}}{CH}\right)_{\!m}\!\!\left(CH_2-CH_2\right)_n}$$

EVA是一种热熔胶黏剂,常温下无黏性而具抗黏性,以便操作,经过一定条件热压便发生熔融粘接与交联固化,并变得完全透明,长期的实践证明:它在光伏电池封装与户外使用均获得相当满意的效果。固化后的EVA能承受大气变化且具有弹性,它将晶体硅片组"上盖下垫",将硅晶片组包封,并和上层保护材料玻璃,下层保护材料TPT(聚氟乙烯复合膜),利用真空层压技术黏合为一体。

另一方面,它和玻璃黏合后能提高玻璃的透光率,起着增透的作用,并对光伏电池组件的输出有增益作用。

EVA 厚度为 0.4～0.6 mm 之间，表面平整，厚度均匀，内含交联剂，能在 140 ℃固化温度下交联，采用挤压成型工艺形成稳定胶层。

EVA 主要有两种：①快速固化；②常规固化。不同的 EVA 层压过程有所不同。EVA 具有优良的柔韧性、耐冲击性、弹性、光学透明性、低温绕曲性、黏着性、耐环境应力开裂性、耐候性、耐化学药品性、热密封性。EVA 的性能主要取决于分子量（用熔融指数 MI 表示）和乙酸乙烯酯（以 VA 表示）的含量。当 MI 一定时，VA 的弹性、柔软性、黏结性、相溶性和透明性提高，VA 的含量降低，则接近聚乙烯的性能。当 VA 含量一定时，MI 降低则软化点下降，而加工性和表面光泽改善，但是强度降低，分子量增大，可提高耐冲击性和应力开裂性。

不同的温度对 EVA 的胶联度有比较大的影响，EVA 的胶联度直接影响到组件的性能以及使用寿命。在熔融状态下，EVA 与晶体硅光伏电池片、玻璃、TPT 产生黏合，在这个过程中既有物理也有化学的键合。未经改性的 EVA 透明、柔软、且有热熔黏合性，熔融温度低，熔融流动性好。但是其耐热性较差，易延伸而低弹性，内聚强度低而抗蠕变性差，易产生热胀冷缩导致晶片碎裂，使得粘接脱层。

可以通过采取化学胶联的方式对 EVA 进行改性，其方法就是在 EVA 中添加有机过氧化物交联剂，当 EVA 加热到一定温度时，交联剂分解产生自由基，引发 EVA 分子之间的结合，形成三维网状结构，导致 EVA 胶层交联固化，当胶联度超过 60% 时能承受大气的变化，不再发生热胀冷缩。

（1）功能介绍

① 封装电池片，防止外界环境对电池片的电性能造成影响。

② 增强组件的透光性。

③ 将电池片，钢化玻璃，TPT 粘接在一起，具有一定的粘接强度。

（2）材料介绍

用作光伏组件封装的 EVA，主要对以下几点性能提出要求：

① 熔融指数：影响 EVA 的熔化速度。

② 软化点：影响 EVA 开始软化的温度点。

③ 透光率：对于不同的光谱分布有不同的透过率，这里主要指的是在 AM1.5 的光谱分布条件下的透过率。

④ 密度：胶联后的密度。

⑤ 比热：胶联后的比热，反映胶联后的 EVA 吸收相同热量的情况下温度升高数值的大小。

⑥ 热导率：胶联后的热导率，反映胶联后的 EVA 的热导性能。

⑦ 玻璃化温度：反映 EVA 的抗低温性能。

⑧ 断裂张力强度：胶联后的 EVA 断裂张力强度，反映了 EVA 胶联后的抗断裂机械强度。

⑨ 断裂延长率：胶联后的 EVA 断裂延长率，反映了 EVA 胶联后的延伸性能。

⑩ 张力系数 ：胶联后的 EVA 张力系数，反映了 EVA 胶联后的张力大小。

⑪ 吸水性：直接影响其对电池片的密封性能。

⑫ 胶联率 ：EVA 的胶联度直接影响到它的抗渗水性。

⑬ 剥离强度 ：反映了 EVA 与玻璃的粘接强度。

⑭ 耐紫外光老化：影响到组件的户外使用寿命。

⑮ 耐热老化：影响到组件的户外使用寿命。

⑯ 耐低温环境老化:影响到组件的户外使用寿命。

(3)存储

① 不要将 EVA 长期放置在大气中,使用之后将整卷密封。

② 不要将 EVA 放置在 30 ℃以上的环境中。

③ 避免 EVA 与水、油、有机溶剂等接触。

④ 不要在 EVA 上放东西或放在过热的环境中,以免互相粘连。

⑤ 叠层好的组件应迅速层压,不应长期放置。

⑥ 层压过程中,EVA 的温度不应高于 150 ℃。

⑦ 在拿放 EVA 的时候一定要戴上洁净的手套。

3. TPT

(1)功能介绍

TPT(聚氟乙烯复合膜),用在组件背面,作为背面保护封装材料。厚度为 0.17~0.35 mm,纵向收缩率不大于 1.5%,用于封装的 TPT 至少应该有三层结构:外层保护层 PVF 具有良好的抗环境侵蚀能力,中间层为聚酯薄膜,具有良好的绝缘性能;内层 PVF 需经表面处理,内层 EVA 具有良好的粘接性能。封装用 Tedlar 必须保持清洁,不得沾污或受潮,特别是内层不得用手指直接接触,以免影响 EVA 的粘接强度。光伏电池的背面覆盖物——氟塑料膜为白色,对阳光起反射作用,因此对组件的效率略有提高,并因其具有较高的红外发射率,还可降低组件的工作温度,也有利于提高组件的效率。当然,此氟塑料膜首先具有光伏电池封装材料所要求的耐老化、耐腐蚀、不透气等基本要求。增强组件的抗渗水性。对于白色背板 TPT,还有一种效果就是对入射到组件内部的光进行散射,提高组件吸收光的效率。

(2)质量要求及来料检验

① 外观检验:TPT 表面无褶皱,无明显划伤。

② 尺寸检验:尺寸符合订货标准。

4. 互连条与汇流条

互连条与汇流条即涂锡铜合金带,简称涂锡铜带或涂锡带。分含铅和无铅两种,其中无铅涂锡带因其良好的焊接性能和无毒性,是涂锡带发展的方向。无铅涂锡带是由导电优良、加工延展性优良的专用铜及锡合金涂层复合而成。具有如下特性:

① 可焊性好。

② 抗腐蚀性能好。

③ 在 -40~+100 ℃的热振情况下(与光伏电池使用环境同步),长期工作不会脱落。

涂锡带的选用主要是依据其载流能力,互连条按 7 A/mm^2 选用,汇流条按 7 A/mm^2 选用。同时还应考虑互连条机械强度对电池片位移的影响。

5. 助焊剂

作用:帮助焊接,除去互连条上的氧化层,减小焊锡表面张力。良好的助焊剂 pH 值接近中性,不会对电池片产生较严重腐蚀。助焊剂的选用原则是,不影响电池性能,不影响 EVA 性能。晶体硅光伏电池电极性能退化是造成组件性能退化或失效的根本原因之一。助焊剂的助焊效果及可靠性又是影响电极焊接效果的重要因素。因此,光伏电池电极的焊接不能选用一般电子工业用助焊剂,普通有机酸助焊剂会腐蚀未封装的光伏电池片。光伏电池专用免清洗助焊剂应

满足以下要求：

(1)要有良好的助焊效果，使焊料与栅线牢固结合。

(2)焊接无残渣余留，免清洗。

(3)对电池本身、银浆及EVA无腐蚀性(助焊剂应为中性)。

(4)无污染、无毒害。

(5)储存过程稳定，不易燃等。

助焊剂须在通风、干燥的室内使用，应远离火源、避免日晒。如皮肤直接接触了助焊剂，应及时用清水冲洗；如助焊剂不慎入眼，应立即用清水冲洗并进行医治。助焊剂在搬运时要轻装轻卸，避免损坏包装。储存环境要求远离火源、通风、干燥并避免日晒。储存温度为正常室温时，储存期为1～1.5年。

6. 铝合金边框

(1)主要作用如下：

① 保护玻璃边缘。

② 铝合金结合硅胶打边加强了组件的密封性能。

③ 大大提高了组件整体的机械强度。

④ 便于组件的安装、运输。

(2)订购合同应包含以下内容：

① 产品名称和型号。

② 合金牌号。

③ 供应状态。

④ 产品规格。

⑤ 表面处理方式、颜色、膜厚级别及色泽。

⑥ 尺寸允许偏差精度等级。

⑦ 标准编号。

⑧ 其他要求(如产品出厂加塑料保护膜；表面不允许出现划痕等)。

7. 接线盒

组件电池的正、负极从TPT引出后需要一个专门的电气盒来实现与负载的连接运行。

(1)接线盒的作用

① 电极引出后一般仅为两条镀锡条，不方便与负载之间的电气连接，需要将电极焊接在成型的便于使用的电接口上。

② 引出电极时密封性能被破坏，这时需涂硅胶弥补，接线盒同时起到了增加连接强度及美观的作用。通过接线盒内的导线引出了电源正负极，避免了电极与外界直接接触老化。

(2)接线盒材料的选用

接线盒应由ABS或PPO工程塑料注塑制成，并加有防老化和抗紫外线辐射剂，能确保组件在室外使用25年以上不出现老化破裂现象。接线柱应由外镀镍层的高导电解铜制成，能确保电气导通及电气连接的可靠。接线盒应用硅胶粘接在TPT表面，并用螺钉固定在铝边框上。汇流条引入与电缆引出线均为插接式或焊接。

8. 二极管

二极管的作用是防止“热斑效应”，其性能要求如下：

① 旁路二极管 3 个,每 24 个电池片并联一个旁路二极管。

② 二极管型号为 15A10,技术参数为:最大反向峰值电压为 1 000 V。

③ 最大正向电流为 15 A。

9. 硅胶

主要用来粘接、密封。粘接铝合金和层压好的玻璃组件并起到密封作用;粘接接线盒与 TPT,起固定接线盒的作用。硅胶的选用要求:容易使用、单一组分、无须混合,可使用普通的打胶枪。固化坚固、弹性密封,具有在接口或接口附近抵受移动的能力。固化时间要求不可太长。可于任何季节使用。优异的耐候性、抗紫外线性、抗振动性、抗潮湿性,并且抗臭氧、极端温度、空气污染、清洁剂及许多溶剂。不垂流,可用于垂直以及架空接口。

任务三　光伏组件工艺流程

学习目标

(1)掌握光伏组件总体工艺流程。

(2)熟悉光伏组件加工工艺主要设备。

任务描述

组件制作流程主要由电池片分选、焊接、叠层、中间测试、层压、装框、固化、终测、成品检验、包装等环节构成。本任务主要介绍光伏组件总体工艺流程及主要设备。

相关知识

1. 光伏组件总体工艺流程

光伏组件生产加工的工艺流程如图 1-19 所示。

2. 光伏电池组件生产线工序

(1)分检:由于电池片制作条件的随机性,生产出来的电池性能不尽相同,所以为了有效地将性能一致或相近的电池组合在一起,应根据其性能参数进行分类;电池测试即通过测试电池的输出参数(电流和电压)的大小对其进行分类。以提高电池的利用率,做出质量合格的电池组件。

(2)正面焊接:是将汇流带焊接到电池正面(负极)的主栅线上,汇流带为镀锡的铜带,我们使用的焊接机可以将焊带以多点的形式点焊在主栅线上。焊接用的热源为一个红外灯(利用红外线的热效应)。焊带的长度约为电池边长的 2 倍。多出的焊带在背面焊接时与后面的电池片的背面电极相连。

(3)背面串接:背面焊接是将电池串联在一起,形成一个组件串,项目采用的工艺是手动的,电池的定位主要靠一个模具板,上面有放置电池片的凹槽,槽的大小和电池的大小相对应,槽的位置已经设计好,不同规格的组件使用不同的模板,操作者使用电烙铁和焊锡丝将“前面电池”的正面电极(负极)焊接到“后面电池”的背面电极(正极)上,这样依次串接在一起并在组件串

的正负极焊接出引线。

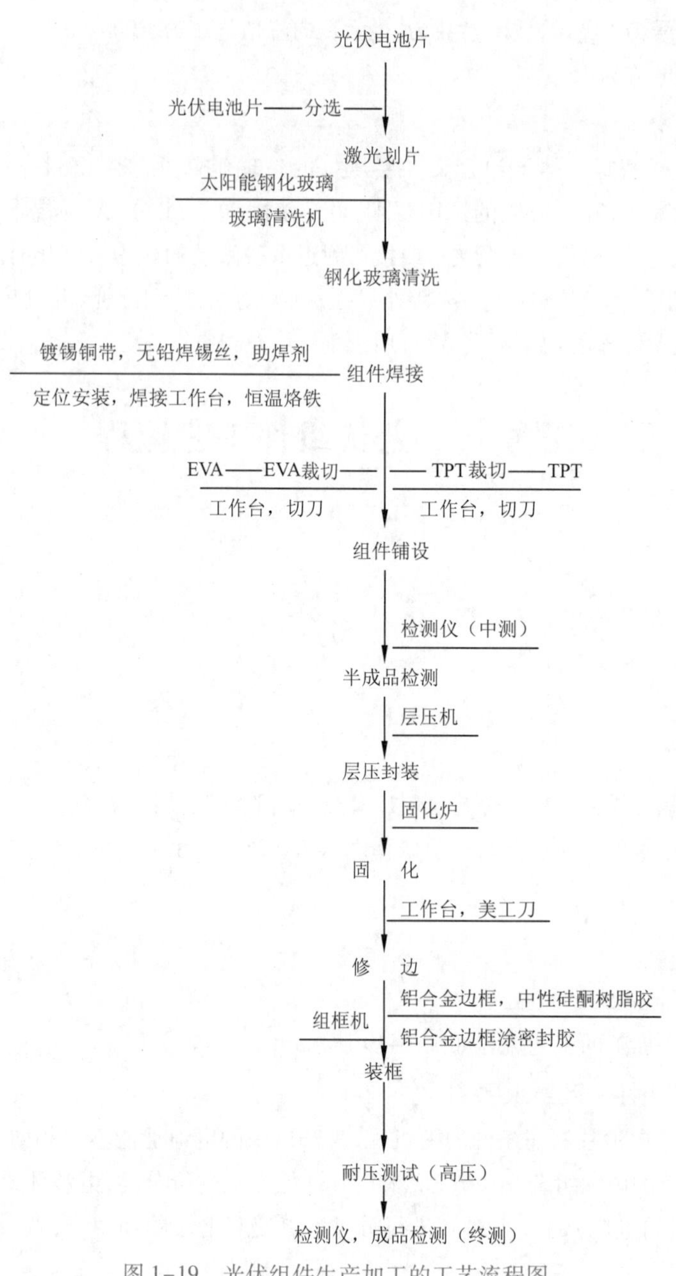

图 1-19　光伏组件生产加工的工艺流程图

(4)层压敷设:背面串接好且经过检验合格后,将组件串、玻璃和切割好的 EVA、玻璃纤维、背板按照一定的层次敷设好,准备层压。玻璃事先涂一层试剂(primer)以增加玻璃和 EVA 的粘接强度。敷设时保证电池串与玻璃等材料的相对位置,调整好电池间的距离,为层压打好基础。敷设层次由下向上:玻璃、EVA、电池、EVA、玻璃纤维、背板。

(5)组件层压:将敷设好的电池放入层压机内,通过抽真空将组件内的空气抽出,然后加热使 EVA 熔化将电池、玻璃和背板粘接在一起;最后冷却取出组件。层压工艺是组件生产的关键一步,层压温度层压时间根据 EVA 的性质决定。如果使用快速固化 EVA,那么层压循环时间约为 25 min。固化温度为 150 ℃。

(6)切边:层压时 EVA 熔化后由于压力而向外延伸固化形成毛边,所以层压完毕应将其切除。

(7)装框:类似于给玻璃装一个镜框。给玻璃组件装铝框,增加组件的强度,进一步的密封电池组件,延长电池的使用寿命。边框和玻璃组件的缝隙用硅酮树脂填充。各边框间用角件连接。

(8)焊接接线盒:在组件背面引线处焊接一个盒子,以利于电池与其他设备或电池间的连接。

(9)高压测试:高压测试是指在组件边框和电极引线间施加一定的电压,测试组件的耐压性和绝缘强度,以保证组件在恶劣的自然条件(雷击等)下不被损坏。

(10)组件检测:测试的目的是对电池的输出功率进行标定,测试其输出特性,确定组件的质量等级。

组件封装主要设备

(1)单片测试仪,如图 1-20 所示。单片测试仪专门用于单晶硅和多晶硅单体电池片的分选筛选。该设备通过模拟太阳光谱光源,对电池片的相关参数进行测量,根据测量结果将电池片进行分类,一般能够自动校正设置,输入补偿参数,进行自动/手动温度补偿和光强度补偿,具备自动测温与温度修正功能。

(2)激光划片机,如图 1-21 所示。激光划片机是利用高能激光束照射在工件表面,使被照射区域局部熔化、汽化,从而达到划片的目的。因激光是经专用光学系统聚焦后成为一个非常小的光点,能量密度高,因其加工是非接触式的,对工件本身无机械冲压力,热影响极小,划片精度高,广泛应用于光伏电池板的切割和划片。

图 1-20　单片测试仪

图 1-21　激光划片机

(3)全自动焊接机,如图1-22所示。光伏电池全自动焊接机可以按照设定要求对电池片正反面同时自动连续焊接,组成电池串。焊接时焊带自动送料、自动切断,焊接完成后电池串自动收料。焊接方式有红外线灯焊接方式和高频电磁感应焊接方式。与手工焊接相比,全自动焊接机焊接速度快,质量一致性好,可靠性高。

图1-22 全自动焊接机

(4)EVA裁切铺设机,如图1-23所示。自动进给EVA卷材,自动裁剪打孔,并铺设至初定位台上的玻璃上。

图1-23 EVA裁切铺设机

(5)层压机,如图1-24所示。光伏电池组件层压机是完成自原材料到光伏电池板成品的关键设备，是把 EVA、光伏电池片、钢化玻璃、背膜（TPT、PET 等材料）在高温真空的条件下压成具有一定刚性整体的一种设备。

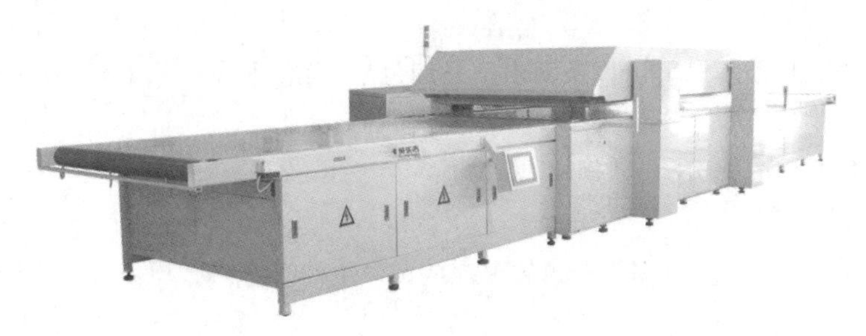

图 1-24　层压机

（6）EL 测试仪，如图 1-25 所示。EL 测试仪全称为电致发光（electroluminescent）测试仪，是一种光伏电池或电池组件的内部缺陷检测设备。常用于检测光伏电池组件的内部缺陷、隐裂、碎片、虚焊、断栅以及不同转换效率单片电池异常现象。

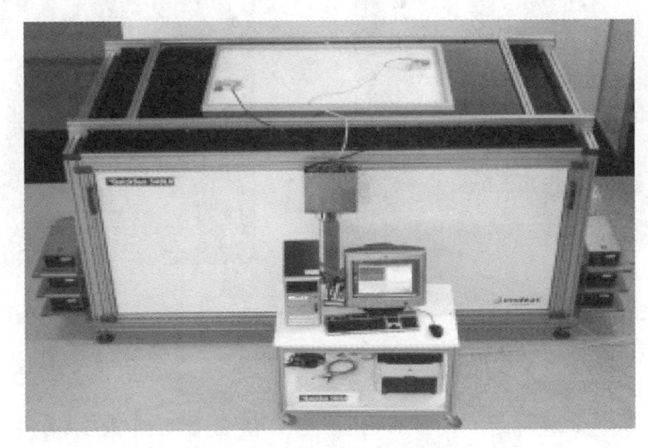

图 1-25　EL 测试仪

（7）全自动组框机，如图 1-26 所示。全自动组框机主要由边框打胶机、边框移载机构和组框机构组成。边框打胶机负责将边框按“2 短框/2 长框”的方式打胶定位，提供给移栽机抓取。边框移栽机构负责将打好胶的边框抓取放置到组框机构二次存料单元上。组框机构负责将组件长边框与短边框压合成合格组件产品并传送出设备。

（8）组件测试仪。光伏组件测试仪是一种全智能化光伏电池组件测量装置，它以太阳模拟灯作为光源，用微机控制和管理，提高了测量精度。可以满足生产线上对大功率光伏电池组件的快速测试要求。测试系统的基本工作原理是：当光照到被测电池上时，用电子负载控制光伏电池中电流变化，测出电池的伏安特性曲线上的电压和电流、温度、光的辐射强度，测试数据送入微机进行处理并显示、打印出来。

图 1-26　全自动组框机

任务实施

(1)分检

对电池片的电性能进行筛选,以及对电池片的色差、崩边、隐裂、缺角等外观不良的筛选。

(2)划片

将电池片切割成所需要的尺寸规格。

(3)单焊

将涂锡带(行业称互连条)焊接在单体电池的负极主栅线上,单焊如图1-27所示。

(4)串焊

将焊接好的若干个单体电池片穿串(按技术要求电池片从正极互相焊接成一个电池串),串焊如图1-28所示。

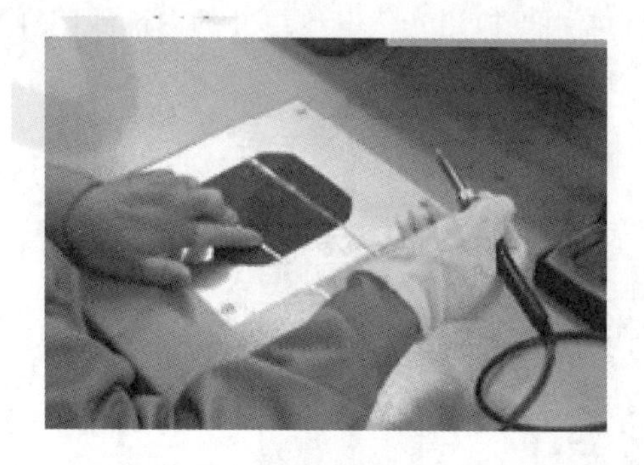

图1-27　单焊

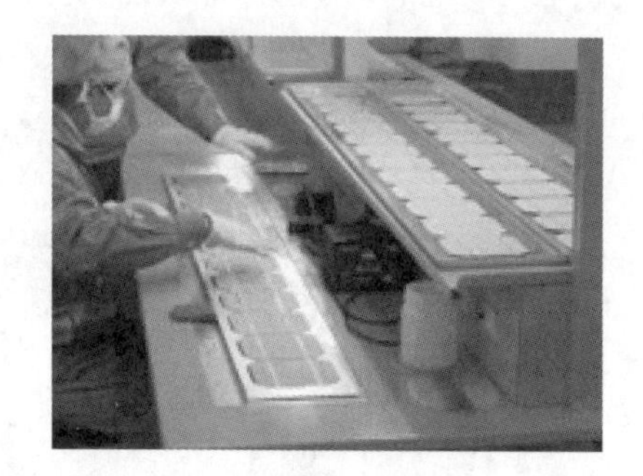

图1-28　串焊

(5)叠层

串焊好的电池串按图纸要求进行排列,并将每个电池串的两头引线全部串联成一个回路,将玻璃、EVA、TPT、电池串按序叠放,如图1-29所示。

(6)层压

将叠层好的组件,放入已经调试、设定好温度、抽真空时间等参数的层压机进行层压封装,如图1-30所示。

图1-29　叠层

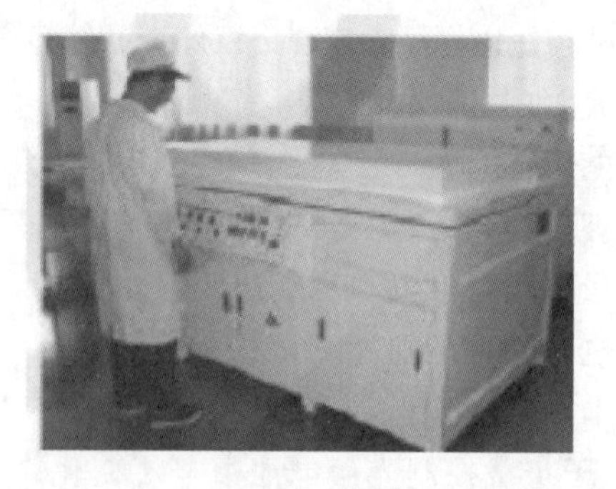

图1-30　层压

(7)装框

将符合要求的组件,进行铝合金边框的安装(见图1-31),同时安装接线盒。

图 1-31　装框

(8)清洗

对组件表面进行清洗。

(9)测试

对组件进行电性能的测试,并分档。

项目二 电池片分检与激光划片

任务一 电池片分检与分检机

学习目标

(1)掌握电池片电池片分检标准。

(2)理解电池片分检的相关原理。

(3)掌握分检操作的规则与步骤。

任务描述

电池片分检是对电池片的电性能进行测试并分档,以及对电池片的色差、崩边、隐裂、缺角等外观不良的筛选。本任务主要介绍电池片分检标准、电池片分拣机的使用、操作及维护等知识与技能。

相关知识

一、光伏电池片的测试

(一)测试机的构成

一般情况下,测试机由三个部分构成:上片单元、测试系统单元、分档单元,如图2-1所示。

图2-1 测试机的构成

在测试机中，测试系统单元是测试机的核心部位(见图2-2)，测试机探针如图2-3所示，针对测试系统单元我们进行一下重点介绍。

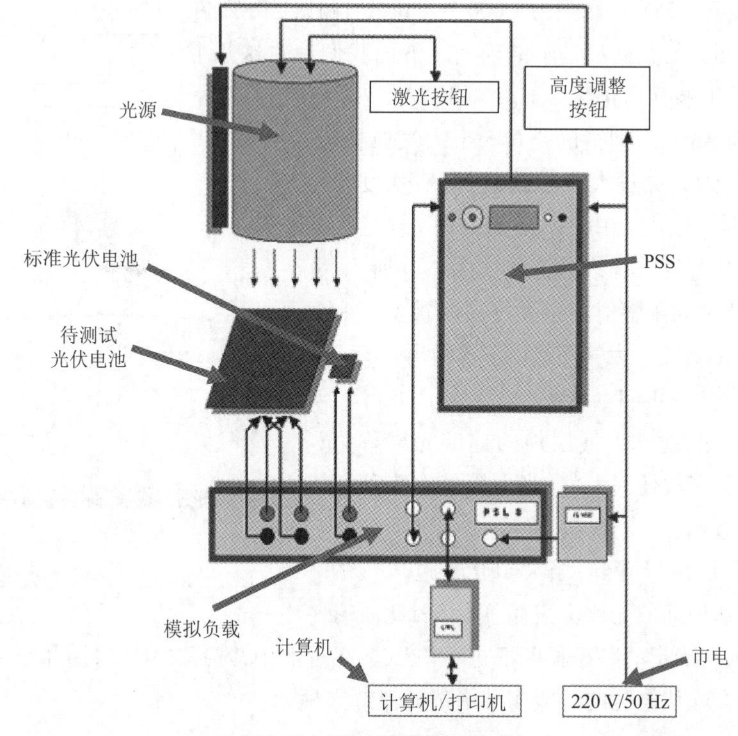

图2-2　测试系统单元构成

图2-3　测试机探针

(二)Berger测试系统的原理

通过模拟AM1.5 1 000 W/cm²太阳光脉冲照射PV电池表面产生光电流，光电流流过可编程式模拟负载，在负载两端产生电压，负载装置将采样到的电流、电压、标准片检测到的光强以及感温装置检测到的环境温度值，通过RS-232接口传送给监控软件进行计算和修正，得到PV电池的各种指标和曲线，然后根据结果进行分类和结果输出。

测试的原理图如图2-4所示。其中PV为待测电池片，V为电压测量装置，I为电流测量装置，R_L为可编程式模拟负载，它的取值范围为0.003～400 Ω。

(三)光伏电池标准测试前提介绍

在光伏电池的标准测试中，有三个前提因素，即标准太阳光谱为 AM1.5，温度为 25 ℃，光强为 1 000 W/m^2。当测试数据不在这个范围时，所测得的数据都是不准确的。下面我们针对这几个前提的含义以及影响分别介绍一下。

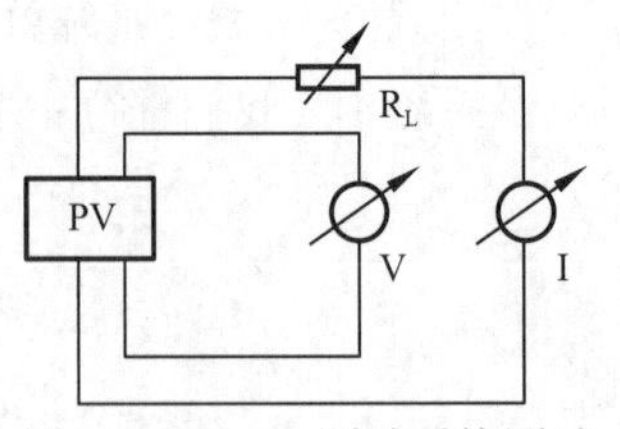

图 2-4　Beger 测试系统测试原理图

所谓光谱为 AM1.5，即指的是 1.5 个大气质量。大气质量被定义为光穿过大气的路径长度，长度最短时的路径（即当太阳处在头顶正上方时）规定为“一个标准大气质量”，具体表达方式如图 2-5 所示。“大气质量”量化了太阳辐射穿过大气层时被空气和尘埃吸收后的衰减程度。大气质量由下式给出：

$$AM = 1/\cos\theta$$

根据以上可知，地球大气层外的标准光谱称为 AM0，因为光没有穿过任何大气，当太阳处在头顶正上方时，光谱为 AM1。

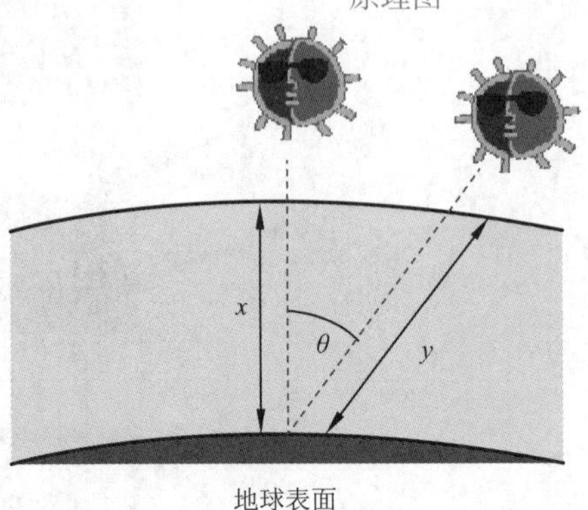

图 2-5　大气质量定义

由图 2-6 我们可以看到，当太阳光穿过大气的路径不同时，到达地面的光谱会发生变化，因此所有电池片模拟必须在确定的路径长度下进行测试。在行业中，选择 AM1.5，因氙灯光谱和 AM1.5 比较接近，因此在光伏电池的一般测试中选择氙灯来模拟。

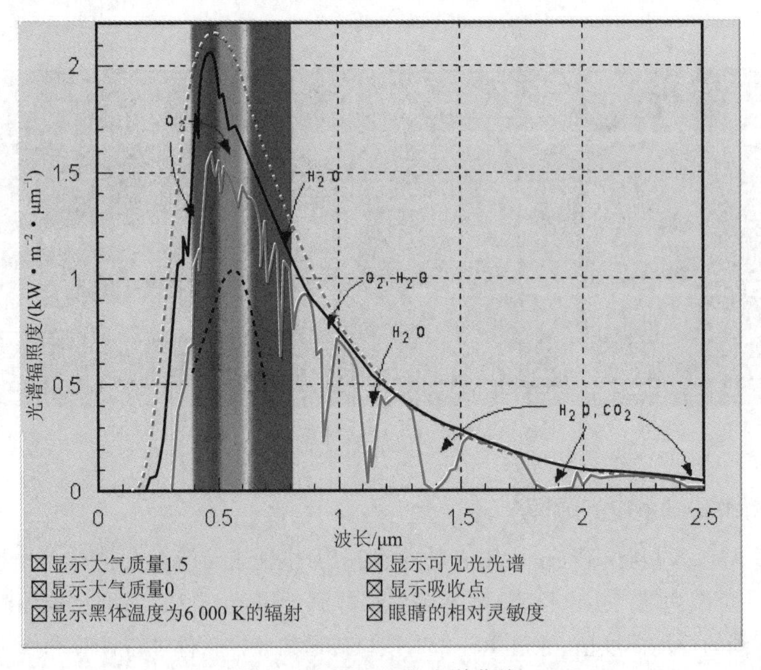

图 2-6　AM1.5 的光谱曲线

备注：蓝色和黑色曲线分别为 1.5 和 0 大气质量时的辐射强度，蓝色虚曲线代表温度为 6 000 K 黑体的辐射强度，彩色柱子代表可见光的波谱。箭头所指的位置代表被相应气体吸收的部分，黑色虚线显示了能引起人类眼睛感觉的辐射强度。

温度以及光强对测试数据的具体影响(见图 2-7):

可以看到,随着温度的升高,开路电压急剧降低,短路电流略微增大,整体转换效率降低;随着光强的降低,开路电压略微降低,短路电流急剧下降,整体转换效率降低。

由图 2-7 可见温度和光强的变化也会影响电参数的变化,因此必须定义标准的温度以及光强。

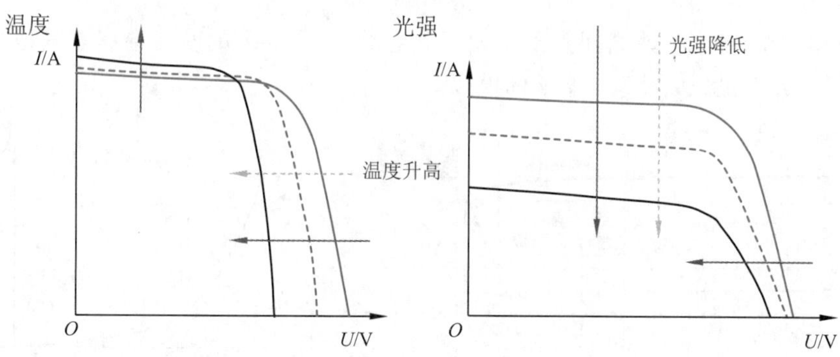

图 2-7　温度以及光强对测试数据的具体影响

(四)测试参数的意义及说明

在光伏电池的测试中,常见参数、各个参数的具体含义以及在测试曲线上的表示如图 2-8 所示。

Measurement　Class　TRASH

T	23.5	℃	U_{OC}	0.629	V	Quality		
E	1014	W/m²	I_{SC}	8.586	A	E_{ff}	16.93	%
P_{mpp}	4.130	W	FF	76.44	%	I_{ap}	8.195	A
U_{mpp}	0.517	V	R_s	4.74	mΩ	I_{rev1}	0.044	A
I_{mpp}	7.992	A	R_{sh}	220.91	Ω	I_{rev2}	0.057	A

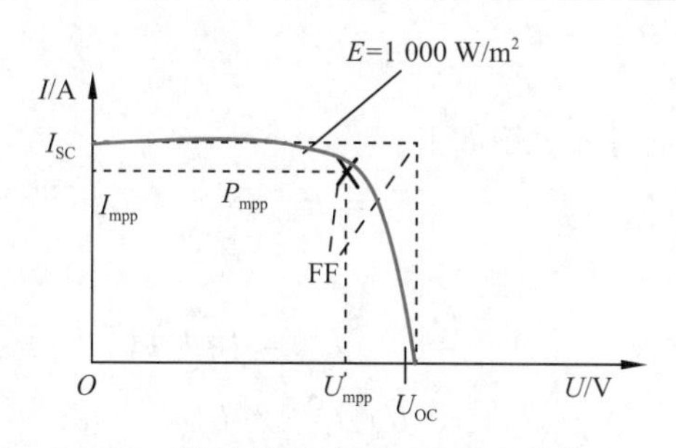

图 2-8　测试机测试页面主要电参数

注:T—温度;E—光强;U_{OC}—开路电压;I_{SC}—短路电流;R_s—串联电阻;R_{sh}—并联电阻;FF—填充因子;P_{mpp}—最大功率;U_{mpp}—最大功率点电压;I_{mpp}—最大功率点电流;E_{ff}—转换效率;I_{rev1}—反向电流 1;I_{rev2}—反向电流 2

在图 2-9 中的所有参数中,除温度光强外,电参数中只有电压和电流是测量值,其他参数均是计算值。具体计算方法如下:

P_{mpp}为在 $I-U$ 曲线上找一点,使该点的电压乘以电流所得最大,该点对应的电压就是

最大功率点电压 U_{mpp}，该点对应的电流就是最大功率点电流 I_{mpp}；R_s为在光强为 1 000 W/m^2 和 500 W/m^{2}下所得最大功率点的电压差与电流差的比值，只是一个计算值，所以有时候会出现负值的情况；R_{sh}为暗电流曲线下接近电流为 0 时曲线的斜率；I_{rev1}为电压为 -10 V 时的反向电流；I_{rev2}为电压为 -12 V 时的反向电流；R_s和 R_{sh}决定了 FF；R_{sh}和 I_{rev1}、I_{rev2}有对应的关系。

在光伏电池中，各个参数之间并不是相互独立的，一个参数的改变会影响其他参数的值。图 2-10 为 R_{sh}、R_s对电压以及电流影响的模拟图。

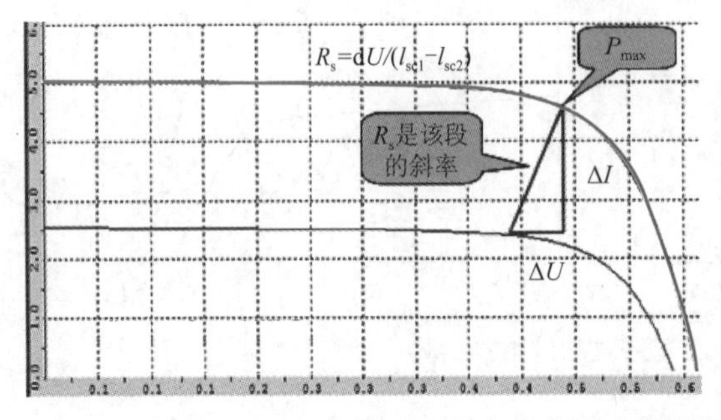

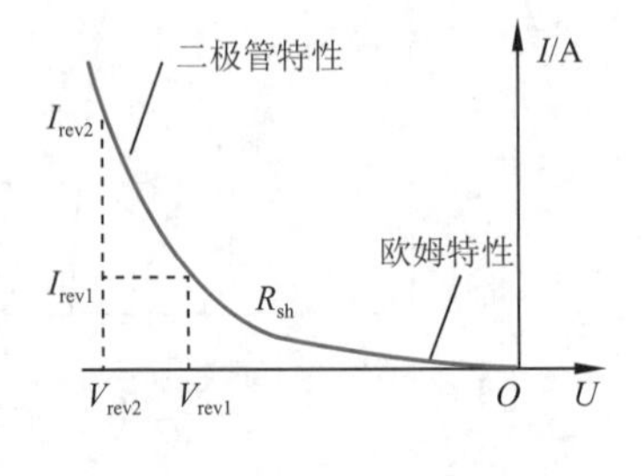

图 2-9　电参数在测试曲线图上的具体表示

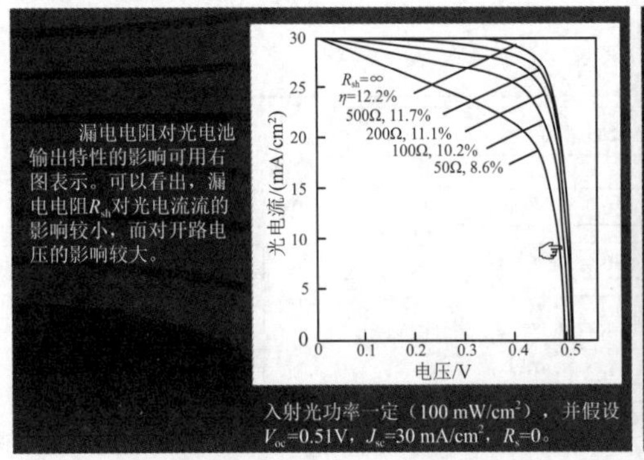

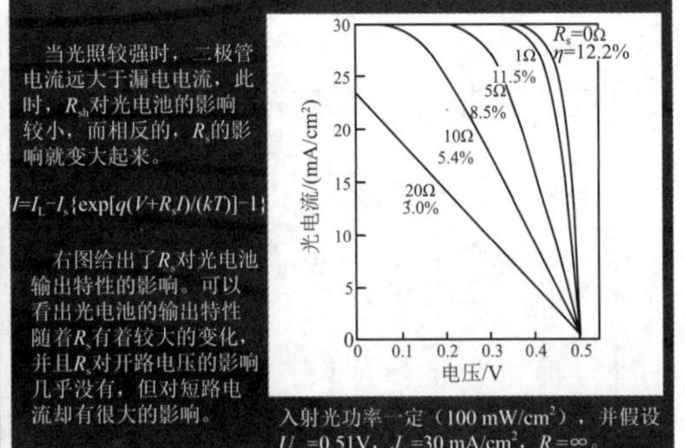

图 2-10　R_{sh}以及 R_s对电压以及电流影响的模拟图

各个参数之间最常用的等式关系如下：

$$E_{ff} = P_{mpp}/S$$

式中　S——硅片面积。

$$P_{mpp} = U_{mpp}I_{mpp} = U_{oc}I_{sc}FF$$

$$FF = (U_{mpp}I_{mpp})/(U_{oc}I_{sc})$$

（五）测试机常见故障及处理方法

1. 上料部分吸双片调整（见图 2-11）

① 调整定位片子传感器的高度（1#位置）。

② 调整吹气量大小（2#位置）。

③ 增加等待拾取时间（3#位置）。

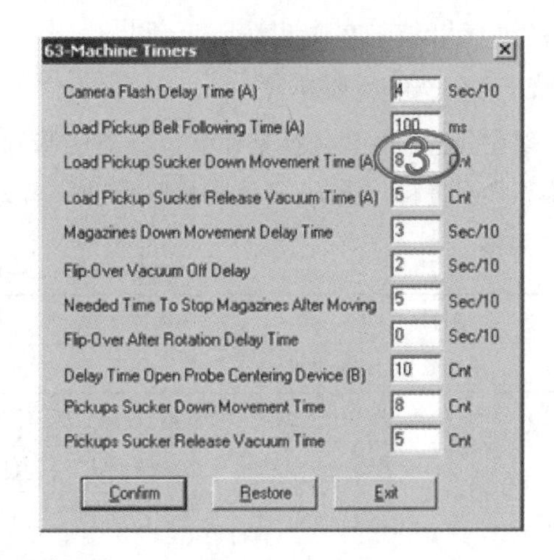

图 2-11　吸双片调整

2. 测试曲线产生毛刺(见图 2-12)

毛刺的产生原因主要有两个方面：

① 数据信号在传送时受到电动机交流电源线干扰。

② PSL 负载电阻变化不稳定。

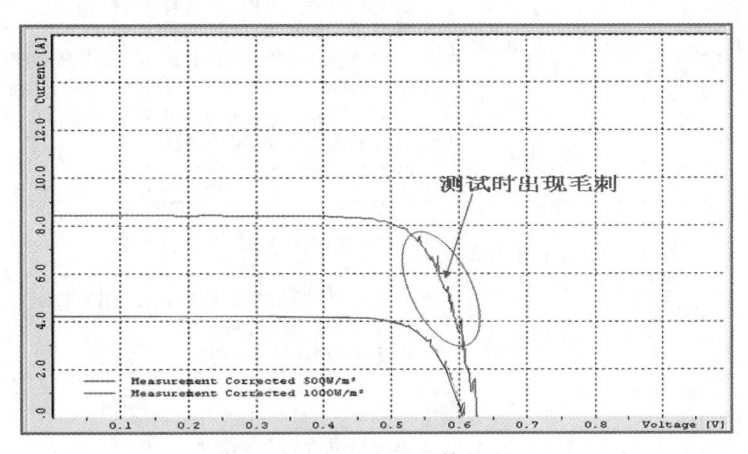

图 2-12　毛刺的具体状况

针对以上原因的解决办法如下：

① 将电动机电源线与数据信号线分开。

② 移动数据线上的磁环，寻找一个合适位置。

③ 重启 PSL。

光伏电池片的分选

(一)分选的目的

分选是按照光伏电池片的外观标准对光伏电池片进行选择，分为不同的类型，杜绝外观不

合格的电池片流入客户手中。

(二)分选的检验标准

现在分选的主要依据是在颜色分类的基础上,按照光伏电池正背面的印刷质量以及崩边、缺角等状况进行分类的,具体的检验标准如表 2-1 所示。

表 2-1　光伏电池检验标准

序号	项目	参数	A+级片规格	A 级片规格	B 级片规格
1	尺寸检验	翘曲度	翘曲度<3.5 mm		
2	外观检验	颜色等级	浅蓝、深蓝、蓝红和深红		
3		片间色差	整体颜色统一,包装时必须保证同一档位内电池片颜色相近,不可有明显颜色过渡		
4		正面印刷的污点(漏浆点,色斑,脏印、水纹、划痕)	①正面无水渍、脏印。 ②正面无色斑。 ③正面无漏浆点	①正面无水渍、脏印。 ②色斑、脏印、发黑部分在 50 cm 垂直距离观察不会造成色差。 ③栅线外的漏浆点<0.5 mm,栅线上的漏浆点<0.5 mm 少于 3 处且不连续分布	①像裂纹的水纹是不允许的。 ②呈十字方向的划痕不允许,线状划痕长度不得超过 3 根细栅线之间的宽度
5		正面印刷	①正面无虚印。 ②正面无断线	①方向正确清晰,无浆料污染,不允许重复印刷。 ②整根银线中虚印长度<7 mm。 ③断线< 0.5 mm,少于 4 处且不连续分布,同一根栅线上不得有 2 个	正电极和细栅线接触处断线≤1 mm,细栅线上断线 0.5～2 mm,少于 5 处
6		背面印刷的污点	①背面印刷无污染。 ②背电极印刷无缺失	①轻微的浆料颜色不协调是允许的。 ②污点不能接触到电池片边缘。 ③背电极印刷无缺失	背电极缺失≤10 mm²
7		背面印刷	①背面印刷无铝包。 ②背面印刷无铝珠。 ③背电场印刷无缺失	①单个铝包面积≤4 mm²,不平整或者铝包的高度≤0.2 mm,尖锐状的铝包不允许。 ②无铝珠。 ③背电场印刷无缺失	背电场缺失面积≤50 mm²,背电极和背电场完整套印,不能偏移
8		印刷偏移	印刷无偏移	①沿背电极方向,背电场偏移距离<1 mm,垂直于背电极的方向偏移<0.5 mm。 ②电池片正面印刷四周栅线与边缘的偏移量<0.5 mm	
9		崩边	无崩边	离电池片边缘 0.3 mm 以内允许深度<0.1 mm,长度<0.5 mm 的片面崩边 1 个	
10		完整性	穿孔、缺角、裂片、碎片不允许		
11	等级类型	C 级片规格	外观超出 A 级片、B 级片范围且边缘崩边≤1 mm 的电池片属于 C 级片		
12		D 级片规格	D 类片类型:背铝脱落、十字交叉、正栅线氧化、正栅浆料污染≤100 mm²,两次印刷等		

任务实施

1. 工艺描述

正确熟练操作测试设备，将低功率的电池片筛选出来，并将电池片按照功率进行详细的分类，保证组件的功率得最优化的实现。

2. 工作准备

开始挑选前首先清洁分选台和检查本岗位所需物品，分选台上不得有本岗位以外的其他物品，戴好手套。

3. 工艺步骤

① 开箱。首先检查电池片的外包装是否完好，数量是否正确。如果发现电池片的包装上有明显的损坏迹象，应及时通知质检员进行确认。确认电池片的厂家及性能是否与生产指令单一致，发现问题立即通知领料人员。特别注意拿电池片时要轻拿轻放。

② 开包挑选。开包挑选时应轻拿轻放，应注意电池片的数量是否正确。对于少片或应力片等厂家原因出现的电池片的质量问题，应及时通知质检人员进行确认。

③ 选电池片时，应用手拿电池片侧面，避免电池片表面的减反射膜损坏。禁止一只手拿一叠电池片，另一只手从一叠电池片中一张张抽出进行检验。选片时手中只能有一张电池片。

④ 取电池片时要轻拿轻放，此过程速度不可过快，以免磕碎电池片；挑选隐裂电池片时禁止采用扇摇或敲打电池片的方法。

⑤ 挑选电池片时应从外观上进行分类，如对缺角、隐裂、栅线印刷不良、裂片、色差、水印、水泡等不合格电池片分别归类，电池片叠放不得超过 36 片。

根据生产指令信息的要求正确填写生产流程单并将电池片和流程单一并发送到下一工序。做好该岗位的相关记录工作，收集整理已消耗材料的相关信息，向统计人员提供正确的有关电池片实际使用的情况的数据资料。整理并标识好当日剩余的各类电池片，配合统计人员做好余料工作，退库做到每个盒同时做完，剩余电池片及时退库。

4. 分选仪的操作步骤

① 打开主电源，打开负载的开关。

② 打开主控设备上的钥匙开关。

③ 按住主控设备上的切换装状态开关，使分选仪的工作状态由 PAUSE 到 WORK 的工作状态。

④ 打开计算机，并运行模拟测试程序。

调整分选仪的探针的距离与所测试电池片刻槽之间的距离保持一致，让分选仪的氙灯空闪 5～10 次。使用标准片校准分选仪，然后对电池片进行测试分选。测试分选电池片前必须用标准电池片校准测试台。测试分选后要整理电池片，禁止功率不同的光伏电池片混合掺杂，并以 0.1 W 分档。.

测试过程中操作工必须戴上手指套，禁止不戴手指套进行测试分选，在拿放电池片的时候，尽量要轻，尽量不要使电池片受到摩擦，导致减反射膜受损。

5. 自觉互检内容

① 检查从初选或者从划片处领来的电池片的数量和质量。

② 检查分选仪是否校准。

③ 检查分选仪的探针是否与电池片的主栅线偏离。

④ 检查测试平台的清洁性。

6. 分选的注意事项

① 不同网版类型的电池片单独分开检验、包装入库。

② 不同挡位的电池片检验时防止混淆。

③ 在重点进行正面印刷状况检验的基础上加强对背面印刷烧结状况的检查。

④ 发现问题时及时通知相关部门。

任务二　激光划片工艺

学习目标

(1)熟悉激光划片机主要组成。

(2)掌握激光划片工艺主要流程。

任务描述

根据组件所需电压、功率可以计算出所需电池片的面积及电池片片数,由于特殊面积的需要,有些电池片在焊接前会有激光划片工序,按照事先设计好的图纸进行切割。本任务主要介绍激光划片机的组成结构及激光划片工艺流程。

相关知识

激光划片工艺介绍

光伏电池每片工作电压为0.4~0.5 V(开路电压约为0.6 V),将其切成片后,每片电压都不变,光伏电池的功率与电池板的面积成正比(在同样的转化率下),根据组件所需电压、功率可以计算出所需电池片的面积及电池片片数,由于单体电池(未切割前)尺寸一定(有几种标准),面积通常不能满足组件要求,因此在焊接前一般有激光划片工序,但在切割前要设计好切割线路,画好图纸。切割尽量利用切割剩余的电池片,从而提高电池片的利用率。切片时的具体要求如下:

(1)切片时,切痕深度一般控制在电池片厚度的1/2~2/3,这主要通过调节激光划片机的工作电流来控制,如果工作电流太大,功率输出大,激光束强,可以将电池片直接划断,容易造成电池正负极短路;反之,当工作电流太小,划痕深度不够,在沿着划痕用手将电池折断时,容易将电池片弄碎。

(2)光伏电池片价格较贵,为了减少电池片在切割中的损耗,在正式切割前,应先用与待切电池片型号相同的碎电池片做实验,测试出该电池片切割时激光划片机合适的工作电流 I_o,这样正常样品的切割中按照电流 I_o工作,可以减少由于工作电流太大或太小而造成的损耗。

(3)激光划片机的激光束进行路线是通过计算机设置(x,y)坐标来确定,设置坐标时,一个小数点和坐标轴的差错就会是引起路线完全改变，因此，在电池片切割前，先用小工作电流（使激光能看清光斑即可）让激光束沿“测试图案”的路线走一遍，确认路线正确后，再调大电流进行切片。

(4)一般情况激光划片机只能沿 x 轴或 y 轴方向进行切割，切割方形电池片比较方便，当电池片切割成三角形等形状时，切割前一定要计算好角度，摆好电池方位，使需要切割的路线 x 轴或 y 轴方向。

(5)在切割不同电池片时，如果两次厚度差别较大，调整工作电流的同时，注意调整焦距。

(6)切割电池片时，应打开真空泵，使电池片紧贴工作面板，否则将切割不均匀。

知识拓展

激光划片机结构

(一)主机部分机械结构

主机部分机械结构主要由激光头集成系统（z 向调焦）、xOy 工作台及辅助吸尘装置、主机机架及电控箱等组成，如图 2-13 所示。

图 2-13　主机部分机械结构

(二)电气柜

电气柜闭环控制技术工控机 + 运动控制卡 + 光栅尺，采用铝合金型材作为电气柜框架，内部分成五层，能够隔离相互电磁干扰，结构清晰合理，如图 2-14 所示。

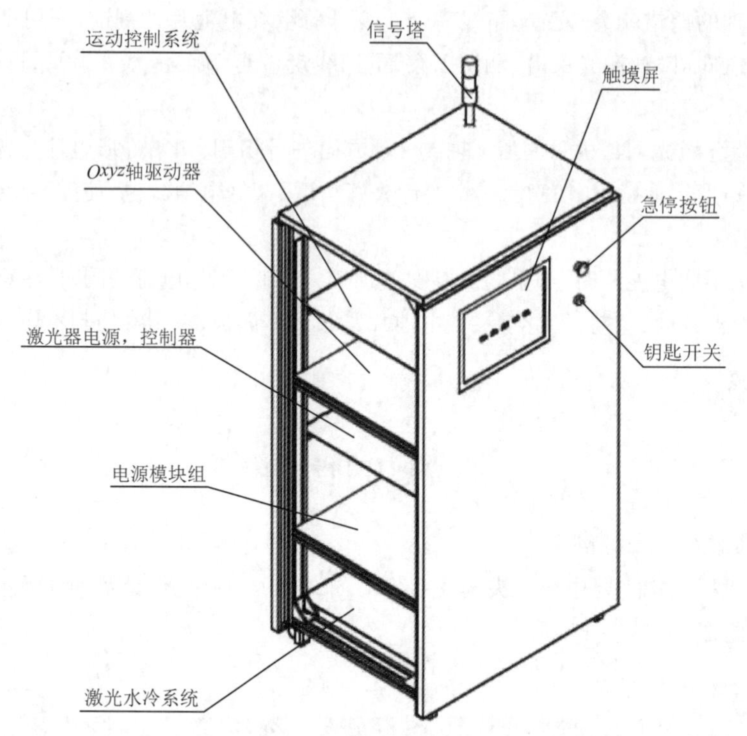

图 2-14　激光划片机的电气柜

(三)光学系统

采用后聚焦方式,通过扩束镜扩束准直、远心透镜聚焦,设计达到最小焦点光斑直径小于 15 μm,焦深 200 μm(见图 2-15)。

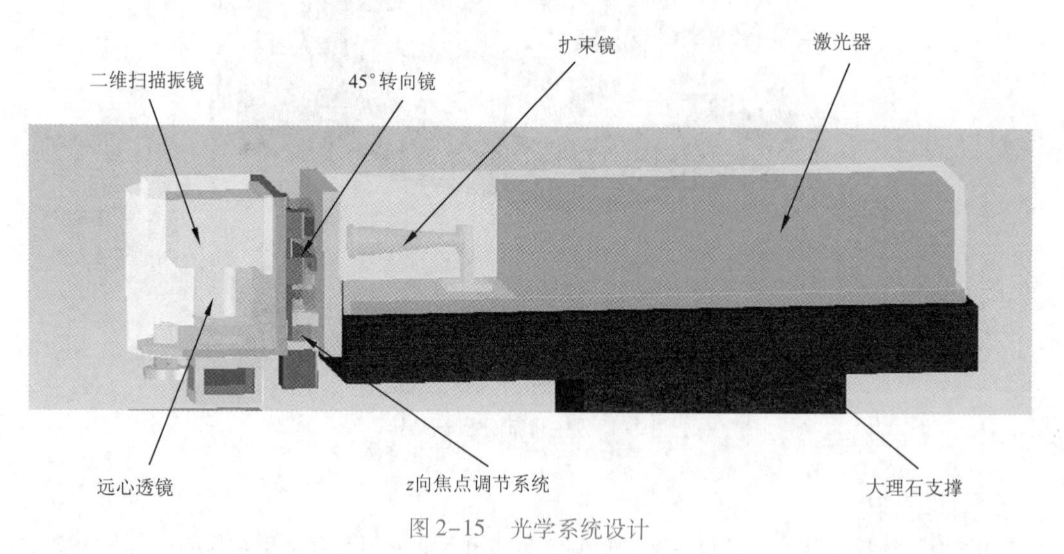

图 2-15　光学系统设计

(四)激光导光聚焦系统

激光束聚焦光斑直径($1/e^2$)由激光波长、光束耦合质量、聚焦物镜焦距(它影响加工区域范围)和振镜系统光圈孔径共同确定(以高斯光束近似,见图 2-16)。

$$d = \lambda f M^2 k/D$$

式中，λ——激光波长（355 nm）；

f——聚焦物镜焦距（100 mm）；

m^2——光束质量（1.3）；

D——光束聚焦前直径（6.4 mm）；

k——校正因子（理想值1.27；因光圈或物镜处衍射，较典型值为1.83）。

由此计算得

$$d = 0.355 \times 100 \times 1.3 \times 1.83/6.4 = 13.2(\mu m)$$

相应地，激光束焦深

$$\begin{aligned} DOF &= 0.5\, d^2/(m^2 \cdot \lambda) \\ &= 0.5 \times 13.2 \times 13.2/(1.3 \times 0.355) \\ &= 190(\mu m) \end{aligned}$$

为使激光焦点尽量小，聚焦物镜焦距（f）应小，光束聚焦前直径（D）应尽量大。光斑小的同时，焦深也越小。而当焦深较小时，激光焦点位置的控制也更加重。

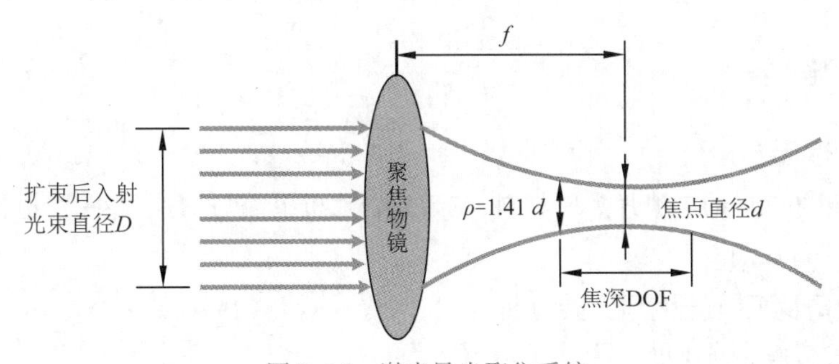

图2-16　激光导光聚焦系统

（五）二维X/Y反射式扫描振镜

二维扫描振镜系统可实现50 mm×50 mm范围内的精确加工，台面无须移动，大大提高加工效率，如图2-17所示。

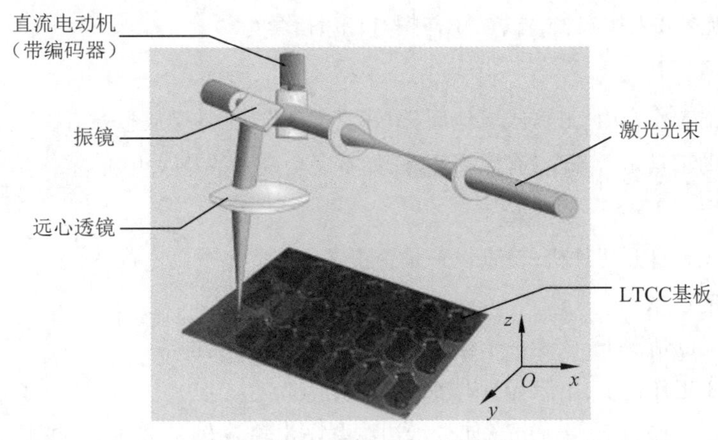

图2-17　二维反射式扫描振镜

振镜扫描幅度

$$L = 4\theta \times \mathrm{EFL}$$

振镜扫描角度

$$\begin{aligned}\theta &= 0.25 \times L/\mathrm{EFL} \\ &= 0.25 \times 50/100 \\ &= 0.125\ \mathrm{rad} \\ &= 7.2^\circ\end{aligned}$$

振镜系统的精度由静态精度、动态重复精度和控制器分辨率决定。动态重复精度体现了振镜系统沿直线扫描到达目标位置而抑制振荡和噪声干扰的能力，由摇摆、跳动和抖动值描述。摇摆、跳动是垂直或平行于扫描方向镜片的振动。抖动是由于振镜控制中残留噪声引起的不确定度。设动态重复精度为 20 μrad，则引起的线性误差是：

$$\begin{aligned}\Delta y &= R\Delta\theta y \quad (\text{取 } R = 100) \\ &= 20 \times 10^{-6} \times 100 \times 10^{-3} \\ &= 2(\mu\mathrm{m})\end{aligned}$$

任务实施

1. 工作目的描述

本工序是以初检好的电池片为原材料，在激光划片机上编写划片程序，将电池片按要求的电性能及尺寸进行切割。

2. 所需设备及工装、辅助工（器）具

① 所需设备：激光划片机。

② 辅助工具：游标卡尺、镊子、刀片、乙醇、无尘布。

3. 材料需求

初检好的电池片。

4. 个人劳保配置

工作时必须穿戴工作衣、工作鞋，工作帽、口罩、指套。

5. 作业准备

① 及时清洁工作台面、工作区域地面，做好卫生工作，工具摆放整齐有序。

② 检查辅助工具是否齐全，有无损坏等，如不完全或齐备及时申领。

6. 作业过程

① 按操作规程打开切片机，检查设备是否正常。

② 输入相应程序。

③ 不出激光的情况下，试走一个循环，确认电气机械系统正常。

④ 置白纸于工作台上，出激光，调焦距，调起始点。

⑤ 置白纸于工作台上，出激光（使白纸边缘紧贴 x 轴、y 轴基准线上，并不能弯曲），试走一个循环。

⑥ 取下白纸，用游标卡尺测量到精确为止。

⑦ 置电池片于工作台上(背面向上),出激光,调节电流进行切割,试划浅色线条后,再次测量,电池片大小是否在公差范围内。

⑧ 切割完毕,按操作规程关闭机器。

7. 作业检查

① 检查电池片大小是否在公差范围内。

② 检查电池片是否有隐裂。

8. 注意事项

① 切断面不得有锯齿现象。

② 激光切割深度目测为电池片厚度的 2/3,电池片尺寸公差 ±0.02 mm。

③ 每次作业必须更换指套,保持电池片干净,不得裸手触及电池片。

任务三　激光划片机的使用与维护

学习目标

(1) 熟悉激光划片机的组成系统。

(2) 掌握激光划片机常见故障及处理方法。

(3) 熟悉激光划片机的使用和操作。

任务描述

本任务主要介绍激光划片机的操作使用、常见故障及解决方法。

相关知识

用激光划片来切割硅片是目前最为先进的技术,它使用精度高、而且重复精度也高、工作稳定、速度快、操作简单、维修方便。

(1) 主要参数

激光最大输出 ≥50 W(可调),激光波长为 1.064 μm,切割厚度 ≤1.2 mm,光源采用Nd:YAG晶体组成激光器,并采用单氪灯连续泵浦、声光调节。计算机控制二维工作台可预先设定图形轨迹进行各种精确运动。

(2) 部件分析

① 操作可分为外控与内控。

② 计算机操作系统。由专用软件制订工作台划片步骤实现划片目标。

③ 电源控制盒。供应激光电源、Q 电源驱动、水冷系统的输入电源进行分配及自控,当循环水冷系统出现故障时,自动断开激光电源及 Q 电源驱动盒的供电。

④ 激光电源盒。点燃氪灯的自动引燃恒流电源。

⑤ Q 电源驱动盒。产生射频信号并施加到 Q 开关晶体对激光进行有无控制和 Q 调制。

(3)激光系统

氪灯将电能转化为光能,在聚光腔内反射到 Nd:YAG 晶体棒上,输出镜与全反镜组成光谐振腔,使光振荡放入形成激光,经反射镜与聚焦镜,到达加工工件表面。当光谐振镜片偏差或腔内各光学器件端面污染或氪灯老化,均会影响激光输出。

(4)调 Q 晶体

Q 电源驱动盒输出射频信号至调 Q 晶体,对激光进行偏转或调制,控制激光输出或关断,以提高激光的峰值功率。当调 Q 晶体略偏移或调 Q 晶体工作电源太小,调 Q 晶体效果会明显下降。

(5)水循环系统

本机冷却用水建议使用去离子水或纯水,并应保持其纯净。本机电光转换率≤3%,极大部分电能会以热能形式由水循环冷却带走。一旦无水循环冷却会立即损坏激光器,水循环系统可提供本机水循环功能。无水或水路堵塞时,会立即输出关机保护信号给电源控制盒,切断激光电源盒供电,同时报警提示灯(红灯)亮,以警示用户,同时会有蜂鸣器发出蜂鸣声,以提示用户及时补充冷却水。

(6)压缩机制冷系统

本机采用优质变频控制压缩机制冷系统,可随时根据水循环系统中水温变化来控制压缩机自动变频工作,使水循环系统中水温能保持在一个极小的范围内波动,从而保证本机能长时间稳定可靠地输出激光。一旦制冷系统出现问题,水温超出设备正常工作范围,本机报警提示灯(黄灯)亮,以警示用户及时检查。

(7)工件操作平台

接收计算机控制信号,对工件精确移动定位,同时输出激光控制信号确保激光对加工工件准确加工。

(8)外控操作模式

开机步骤如下:

① 确认“2”(紧急制动旋钮)处于正常状态,打开“1”(电源开关)。此时,报警提示灯(红灯)会点亮,以提示水路未循环:面板“5”(电源指示灯)点亮。

② 按住“3”(水循环启动按钮)并持续几秒,可听到机器水循环启动声音,此时报警提示灯(红灯)会熄灭。等待 5～10 s,冷却水充分循环后,“6”(水循环指示灯)点亮。

③ 当“6”(水循环指示灯)点亮后,启动“4”(制冷系统按钮),并等待“7”(制冷系统指示灯)点亮。

④ 确认当“8”(激光电源充电指示灯)点亮后,按下激光电源“12”(氪灯启动按钮)。此时,可观察到“14”(氪灯电流显示表)显示会暂时归零:此时氪灯延时 5～6 s 后,激光电源会自动点燃氪灯,“14”(氪灯电流显示表)会显示此时氪灯,电流为 6.9～7.0 A。

⑤ 按“—F15—”(声光电源启动按钮)。

⑥ 启动计算机,调出划片操作程序。

⑦ 确认工作平台 x 轴、y 轴信号线连接无误,按“—F16—”(工作平台启动按钮)。

⑧ 当工作平台复位自检正常,适当调整“13”(氪灯电流调节)旋钮,使氪灯电流至合适数值,即可开始工作。

⑨ 工作结束,按上述步骤逆向关机。

(9)注意事项

① 严禁在无水或水循环不正常情况下,启动激光电源和调 Q 电源。

② 不允许 Q 电源空载工作(即调 Q 电源输出注意事项)。

③ 出现异常现象,首先关闭激光电源和电源开关再行检查。

④ 请勿在氪灯点燃前启动其他组件,以防止高压窜入。

⑤ 注意激光电源输出端(阳极)接线,以防止与其他电器间打火。

⑥ 更换氪灯后,应保证氪灯两端与电极接触良好,严禁松脱。

⑦ 保持机内循环冷却水洁净,定期清洗水箱并更换洁净去离子水或纯水。

⑧ 本机水循环水温设定需根据环境综合考虑,应尽量保证与环境温度温差不要太大,否则在光学器件表面会发生凝露现象,影响激光功率输出,严重时甚至会损坏光学器件。本机工作时,激光电源与声光 Q 驱动器均需良好散热,故应保证工作环境通风良好。

⑨ 工作环境要求清洁无尘;相对湿度≤80%;温度为 5～30 ℃。

⑩ 安装设备要注意可靠接地,不遵守此项规定可能会导致触电或设备工作不正常。

知识拓展

常见故障及解决方法

1. 开机无任何反应

① 电源输入是否正常;检查电源输入并使其正常。

② 紧急制动开关是否按一下;松开紧急制动开关。

③ 水循环系统是否正常;检查水路保持通畅。

④ 机箱内空气开关是否合上;合上空气开关。

2. 氪灯不能触发

① 氪灯电路连线是否正常;检查所有氪灯连接线。

② 制冷系统是否正常启动;检查制冷系统并使其正常。

③ 氪灯老化;更换氪灯。

④ 激光电源是否损失;更换激光电源。

3. 无激光输出或激光输出很弱;刻划深度不够

① 激光谐振腔是否变化;微调谐振腔镜片,使输出光斑最好。

② 光学器件表面是否凝露;调节冷却水温度并等待凝露消失(此时应关闭激光)。

③ 光路系统是否阻塞;消除并保证光路通畅且封闭好。

④ 氪灯是否老化;若电流调到 20 A 左右仍感到激光强度不够,更换新灯。

⑤ 冷却水温是否过高;调节温度控制器使冷却水温至适当温度,检查制冷系统氟利昂是否渗漏,检漏并充氟。

⑥ 工作平面是否处于激光焦平面;调整激光焦距调节器。

⑦ 声光晶体偏移或声光电源输出能量偏低;调整声光晶体位置或加大声光电源输出信号功率。

4. 工作时氪灯突然熄灭

① 制冷压缩机是否停机;检查制冷部分并使其正常。

② 电源输入是否变化;检查电源输入并使其正常。

③ 机内温度是否过高;停机并通风散热,必要时可打开后盖门帮助散热。

④ 激光电源是否损坏;更换激光电源。

任务实施

激光划片机的使用

(一)外控操作面板

外控制面板(见图 2-18)主要有电源开关(钥匙开关)、紧急断电开关、水循环启动按钮(WATER)、水循环停止按钮(STOP)、电源指示灯(CONTROL)、水循环指示灯(WATER)、流量报警指示灯(ALARM)、激光电源充电指示灯(L-READY)、激光电源指示灯(L-POWER)、激光电源故障报警灯(L-ALARM)、氪灯熄灭按钮(L-STOP)、氪灯启动按钮(L-RUN)、氪灯电流调节旋钮(ADJUST)、氪灯电流显示表[CURRENT(A)]、声光电源启动按钮(Q-SWITCH)及工作平台启动按钮(ENGRAVE)。

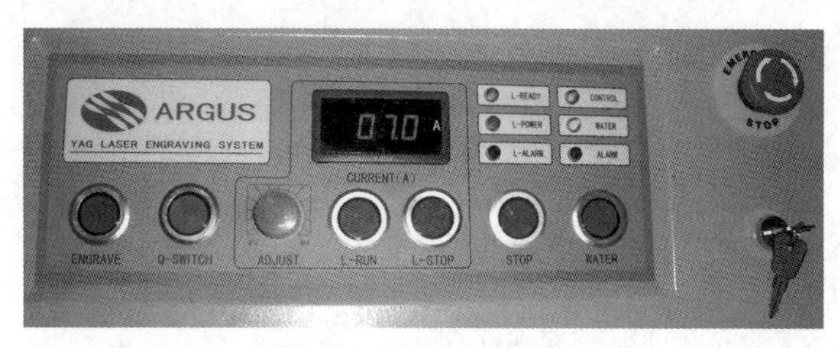

图 2-18　外控操作面板图

(二)开机步骤

(1)确认“2”(紧急断电开关)处于正常状态,打开“1”(电源开关)。此时,主机上的报警提示灯(红灯)点亮,以提示水路未循环;面板“5”(电源指示灯)点亮,面板“7”(流量报警指示灯)点亮。

(2)按住“3”(水循环启动按钮)并持续 5~10 s,可听到机器水循环启动声音,此时主机上的报警提示灯(红灯)和面板“7”(流量报警指示灯)熄灭;同时主机上的运行提示灯(绿灯)和面板“6”(水循环指示灯)点亮。

(3)确认当“8”(激光电源充电指示灯)点亮后,按下激光电源“12”(氪灯启动按钮)。此时,可观察到“14”(氪灯电流显示表)显示会暂时归零;此时氪灯延时 5~6 s 后,激光电源会自动点燃氪灯,“14”(氪灯电流显示表)会显示此时氪灯电流为 6.9~7.0 A。

(4)按下“15”(声光电源启动按钮)。

(5)启动计算机,调出划片操作程序。

(6)确认工作平台 x 轴、y 轴信号线连接无误,按下“16”(工作平台启动按钮)。

(7)当工作平台复位自检正常,适当调节 13 - 氪灯电流调节旋钮,使氪灯电流至合适数值,即可开始工作。

(8)工作结束,按上述顺序逆向关机。(如果是带锁的按钮,关机时,再按一次该按钮;如果是不带锁的按钮,关机时,需按该按钮旁边的红色停止按钮。)

(三)软件操作

运行桌面上“激光划片机”快捷图标,单击进入,图标运行后出现如图 2-19 所示。

此为 2.0 版激光划片机软件主界面。由图 2-19 可看到,2.0 版激光划片机软件主界面分为状态设置区、数据编辑区、图形显示区、运动控制区。

(1)状态设置区:可设置加工所必需的各种状态参数。

①“文件(F)”菜单:

“新建(N)”——单击“新建”命令,将出现全新空白的系统界面。如果当前界面上已有文件或图形存在,则在单击“新建”命令时,系统会提示是否保存现有文件。

“打开(O)”——用于打开已有加工文件。所有加工文件可以直接执行输出。

“保存(S)”——单击“保存”命令,现有文件的当前状况将保存于指定位置。

“另存(A)”——可将现有文件另取一个文件名保存于指定位置。

“退出(X)”——可退出此软件。

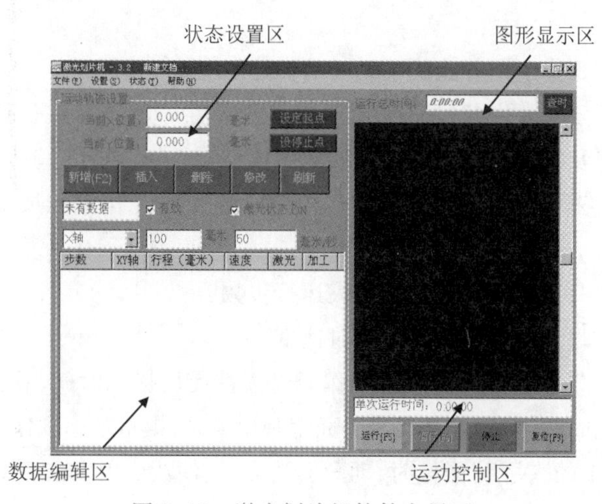

图 2-19　激光划片机软件主界面

②“设置(S)”菜单:

a.“系统设置(V)”—— 可设置系统的各种初始运行状态,如图 2-20 所示。

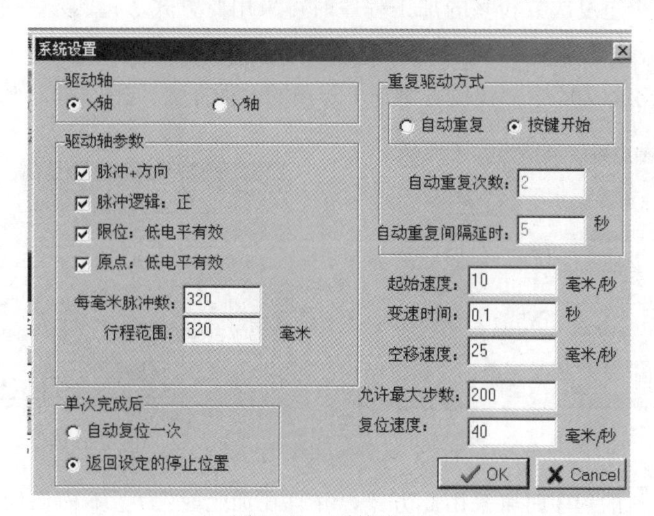

图 2-20　系统设置

系统设置内“驱动轴”和“驱动轴参数”选项组是配合设置的。当选择“X 轴”时，可设置 x 轴参数；选择“Y 轴”时，可设置 y 轴参数。X/Y 轴参数出厂均已设置好，最好不要擅自更改，以免造成运行不正常。

“单次完成后”选项组：

“自动复位一次”——每次操作完成后，工作平台自动回到原点位置。

“返回设定的停止位置”—— 每次操作完成后，工作平台回到指定停止位置。

“重复驱动方式”选项组：

“自动重复”—— 每次操作完成后，工作台自动重复工作。

“按键开始”—— 每次操作完成后，工作台等待下一次单击“运行”键才开始工作。

“自动重复次数”—— 当设置“自动重复”工作模式时，可设定重复工作的次数。

“自动重复间隔延时”—— 当设置“自动重复”工作模式时，可设定连续两次重复工作的时间间隔。

其他选项：

“起始速度”—— 工作台由静止到运动时的初速度。

“变速时间”—— 工作台由起始速度到工作速度所需时间。此值不宜设置太小，以免加速太快，电机失步，造成运动失控。

“空移速度”—— 工作台由原点/指定停止位置运动到加工位置和加工完成后回到原点/指定停止位置时的速度。

“允许最大步数”—— 软件可编制的最大运行步数。

“复位速度”—— 将工作台强制回原点时速度。

b.“时间设置(W)”—— 可设置设备工作时易损件使用提示时间，软件会自动记录设备工作时间，当达到预设定时间时，软件会在主界面上弹出动画，提示已达到使用时间需要更换。

当单击提示动画上的“关闭”图标时，动画会消失，软件默认用户已经了解并更换相关零件；同时，软件此项计时自动清零，下一次计时重新开始。

工作时间查询可单击主界面右上方“查时”图标。

c.“重复运动设置(Y)”——快捷编制加工程序的一种方法，如图 2-21 所示。

当需要编制一个重复次数较多的加工程序时可采用此方式。每四步一重复，单击“OK”按钮时程序自动生成，并显示在主界面上。

d.“等分运动设置(Z)”——快捷编制加工程序的一种方法，如图 2-22 所示。

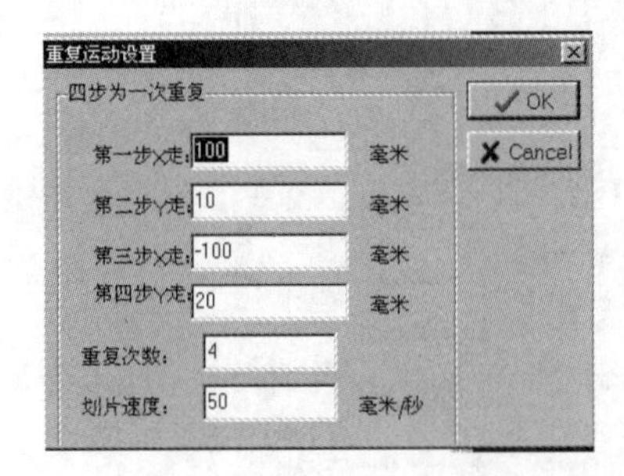

图 2-21　重复运动设置

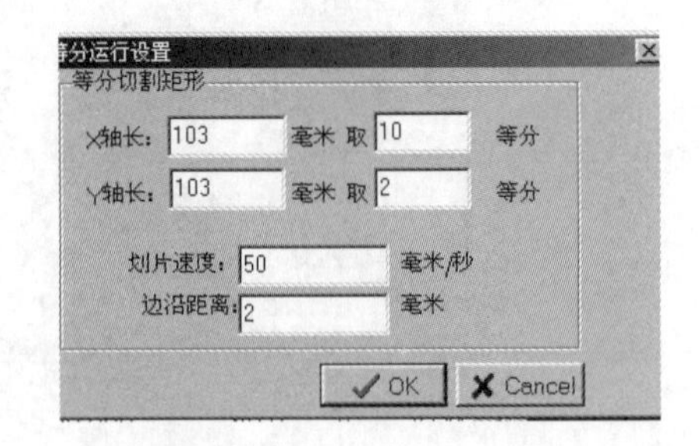

图 2-22　等分运动设置

当要匀切割材料的程序时可采用此方式。并且在加工时，为了不损伤加工材料边缘，单独增加一个“边缘距离”参数设置，设置此参数后，自动生成程序会加工边缘时每边增加相应距离。

单击“OK”按钮时程序自动生成，并显示在主界面上。

e.“XY交换坐标值(X)”——此功能可将工作台 x 轴与 y 轴运动互换。

③“状态(T)”菜单：

“控制板状态(W)”。

“电机轴状态(X)”。

“输出端口(Z)”。

系统暂时关闭上述功能。默认状态为暂停使用。

“输入端口(Y)”——可检测各输入口的实时状态，如图2-23所示。

各输入口处于不同开关状态时，色标颜色不同。

④“帮助(H)”菜单：

系统暂时关闭上述功能。默认状态为暂停使用。

运动轨迹设置，如图2-24所示。

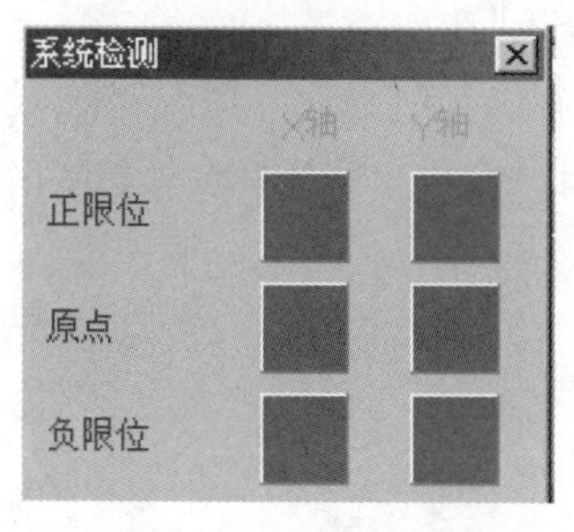

图2-23　系统检测

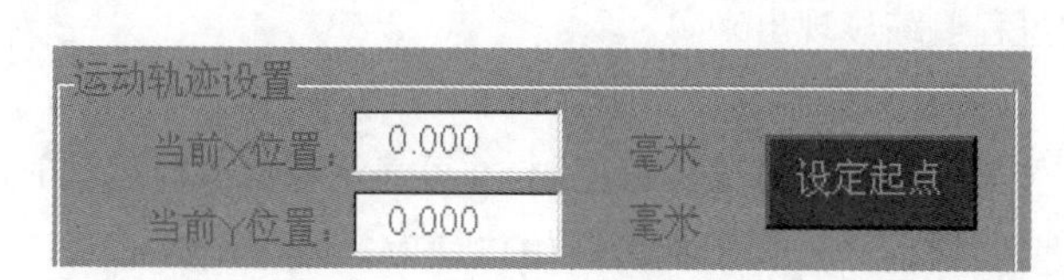

图2-24　运动轨迹设置

“当前X位置”和“当前Y位置”——工作台实时运动位置数据。

单击“设定起点”按钮，弹出“起点设定”对话框，单击“取当前XY位置”按钮，如图2-25所示。

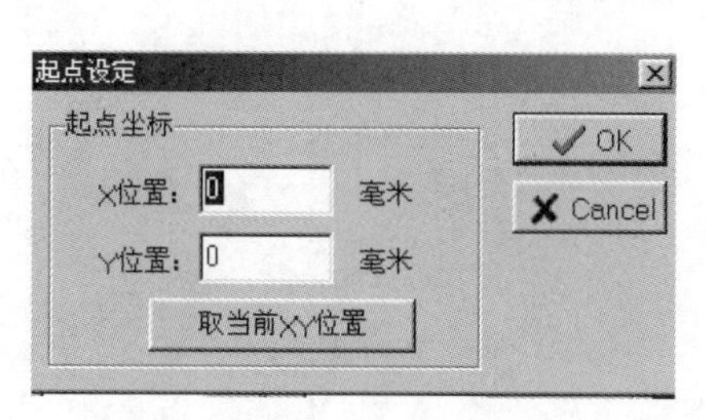

图2-25　设定起点

系统可任意设定工作台开始加工时的初始位置，可以直接输入坐标轴的数值，也可以直接取目前工作台所处的位置。

单击“设停止点”——与“设定起点”相同。(必须在“系统设定”中选择“返回设定的停止位置”。)

(2)数据编辑区

在数据编辑区可直接编制所需加工的数据。并可根据需要，对编制好的数据进行修改和再编制。

"新增"——单击后,在下方数据显示框内出现当前编制的数据。

"插入"——通过此键能够在已编制好的程序中插入所需增加的数据。

具体使用方法为:在数据显示框内选中所需增加数据的步数,在各个数据编辑栏内输入数据,单击"插入"按钮即可。例如:需在数据第3步与第4步之间插入一步,只需先选择第4步,此时第一行第一栏会显示"当前第4步",在余下的编辑栏内输入所需数据。

"删除"——选择所需删除的某步后,单击"删除"按钮即可。

"修改"——选择所需修改的某步后,在编辑的各个栏中输入需要修改的数据,单击"修改"按钮即可。具体使用与"插入"类似。

"刷新"——当操作过程中出现图形显示混乱不清现象时(模拟输出等情况下可能会出现),用以清除杂乱,恢复正常。

"激光状态"——指运动时是否输出激光。

"有效"——指是否需要运动该步。

"毫米/秒"——当要修改所有程序速度时,只需输入所设定速度值,然后确认即可。但要注意此时修改的为所有程序速度,若需修改某个单步速度,参照"修改"选项。

(3)图形显示区

可以模拟显示所设定的数据图形,并且,当工作台运动时,有一个小十字光标会模拟实时运动过程追踪显现出来。

(4)运动控制区

可以对运动情况实行控制,并可显示每次实时运动时间。

"运行"——使工作台开始执行指令运动。

"暂停"——可以使工作台执行完当前步数后暂时停止运动等待操作,单击"运行"按钮可继续运动。

"停止"——可以使工作台停止当前运行或操作并回到指定位置或原点位置。

"复位"——可以强制使工作台进行一次复位运动。

软件功能键说明:

F3——开关激光;

F5——运行;

F6——暂停;

F7——返回停止位置;

F8——返回起点位置;

F9——(x,y)坐标返回机械原点(即复位);

F11——取当前(x,y)位置为起点位置;

F12——取当前(x,y)位置为停止位置。

非运行状态时,可按键盘上的Left,Right,Up,Down四个光标键移动电机轴位置。

按数字键1~9可改变移动速度。

按Ctrl+数字1~9组合键改变每次移动步数,按下O键为移动,抬起表示停止。

在运行状态,按Space键停止,在非运行状态为手动移动速度降低为原来的1/10,或恢复正常。

焊接工艺

任务一　焊接设备及原料

学习目标

(1)熟悉激光划片机的组成系统。
(2)掌握激光划片机常见故障及处理方法。
(3)能够熟悉使用和操作激光划片机。

任务描述

在光伏组件加工中电池片的焊接可以采用人工焊接和串焊机自动焊接,本任务主要介绍手工焊接设备、工装原料和自动串焊机。

相关知识

一、手工焊接主要工具

焊接方法通常分为熔焊、钎焊和接触焊三大类。在焊件不熔化的状态下,将熔点较低的钎料金属加热至熔化状态,并使之填充到焊件的间隙中,与被焊金属互相扩散达到金属间结合的焊接方法称为钎焊。在光伏组件加工中主要采用的是钎焊,它又分为硬焊和软焊,两者的区别在于焊料的熔点不同,软焊的熔点不高于450 ℃。由于光伏电池片具有薄、脆和易开裂等物理特性,采用自动焊接工艺难度比较高。早期行业广泛采用的是手工焊接,目前由于技术更新,国内大部分企业生产的光伏组件都使用串焊机取代手工进行焊接,手工焊接工具如图3-1所示。

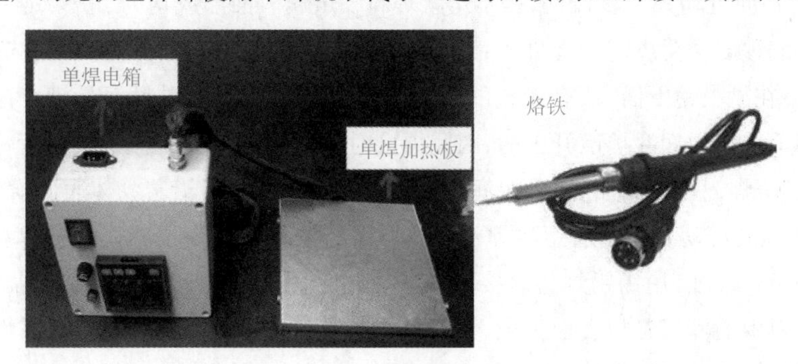

图3-1　单焊所需设备

手工焊接工艺要求焊带焊接后须平直、光滑、牢固，用手沿 45°左右方向轻提焊带不脱落。参数要求：烙铁温度为 350～380 ℃，工作台板温度为 45～50 ℃，烙铁头与桌面成 30°～50°夹角。

光伏电池片焊接工艺参数包括焊接温度、加热温度、焊接时间、冷却速度、垫板温度等，其中焊接温度和时间最为关键。光伏组件生产中，常用的焊接工具是焊台和手持式小功率电烙铁。使用无损焊接时面临着焊接温度高、腐蚀性强、易氧化的困难，烙铁头的保养及使用方法十分重要。良好的、正确的烙铁头保养及使用方法可以避免生产中出现虚焊、脱焊现象，延长烙铁头的使用寿命，降低生产成本。当烙铁头已经被氧化时，先检查烙铁头的情况，如果烙铁头的镀锡层部分含有黑色氧化物时，可镀上新锡层，再用清洁海绵擦拭烙铁头，如此重复清理，直到去除氧化物。如果烙铁头变形或穿孔，必须更换烙铁头。

二、主要工装原料

（一）助焊剂

光伏组件封装材料助焊剂通常是以松香为主要成分的混合物，是保证焊接过程顺利进行的辅助材料。助焊剂的主要作用是清除焊料和被焊母材（材料）表面的氧化物，使金属表面达到必要的清洁度。它防止焊接时表面的再次氧化，降低焊料表面张力，提高焊接性能助焊剂性能的优劣，直接影响到电子产品的质量。

1. 焊接材料的主要成分

（1）有机溶剂：酮类、醇类、酯类中的一种或几种混合物，常用的有乙醇、丙醇、丁醇、丙酮、甲苯异丁基甲酮、乙酸乙酯、乙酸丁酯等。

（2）表面活性剂：含卤族元素的表面活性剂活性强，助焊能力高，但卤族元素离子很难清洗干净，离子残留度高，卤族元素的化合物（主要是氯化物）有强腐蚀性。

（3）有机酸活化剂：由有机二元酸或芳香酸中的一种或几种组成，如丁二酸、戊二酸、衣康酸、邻羟基苯甲酸、葵二酸、庚二酸、苹果酸、琥珀酸等。其主要功能是除去引线脚上的氧化物和熔融焊料表面的氧化物，是助焊剂的关键成分之一。

（4）防腐蚀剂：减少树脂、活化剂等固体成分在高温分解后残留的物质。

（5）助溶剂：阻止活化剂等固体成分从溶液中脱溶的趋势，避免活化剂不良地非均匀分布成膜剂。引线脚焊锡过程中，所涂覆的助焊剂沉淀、结晶，形成一层均匀的膜，其高温分解后的残余物因有成膜剂的存在，可快速固化、硬化。

2. 助焊剂的特性

（1）润湿（横向流动）：又称浸润，是指熔融焊料在金属表面形成均匀、平滑、连续并附着牢固的焊料层。浸润程度主要决定于焊件表面的清洁程度及焊料的表面张力。金属表面看起来是比较光滑的，但在显微镜下面看，有无数的凸凹不平、晶界和伤痕，焊料就是沿着这些表面上的凸凹和伤痕靠毛细作用润湿扩散开去的，因此焊接时应使焊锡流淌。流淌的过程一般是松香在前面清除氧化膜，焊锡紧跟其后，所以说润湿基本上是熔化的焊料沿着物体表面横向流动。

（2）扩散（纵向流动）：伴随着熔融焊料在被焊面上扩散的润湿现象还出现焊料向固体金属内部扩散的现象。例如，用锡铅焊料焊接铜件，焊接过程中既有表面扩散，又有晶界扩散和晶内扩散。锡铅焊料中的铅只参与表面扩散，而锡和铜原子相互扩散，这是不同金属性质决定的选择扩散。正是由于这种扩散作用，在两者界面形成新的合金，从而使焊料和焊件牢固结合。

3. 常用助焊剂的作用

(1)破坏金属氧化膜使焊锡表面清洁,有利于焊锡的浸润和焊点合金的生成。

(2)能覆盖在焊料表面,防止焊料或金属继续氧化。

(3)增强焊料和被焊金属表面的活性,降低焊料的表面张力。

(4)焊料和焊剂是相熔的,可增加焊料的流动性,进一步提高浸润能力。

(5)能加快热量从烙铁头向焊料和被焊物表面传递。

4. 助焊剂残渣对组件造成的不良影响

(1)过多的助焊剂残留会腐蚀电池片。

(2)降低电导性,产生迁移或短路。

(3)残留过多会粘连灰尘和杂物。

(4)影响产品使用的可靠性

(5)影响 EVA 与电池片的黏结。

(6)可能在电池片的主栅线产生连续性的气泡。

(7)助焊剂的储存环境一般助焊剂使用期为 6 个月,放置干燥通风处,避免阳光直射。

(二)焊带

1. 主要材料

太阳能光伏组件封装材料焊带主要基材为无氧铜(铜的纯度为 99.99%),表面热镀了一层锡,宽度 1～6 mm,厚度 0.08～0.5 mm,有 10～30 μm 厚的焊剂涂层。

2. 主要作用

通过焊接过程将电池片的电极(电流)导出,再通过串联或并联的方式将引出的电极与接线盒有效地进行连接。焊带是光伏组件焊接过程中的重要原材料,焊带质量的好坏将直接影响到光伏组件电流的收集效率,对光伏组件的功率影响很大。一般来说,可根据电池片的厚度和短路电流的多少来确定焊带的厚度,焊带的宽度要和电池的主栅线宽度一致,焊带的软硬程度一般取决于电池片的厚度和焊接工具。

3. 助焊剂与焊带的关系

焊带通过助焊剂的浸泡去除表面的氧化膜,并在表面覆盖形成了一层均匀、平滑、连续并附牢固的焊料层。在焊接过程中可以有效地清除栅线表面的氧化物,加快烙铁头温度的传递,使焊带牢固地与电池片的主栅线结合。

4. 焊带的储存环境

焊带避光、避热、避潮,不得使产品弯曲和包装破损。最佳贮存条件:恒温、恒湿的仓库内,其温度在 0～25 ℃之间,相对湿度小于 60%。保质期为一年。

5. 焊带的关键质量参数

焊带性能指标就其本身来说均是重要的。铜的类型及其纯度决定了材料的导电性和焊带能达到的最大柔软程度。焊剂组分、覆盖层厚度和覆盖组分影响焊点质量,因而影响太阳能板的耐久性。

焊带的高延伸性对于防止汇流排与互连焊带间的焊点故障是很重要的,在太阳能板运行过程中温度振荡变化产生的延伸/张力就可能发生这种故障。太阳能板使用过程中每天连续不断

的、有时特别激烈的温度振荡使焊点在光伏板使用寿命(平均为25年)经受考验。

焊带的宽度要和电池的主删线宽度一致,焊带的软硬程度一般取决于电池片的厚度和焊接工具。手工焊接要求焊带的状态越软越好,软态的焊带在烙铁走过之后会很好地和电池片接触在一起,焊接过程中产生的应力很小,可以降低碎片率。但是太软的焊带抗拉力会降低,很容易拉断。对于自动焊接工艺,焊带可以稍硬一些,这样有利于焊接机器对焊带的调直和压焊,太软的焊带用机器焊接容易变形,从而降低产品的成品率。

有铅焊带焊接相对容易,一般只要选择好合适的助焊剂,烙铁温度补偿够用就可以了,但是无铅焊带焊接时确实麻烦了很多。首先,无铅焊接要选择一个合适的电烙铁,对于厂家而言,选择功率可调的无铅焊台是个不错的选择,无铅焊台一般是直流供电,电压可调,直流电烙铁的优点是温度补偿快,这是交流调温电烙铁所无法比拟的。无铅焊带的焊接依据电池片的厚度和面积应选择70～100 W的烙铁,小于70 W的烙铁一般在无铅焊接时会出现问题。另外,市场上很多无铅调温交流电烙铁(热磁铁控制)不适合焊接大面积的电池片,因为电池片的硅导热性能很好,烙铁头的热量会迅速传递到硅片上,瞬间使烙铁头的温度降低到300 ℃以下,烙铁的温度补偿不足以保证烙铁的温度升高到400 ℃时,不能保证无铅焊接的牢固性,产生的现象是电池片在焊接过程中发生噼啪的响声,严重的会使电池片出现裂纹。这是因为焊锡温度低引起的收缩应力造成的。无铅焊接的烙铁头氧化得非常快,要保持烙铁头的清洁,在加热状态下最好将烙铁头埋入焊锡中,使用前要甩掉烙铁头多余的焊锡。烙铁头和焊带的接触端要尽量修理成和焊带的宽度一致,接触面要平整。焊接时要选用无铅无残留助焊剂。

在焊接无铅焊带的过程中,要注意调整工人的焊接习惯,无铅焊锡的流动性不好,焊接速度要慢很多,焊接时一定要等到焊锡完全熔化后再走烙铁,烙铁要慢走,如果发现走烙铁过程中焊锡凝固,说明烙铁头的温度偏低,要调节烙铁头的温度,升高到烙铁头流畅移动、焊锡光滑流动为止。

知识拓展

一、焊带的选择和使用

焊带是光伏组件焊接过程中的重要原材料,焊带质量的好坏将直接影响到光伏组件电流的收集效率,对光伏组件的功率影响很大。

焊带在串联电池片的过程中一定要做到焊接牢固,避免虚焊、假焊现象的发生。生产厂家在选择焊带时一定要根据所选用的电池片特性来决定用什么状态的焊带。一般选用的标准是根据电池片的厚度和短路电流的多少来确定焊带的厚度,焊带的宽度要和电池的主栅线宽度一致,焊带的软硬程度一般取决于电池片的厚度和焊接工具。手工焊接要求焊带的状态越软越好,软态的焊带在烙铁走过之后会很好地和电池片接触在一起,焊接过程中产生的应力很小,可以降低碎片率。但是太软的焊带抗拉力会降低,很容易拉断。对于自动焊接工艺,焊带可以稍硬一些,这样有利于焊接机器对焊带的调直和压焊,太软的焊带用机器焊接容易变形,从而降低产品的成品率。

焊接焊带使用的电烙铁根据不同的组件有不同的选择,一般而言,焊接灯具等小光伏组件对烙铁的要求较低,小组件自身面积较小,对烙铁热量的要求不高,一般35 W电烙铁可以满足焊接含铅焊带的要求,但是焊接无铅焊带时建议尽量使用50 W电烙铁,而且要使用无铅长寿烙铁头,因为无铅焊锡氧化快,对烙铁头的损害相当大。

二、无铅焊带的正确使用

随着欧盟ROHS指令在2006年6月的实施,我国光伏产业的出口面临着无铅的选择,无铅焊带同传统的锡铅焊带相比存在着很多缺点,如何克服这些缺点是众多光伏厂家急需解决的工艺问题。

无铅焊带根据所涂布的焊锡成分分为很多种,我国最常见的无铅焊锡是305焊锡,其含银3%,含铜0.5%,这种焊锡的优点是可焊性能好,焊锡的塑性好。其熔点是218 ℃,用在电池片的焊接上对焊接温度要求很高,普通内热式电烙铁很难满足温度要求,因此无铅焊带的焊接要使用高功率电烙铁,一般推荐原则是比含铅焊锡的焊接高30～40 W,例如原来使用35 W电烙铁,则无铅焊接要使用70 W以上的电烙铁。

铅焊锡的流动性很差,焊接时要等涂锡带的焊锡充分熔化之后才能走烙铁,走烙铁的速度要慢,烙铁头赶着熔化的焊锡缓慢移动,如果发现焊锡有凝固或者不完全熔化的现象,说明烙铁头的温度补偿不够,烙铁头的温度已经低于焊锡的熔点,市面上很多无铅调温电烙铁最容易发生这种现象,当温度达到400 ℃的电烙铁头接触到电池片的时候,烙铁头温度会突然下降到250 ℃以下,使得焊接难以继续。建议厂家选用大烙铁头的无铅焊台,通过调节直流电压来调节电烙铁的温度,不要选用热磁片控制的调温电烙铁。焊接不同类型的电池片对电烙铁的要求也不一样,一般厚度大的电池片对烙铁的要求要高些,面积大的电池片对烙铁的要求更高。选用直流无铅焊台基本可以解决焊接温度的问题。

无铅焊带在焊接后会很快变色,这是因为无铅焊锡更容易氧化,这是正常现象。

认识自动串焊机

人工焊接工艺与自动焊接工艺最大的不同之处就是在于人工焊接是先进行单焊,后进行串焊,而自动焊接是把料放入串焊机直接进行焊接。光伏电池片焊接机是高速度、高精度光伏电池板的自动单、串焊接设备,设备如图3-2至图3-6所示。设备配置CCD图像处理系统,可起到定位,及时检测电池片外观及焊接情况的作用。采用红外灯方式焊接,焊带自动送料,自动切断。焊接时有焊带自动加压装置,使焊接更加牢固。动作全部由PLC自动控制,焊接完成后电池串自动收料。

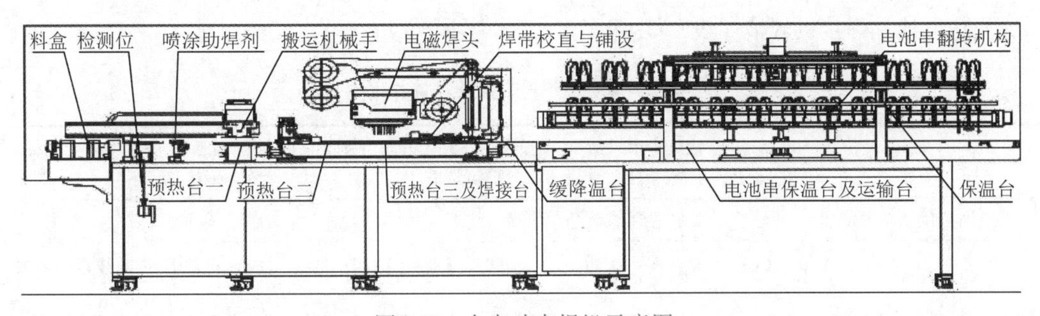

图3-2　全自动串焊机示意图

图 3-3　全自动串焊机外观

图 3-4　机器人摆臂

图 3-5　电池片输送、定位

图 3-6　电池片焊接平台

串焊机是利用高频交变磁场在金属内产生涡电流发热而进行焊接的；在磁场区域内，焊带，以及电池片正反两面主栅线均会发热，可对正反两面的焊带同时焊接。由于是焊带及电池片的电极发热，所以高频感应焊接在所有焊接方式中，有最小的热“惯性”，即当加热关闭后，电池片的升温立即停止，从而为焊接过程中的温度控制提供保证。由于电磁感应加热的特点，再配合响应速度高达 25 ms 的红外线温度传感器，使整个焊接过程中的温度控制在 ±3 ℃以内。控制升温的斜率，可减少对电池片的损伤。即使电池片的厚度不同，也保持同样的升温斜率，防止较薄的电池片因升温过快而导致损坏。由于每条栅线采用独立测温及控制，可使每条栅线的升温斜率及保温时间均保持一致。通常，加热到焊接温度后有 0.3～0.5 s 的保温时间（可根据需要修改），焊锡的熔化保持时间超过人工焊接（0.1 s）的 3 倍之多，每片电池片焊接的均匀性、一致性都优于人工焊接，破损率≤2‰。

光伏电池片焊接机规格如表 3-1 所示。

表 3-1　光伏电池片焊接机规格

适用尺寸	标准为 125 英寸（1 英寸 =2.54 cm）和 156 英寸的正方形或圆角型厚度为 180～200 mm 的 2 或 3 根栅线的电池片（长方形可选）
电池片供给方式	电池片水平放到送料仓中
CCD 检测 1	CCD 图像处理系统对电池片外观缺陷进行检测；同时完成以电池片的边缘定位和栅线的定位
焊带供给	2 或 3 条焊带，自动供给
助焊剂加注方式	特定的擦洗方式

续表

焊接方式	红外线灯式焊接，上、下栅线同时焊接
预热系统	电加热式逐级（温度范围 80～150 ℃）
传送带	采用不锈钢带及铁弗龙布带传送
焊接后收取	客户自己选择单焊或串焊的形式，成品通过输送带自动送出，配合自动机构，可以自动摆放串焊好的电池串
翻转功能	选配，需双方协商
焊接速度	6～8 s/片（以尺寸 125 mm 电池片为例平均），每小时 500～700 片（根据材料）
碎片率	小于 0.3% （根据材料等）
操作系统	控制采用松下 PLC + 触摸屏画面 + 工业 PC
电源	AC 220 V/30 A
质量	约 1500 kg
外形尺寸	6 700 mm × 2 000 mm × 1 700 mm（不含指示灯高度）

全自动串焊机整个串焊过程主要包括：

① 取料。

② 电池片外观及栅线检测。

③ 喷涂助焊剂。

④ 第一次预升温。

⑤ 第二次预升温。

⑥ 第三次预升温及焊带铺设。

⑦ 高频电磁感应焊接。

⑧ 缓降温。

⑨ 电池串翻面收集机构。

自动化串焊机工艺流程如图 3-7 所示。

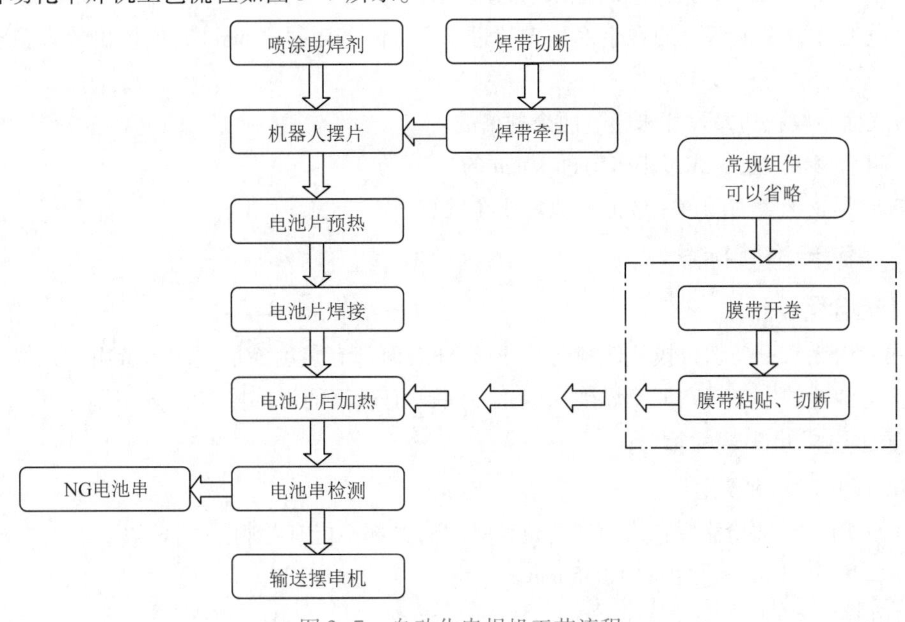

图 3-7　自动化串焊机工艺流程

任务二　焊接前检查与准备

学习目标

(1)掌握电池片挑选方法。

(2)掌握涂锡带检验标准。

(3)能够按要求完成焊接前的准备工作。

任务描述

本工序任务是将互连带、电烙铁、助焊剂、焊接模板、电池片等做好焊接前的检查工作,为下一个单焊工艺任务做准备。做好焊接台的清洁工作以及互连带的焊接前的预处理工作。

相关知识

一、电池片的挑选

电池片的挑选以不影响使用功率、没有太大的外观缺陷为原则进行。分检时注意要轻拿轻放,坚决杜绝通过摇晃发出声响来判断暗纹的行为。应仅凭肉眼观察来评判。

出现下列情况均能使用:

(1)有缺口但缺口未接近 1.5 个栅格,缺口过渡较平滑。

(2)正面表面掉瓷未断栅线,尺寸未超过 3 mm,未有穿孔现象。

(3)反面掉瓷未超过 5 mm,且未有穿孔现象。

(4)背面银铝浆起泡或脱落未超过 5 mm 的。

(5)正面有十字形或方形暗纹,但未透过电池片。

(6)电池片边缘未切除的残余部分未超过 1.5 mm;若超过 2 mm 的,应挑出放置在整板的外缘。

(7)表面暗纹在边缘尺寸未超过两个栅格的。

(8)四个角切边过大或过小未超过 3 mm 的。

挑选时尽量把表面颜色一致的电池片放在一组。

二、涂锡带检验标准

1. 功能介绍

涂锡带由无氧铜剪切拉拔或轧制而成,所有外表面都有热度涂层。涂锡带用于光伏组件生产时光伏电池片的串焊接和汇流焊接,要求涂锡带具有较高的焊接操作性及牢固性。

2. 质量要求及来料检验

选用 TU1 无氧铜带。

(1)外观检验:抽检涂锡带表面光滑,色泽发亮,边部不能有毛刺。

(2)厚度:0.01 mm≤单面≤0.045 mm。

(3)电阻率≤0.017 25 $\Omega \cdot mm^2/m$。

(4)抗拉强度 σ_b(软)≥196 MPa;抗拉强度 σ_b MPa(半硬)≥245 MPa。

(5)伸长率 δ_{10}(%)(软)≥30;伸长率 δ_{10}(%)(半硬)≥8。

(6)成品体积电阻系数:$(2.02 \pm 0.08) \times 10^{-8}\ \Omega \cdot m$。

(7)涂层熔化温度:≤245 ℃。

(8)侧边弯曲度:每米长度自中心处测量不超过 1.5 mm。

(9)应具有增功率现象。

(10)使用寿命≥25 年。

手工焊接与机器焊接的比较

1. 取料

为保证可靠地将电池盒内的电池片取出,焊接机采用压缩空气分层,配合柔软的硅橡胶吸盘,在精准的机械手动作下,可靠而无损伤地将电池片送入工作区。

2. 检测

在检测环节中,可将上道工序未检出外观缺陷及主栅线印刷异常的电池片移出。

3. 喷涂助焊剂

电池片焊接机采用无接触的助焊剂喷涂方式,可使助焊剂准确喷涂到需要的位置,为可靠焊接提供保障。

4. 预升温

大家知道,所有人工焊接中都要使用加热台,以提高焊接台的温度,减少焊接中电池片的破损。但焊接台温度过高时,焊接人员无法操作。而串焊机对电池片共分三次预升温,并且温度是可控的,在正式焊接前已有超过 100 ℃的温度,更加接近焊接温度,最大限度地减少因温度快速上升对电池片的损伤。

5. 焊带铺设

焊带铺设前由机械臂校直后裁切,长度精确,焊接后外形美观,焊带与电池片铺设好后,进入第 6 步焊接过程。

6. 无接触电磁感应焊接

在组件生产过程中焊接工序是最重要的环节,人工焊接过程中电烙铁的移动速度是无法控制的,因人而异,移动速度过快或速度不均匀会导致焊接不牢及焊接面减少,为提高工作效率,熟练工一般每条焊带的焊接时间为 2～3 s。如焊接 156 mm 电池片按每条焊带用时 3 s 计算,每毫米长度烙铁移动的时间仅为 0.019 s,烙铁头接触焊带的宽度约为 5 mm,(0.019 s/mm)×5 mm 即为 0.095 s,也就是说焊锡保持熔化的时间每点仅约为 0.1 s,由于熔化保持时间太短,因此焊接的可靠性难以保证。

人工焊接另一个弊端是单焊串焊分别完成,电池片会受热变形两次,在单片焊接时,因为只有正面的焊带,焊接后电池片两面的应力不同导致电池片弯曲变形,串联焊接电池片同样会受到弯曲变形,极大地增加了电池片的隐裂机会。

而焊接机的焊接方式可以说是个全新的方式,改变了以往手工焊接的一切弊端,把单、串焊

合并在一起,焊接温度可监控,从而使电池片的焊接质量有了更可靠的保障。

7. 缓降温区

电池串焊好后,为了消除焊带与电池片急速冷却产生的内应力,串焊机还设置了缓降温区,降温是逐渐下降的过程,从而更符合焊接工艺的要求。

8. 电池串翻面收集机构

由于焊接过程中为了保护电池面的正面,所以焊接好后电池片的正面是向上的。电池片易碎,为了后序的铺设工序,特设立了翻面机构,避免人工翻面时造成不必要的损失,为减少环境温度对电池串的影响,此机构中摆放电池串的工作台均为加热工作台。

任务实施

1. 工作目的

做好焊接台的清洁工作、焊接前的检查工作以及互连带焊接前的预处理工作,为下一个单焊工艺任务做准备。

2. 所需设备及工装、辅助工(器)具

① 所需设备:电烙铁、模板。

② 辅助工具:玻璃、棉签、玻璃器皿、无尘布、酒精壶、木盒。

3. 材料需求

初检良好的电池片、助焊剂、乙醇、互连带(浸泡)焊锡丝。

4. 个人劳保配置

工作时必须穿工作服、工作鞋,工作帽、口罩、指套。

5. 作业过程

① 及时的清洁工作台面、清理工作区域地面,做好工艺卫生,工具摆放整齐有序。

② 检查辅助工具是否齐全,有无损坏等,如不完全或齐备及时申领。

③ 打开电烙铁,检查烙铁是否完好,使用前用测温仪对电烙铁实际温度进行测量,当测试温度和实际温度差异较大时即使修正。

④ 将少量助焊剂倒入玻璃器皿中备用;将少量乙醇倒入酒精喷壶中备用。

⑤ 将互连带在助焊剂中浸泡,包在塑料袋中,尾巴朝外。

⑥ 在焊台的玻璃上垫一张纸。

6. 注意事项

① 工序管理做到7S。

② 焊前检查要仔细。

③ 设备摆放要整齐。

任务三　单片焊接及串焊

学习目标

(1)掌握电池片单片焊接工艺操作与焊接技巧。

(2)掌握串焊接工艺与焊接技巧。

(3)熟悉烙铁头的使用及保养方法。

任务描述

单焊是将互连带用电烙铁焊接在初检好的电池片上，将单片电池的负极焊起来，便于下道串接；串焊是以模板为载体，将单片焊接好的电池片串接起来，便于下道层叠。

相关知识

一、单片焊接

(一)领料

(1)焊接班组长根据生产部的计划安排本班的焊接量，并把每人每天的工作量下发给个人。个人根据计划到原料库领料，并填写领料单。

(2)班组长根据实际情况从原料库集中领取一定数量的备用片，以方便焊接过程中碎片的更换，并做好记录。

(3)对有问题的电池片，员工或班组长自身不能把握，可以向质检部或生产部来确认。

(4)领料时一要检查电池片的质量，二要清点电池片的数量。领出原料库的电池片质量和数量由自己负责。

(二)焊带的裁剪

(1)从原料库领取焊带时，一定要过秤，填写领料单。

(2)由班组长负责焊带的领取、剪切及分发工作。

(3)剪切完成的焊带放置在助焊剂中浸泡，取出后晾干或烘干。

(4)0.15 mm×2.0 mm的焊带有两种尺寸：一种是电池片之间的连接，一种是整版与汇流条之间的连接。

(5)班组长根据每个员工焊接量分发焊带，同时做好记录。

(三)作业前准备

(1)清洁工作台和所有操作工具，不得有灰尘和杂物。

(2)交接班或间隔时间超过1 h需要对工作台及使用工具进行重新清洁。

(3)焊接加热台必须1 h清洁一次，以保证焊接台上无锡渣残留。

(四)作业流程(见表3-2)

(1)打开烙铁及加热板，并按技术规格要求调整温度(见图3-8和图3-9)。

(2)从分选好的电池片中取一片电池片正面朝上放置，再取两根焊带放在电池片上(见图3-10)。

(3)左手食指、中指、大拇指将焊带轻压在主栅线上，以电池片的第二根栅线为基准焊起(尖栅线从第三根栅线焊起，见图3-11)。

(4)焊接时依次挪开左手指，并调整焊带的方位，使其完全落在主栅线内，烙铁要求匀速平直，用烙铁头尾部平面焊接(见图3-12)。

(5)单焊在拿放电池片时不能直接拿到电池片的边缘部位和电池片的倒角四周，一定要拿

到电池片的正中间。

(6)将焊接好的电池片放到待串焊区,不合格品放入指定位置(见图3-13)。

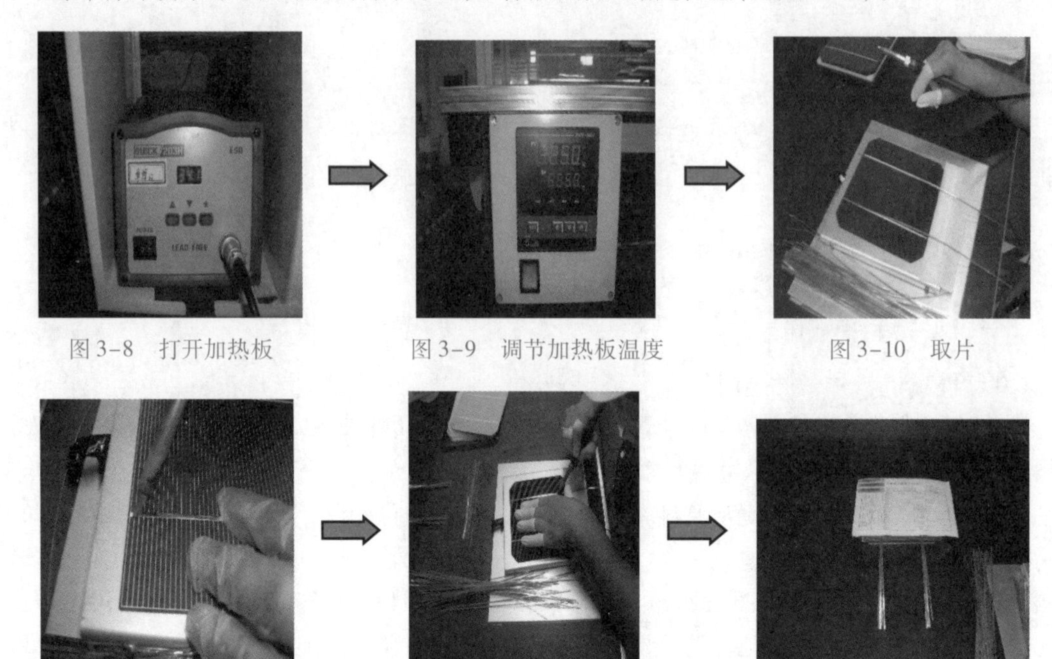

图3-8　打开加热板　　图3-9　调节加热板温度　　图3-10　取片

图3-11　开始焊接　　图3-12　平面焊接结束　　图3-13　焊好放入待串焊区

表3-2　作业流程控制项目

		项目	规格	控制方法	本工序检查频率
控制项目	品质	焊点	无虚焊、漏焊、毛刺	目测	每个检查
		电池片	无裂纹、破片	目测	每个检查
	工艺	烙铁温度	340 ℃ ±5 ℃	测量	1次/(2 h)
		加热板温度	50 ℃ ±5 ℃	测量	1次/(2 h)
		焊接时间	3～4 s(125 mm×125 mm) 4～5 s(156 mm×156 mm)	测量	1次/(2 h)
		烙铁头	保持干净	清洁上锡	随时
	安全作业要点	1. 预防烙铁烫伤。 2. 作业台上装配废气排放装置			

(五)作业重点/技术规格要求

(1)烙铁温度:340 ℃ ±5 ℃。

(2)加热板温度:50 ℃ ±5 ℃。

(3)焊接时,左手食指、中指、大拇指将焊带轻压在主栅线上,对准电池片上端的第二根栅线,右手拿烙铁从电池片上端的第二根栅线开始焊接。

(4)125 mm×125 mm电池片单根焊带焊接时间3～4 s,156 mm×156 mm电池片4～5 s。

(5)电池片必须轻拿轻放,焊接时烙铁头要与焊带在同一平面,与桌面保持45°角。

(6)烙铁不用时要上锡保护,烙铁头表面容易氧化,影响焊接。

(7)焊接时,焊接台上电池片只允许有1片。

(8)在焊接一片电池片的过程中一次性最多只能拿两根焊带。

(六)单片的焊接

(1)无论单晶或多晶,在焊单片之前,尽量把外观颜色一致的片子放在同一板子上。

(2)焊接时,焊带一端离开电池片边缘一个栅格的距离开始施焊。

(3)施焊过程中电烙铁用力适中,不允许焊带与主栅线发生偏移。

(4)焊完后一定要检查是否有虚焊、断焊、掉瓷现象,若有则进行修整。

(5)清除施焊过程中留下的焊渣。

(6)每焊完一板,分隔放置,填写《工序流程单》,并在相应栏中加瓷盖代表本人号码的印章。

(七)异常处理或注意事项

(1)作业人员需戴好手套及帽子,严禁裸手接触电池片。

(2)焊接前对电池片进行外观检查。

(3)员工每两小时自检一次烙铁及加热板的温度,如有超出标准范围,应找班组长或巡检人员及时调整。

(4)拿电池片时要轻拿轻放,电池片焊接完成后要进行自检。

(5)每班焊接前需检查烙铁头,如有损坏需及时更换。

二、串焊

(一)串焊工位

(1)按顺序从上道工序领取电池片,依次放置在焊串模板中,电池片正面朝下,用棉棒蘸取助焊剂沿着焊带方向擦拭电池片背面。

(2)用电烙铁沿焊带方向从左到右施焊,由于电池片与其沉框有着一定的间隙,施焊时要注意校正电池片的左右间隙,以防止出现楔形间隙。

(3)焊完一串用蘸有无水乙醇的擦拭布沿焊带方向从左到右把电池片表面的焊渣及污物擦拭干净。

(4)有表面缺陷的电池片尽量不要放置在相邻位置,同时一整板上不允许存在超过四块缺陷的电池板。

(5)穿串完成从模板中取出,检查相邻电池片间隙,不允许小于1.5 mm及间隙呈喇叭口状,否则加以修正。

(6)穿串完成的电池片正面朝下依次一左一右间隔放置于穿盒内,每盒至多放置五板。

(7)每焊完一板,填写《工序流传单》,并在相应栏中加以瓷盖代表本人号码的印章。

(8)150 mm×150 mm×0.83 mm的厚电池片原则上不使用穿串模板,使用钢板尺靠量施焊且期间隙保持在3 mm,整串长度误差不超过5 mm。

(二)工具设备

(1)工作台,用于摆放工作时用的工具和材料。

(2)恒温电烙铁,用于加热焊接。

(3)布手套和指套,用于防止裸手接触电池片。

(4)转接托盘,用于暂存串接好的电池片。

(5)物料盒、焊剂杯和棉签。

(6)尖镊子、锉刀、剪刀等。

（三）所需材料

(1)单片焊接好的电池片(进行光电转换)。

(2)符合设计的互连带(电气连通电池片)。

(3)低活性、高可靠性的免洗助焊剂(减小焊锡表面张力)。

(4)串接模板(板上要有刻度,方便控制尺寸)。

（四）对上道来料检验

要求如下:

(1)焊接平直、牢固,无虚焊、漏焊,用手轻提焊带不脱落。

(2)互连条与电池片主栅线的位置无偏差。

(3)单片无碎片、无缺角、无小孔、无隐裂、完好无损。

（五）串接操作过程

(1)先将焊好的单片的另一半焊带条浸泡一下免清洗助焊剂,助焊剂不能碰到电池片,以防腐蚀电池片影响电性能。

(2)将焊好的12片单片背面(正极)向上依次排列到模板上。

(3)依据模板上模块线距离为准,前一片与后一片的间距为2 mm。模板上的电池片要紧靠挡板,使互连条与背电极对齐并均匀落在背电极内。

(4)对正后用左手手指轻压住互连条和电池片,避免相对位置移动,右手用电烙铁从电池片边沿起焊(建议用恒温电烙铁,用5c烙铁头,温度在370～380 ℃之间),轻焊上去保证正反面光滑,每串两片电池片之间的互连条要平直,不允许有弓起现象。

(5)一串结束后,应在最后一片上焊出2根引出线,引出线应与正面主栅线位置一致。

(6)目测自检,质量要合格。将12片单片串成一串以后,用手轻轻按住片子和模板45°轻抖一下,避免将垃圾带进组件里,用模板轻轻地将电池片倒在转接托盘上。

(7)不合格的进行返工,合格的放到叠层区域。

（六）自检要求

(1)互连条焊接平直、光亮,无毛刺和锡珠。

(2)互连条要均匀、平直地焊在背电极内。

(3)无脱焊、虚焊和过焊,保证良好的电性能。

(4)具有一定的机械强度,用45°方向轻拉互连条,不脱落。

(5)负极(正面)表面焊接保持光亮。

(6)每一串各电池片的主栅线在同一直线上,错位小于0. 5 mm。

(7)正负极摆放正确,每串长度要一致。

(8)电池片表面清洁,单片完整,无碎裂现象。

（七）注意事项

① 工作台平均每2 h清洗一次。

② 禁止裸手接触到电池片,手部的汗液和油脂影响电池片和EVA的胶连。

③ 焊带表面太干,产生白色粉末以后,要重新浸泡助焊剂才能使用。

烙铁头的使用及保养方法

一、烙铁头不蘸锡的原因

造成烙铁头不蘸锡的原因主要有下列几点，请尽可能避免：

(1)温度过高，超过400 ℃时易使蘸锡面氧化。

(2)使用时未将蘸锡面全部加锡。

(3)在焊接时助焊剂过少或使用活性助焊剂，会使表面很快氧化；水溶性助焊剂在高温有腐蚀性也会损伤烙铁头。

(4)擦烙铁头所用海绵含硫量过高，海绵太干或太脏。

(5)接触到有机物如塑料；润滑油或其他化合物。

(6)锡不纯或含锡量过低。

二、烙铁头使用应注意事项及保养方法

(1)烙铁头每天送电前应先去除烙铁头上残留的氧化物、污垢或助焊剂；并将发热体内杂质清出，以防烙铁头与发热体或套筒卡死。随时锁紧烙铁头以确保其在适当位置。

(2)使用时先将温度先行设立在200 ℃左右预热，当温度到达后再设定至300 ℃，到达300 ℃时须对烙铁头前端蘸锡部分实时加锡，稳定3～5 min后，即以测试温度是否标准后，再设定到所需工作温度。

(3)在焊接时，不可将烙铁头用力挑或挤压被焊接的物体，不可用摩擦方式焊接，如此并无助于热传导，且有损伤烙铁头之虞。

(4)不可用粗糙面的物体摩擦烙铁头。

(5)不可使用含氯或酸的助焊剂。

(6)不可加任何化合物于蘸锡面。

(7)较长时间不使用时，将温度调低至200 ℃以下，并将烙铁头加锡保护，勿擦拭；只有在焊接时才可在湿海绵上擦拭，重新蘸上新锡于尖端部分。

(8)当天工作完后，不焊接时将烙铁头擦拭干净后重新蘸上新锡于尖端部分，并将其存放在烙铁架上并将电源关闭。

(9)若蘸锡面已氧化不能蘸锡，或因Flux引起氧化膜变黑，用海绵也无法清除时，可用600～800目的砂纸轻轻擦拭，然后用内有助焊剂的锡丝绕在刚擦过的蘸锡面上，予以加温待锡接触熔化后再重新加锡。

三、烙铁头的换新与维护

(1)在更换烙铁头时，请先确定发热体是冷的状态，以免将手烫伤。

(2)逆时针方向用手转动螺帽，将套筒取下，若太紧时可用钳子夹紧并轻轻转动。

(3)将发热体内的杂物清出并换上新烙铁头。

(4)若有烙铁头卡死情形发生，勿用力将其拔出以免伤及发热体。此时可用除锈剂喷洒其卡死部位再用钳子轻轻转动。

(5)若卡死情形严重，请退回经销商处理。

四、一般保养

(1)塑料外壳或金属部分可在冷却状态下用去渍油擦拭,请勿浸入任何液体或让任何液体浸入机台内。

(2)烙铁请勿敲击或撞击以免电热管断掉或损坏。

(3)作业期间烙铁头若有氧化物必须用石棉立即清洁擦拭。

(4)石棉必须保持潮湿,每隔 4 h 必须清洗一次。

(5)烙铁头若有氧化,应用600～800 目细砂纸清除杂质后,再用锡加温包覆;若此方法仍无法避免氧化现象,应立即更换烙铁头。

任务实施

一、单焊工艺

1. 工作目的描述

本工序是将互连带用电烙铁焊接在初检好的电池片上,将单片电池的负极焊起来,便于下道串接。

2. 所需设备及工装、辅助工(器)具

① 所需设备:电烙铁。

② 辅助工具:玻璃、棉签、玻璃器皿、无尘布、酒精壶、木盒。

3. 材料需求

初检良好的电池片、助焊剂、乙醇、互连带(浸泡)焊锡丝。

4. 个人劳保配置

工作时必须穿工作服、工作鞋, 戴工作帽、口罩、指套。

5. 作业准备

(1)无碎片、隐裂片、穿孔片和表面带有“水印”的单片。

(2)缺角深度≤2 mm,长度＜3 mm。(不能为“V”形缺角)。

(3)表面无明显污迹,无栅线脱、断、落。

(4)缺角面积小于 2 mm 且不得超过两处。

(5)按电池片表面颜色不同分类摆放。参考颜色有蓝褐色、蓝紫色、蓝色、浅蓝色等。

(6)不同电流档次的电池片也要分档放置。

(7)要求对单片进行检查。

6. 作业过程

(1)把初检好的电池片放在垫好的纸上,负极(正面)向上,检查电池片是否完整,有无色斑。

(2)将浸泡过的互连带平铺在电池片的主栅线内。(如发现互连带上助焊剂干涸,则在与主栅线接触的那一面现涂助焊剂。)

(3)互连带的拆痕对应电池片曲线,互连带的前端离电池片有 2 条副栅线的距离(左手为前端)。

(4)用左手手指从前端依次均匀地按住互连带,右手拿烙铁,将烙铁头的平面平压在互连带的尾端,从尾端第 3 根副栅线处从右往左焊接。

(5)当烙铁头离开电池时(即将结束),轻提烙铁头,快速拉离电池片。

7. 注意事项

(1)焊接平直、光亮、牢固,用手沿45°方向轻提焊带不脱落(用抽检的方法)。

(2)互连条与电池片主栅线的位置无偏差。

(3)单片完整,缺角面积小于2 mm,表面不得有挂锡和垃圾等异物。

(4)目测单片无碎片,完好无损,表面颜色一致。

(5)无脱焊、虚焊、过焊,保证良好的电性能。

(6)工作台平均每2 h清洗一次。

(7)禁止裸手接触到电池片,手部的汗液和油脂影响电池片和EVA的胶连。

(8)焊带表面太干,产生白色粉末后,要重新浸泡助焊剂才能使用。

二、串焊工艺

1. 工作目的描述

本工序是以模板为载体,将单片焊接好的电池片串接起来,便于进行下一道层叠工序。

2. 所需设备及工装、辅助工(器)具

(1)所需设备:电烙铁。

(2)所需工装:串焊定位模板、放电池串及翻转用的泡沫板。

(3)辅助工具:镊子、棉签、玻璃器皿、无尘布、酒精壶等。

3. 材料需求

焊接良好的电池片、互连条、助焊剂、焊锡丝、乙醇。

4. 个人劳保配置

工作时必须穿工作服、工作鞋,戴工作帽、口罩、指套。

5. 作业准备

(1)清理工作区域地面,工作台面卫生,保持干净整洁,工具摆放有条不紊。

(2)检查辅助工具是否齐备,有无损坏,如不完全或齐备及时申领。

(3)打开电烙铁,检查烙铁是否完好,使用前用测温仪对电烙铁实际温度进行测量,当测试温度和实际温度差异较大时及时修正。

(4)在酒精壶中加适量乙醇备用。

(5)在玻璃器皿中加适量助焊剂备用。

(6)根据所做组件大小,确定选择相对模板。

6. 作业过程

(1)将单焊好的电池片的互连条均匀地涂上助焊剂。

(2)将电池片露出互连条的一端向右,依次在模板上排列好,正极(背面)向上,互连条落在下一片的主栅线内。

(3)将电池片按模板上的对正块、对齐条对应好,检查电池片之间的间距是否均匀且相等,同一间距的上、中、下口的距离相等。

(4)检查电池片背电极与电池正面互连条是否在同一直线,防止片之间互连条错位。

(5)焊接下一片电池时,还要顾及前面的对正位置要在一条线上,防止倾斜。

(6)电池对正好后,用左手轻轻由左至右按平互连条,使之落在背电极内,右手拿烙铁头的平面轻压互连条,由左至右快速焊接,要求一次焊接完成。

(7)烙铁头若有多余的锡要求及时擦拭干净。

(8)电池片之间相连的互连条头部可有3 mm距离不焊。

(9)在焊接过程中,若遇到个别尺寸稍大的片子,可将其放在尾部焊接;若遇到频率较高,只要能保证前后间距一致无喇叭口,保持总长不变,即可焊接。

(10)虚焊、毛刺、麻面,不得在泡沫板上,需放到模板上修复。

(11)虚焊时,助焊剂不可涂得太多,擦拭烦琐。

(12)擦拭电池片时,用无纺布蘸少量乙醇小面积顺着互连条轻轻擦拭。

(13)接好的电池串,需检查正面,将其放在泡沫板上,再在上面放置一块泡沫板,双手拿好板轻轻翻转、放平即可。检查完的电池串放到泡沫板上,每块泡沫只能放一串电池,要求电池串正面向上。

7. 作业检查

(1)检查焊接好的电池串、互连条是否落在背电极内。

(2)检查电池片正面是否有虚焊、毛刺、麻面、堆锡等现象。

(3)检查电池串表面是否清洁,焊接是否光滑。

(4)检查电池串中有无隐裂及裂纹。

(5)烙铁不用时需上锡保养,工作做完即可关闭电源。

8. 注意事项

(1)互连条焊接平直光滑,无凸起、无毛刺、麻面。

(2)电池片表面清洁,焊接条要均匀落在背电极内。

(3)单片完整无碎裂现象。

(4)焊接条上不可有焊锡堆积。

(5)手套和指套、助焊剂须每天更换,玻璃器皿要清洁干净。

(6)烙铁架上的海绵也要每天清洁。

(7)缺角电池片的使用要求见《质量标准》。

(8)在作业过程中触摸材料须戴手套(指套)。

任务四　焊接工艺的优化

学习目标

(1)掌握单片焊接工艺常见异常及处理方法。

(2)掌握串焊工艺常见异常及处理方法。

任务描述

焊接工艺对光伏组件的生产至关重要。焊接过程中难免存在一些质量问题。如虚焊、过焊、主栅线与焊带之间融合性低等问题。虚焊将增加组件的串联电阻,降低光电转换效率,过焊则会导致电池片破裂等问题。本任务主要介绍焊接工艺异常问题及处理方法。

相关知识

单焊工序异常及处理

(一)电池片虚焊

1. 原因

(1)焊接温度不够,镀锡铜带还没有充分熔化。

(2)焊接速度不均匀,局部过快。

(3)烙铁头温度不稳定。

(4)烙铁头部磨损,不平滑。

(5)焊带表面氧化,不易与银电极焊接上。

(6)焊带弯曲、扭曲。

(7)电池片在空气中暴露时间过长,银电极表面硫化。

2. 解决对策

(1)适当提高电烙铁温度。

(2)熟练操作,确保焊接速度均匀。

(3)检测烙铁头,如若磨损严重,应及时更换。

(4)使用助焊剂浸润互连条,或是在电池片银电极部位适当涂敷助焊剂。

(5)将焊带捋平。

(二)碎片

1. 原因

焊带焊接时在电池片尾部受力,因此该部位很容易碎片。

2. 解决对策

(1)电池片片焊操作确保手法均匀,不会出现局部用力过大。

(2)采用相应方法,确保有隐裂的电池片及时选出来。

(三)杂质

1. 原因

(1)烙铁头上的焊锡没有清理干净,导致锡渣掉落在组件中。

(2)车间洁净度不够,有昆虫飞进车间。

(3)员工劳保用品没有穿戴完好,导致有毛发掉入组件中。

2. 解决对策

(1)定时清理烙铁头,确保没有锡渣堆积。

(2)车间内保持正风压,保证飞虫等不会进入车间。

(3)员工劳保用品应穿戴完整。

(四)焊接不良

1. 原因

员工焊接手法不准,导致焊带和银电极没能完全对应上。

2. 解决对策

熟练操作，确保焊带与银电极完全对齐。

知识拓展

串焊工艺异常问题

不良品电池串常见的问题

(1) 隐裂、破片、缺角、崩边

大多是由设备或人为造成的，需要更换电池片。

(2) 虚焊

表现在焊带没有在电池片的五格六线处焊接完成，造成主栅线焊接空白，大多是由串焊机焊接平台温度低造成的。

(3) 脏污

表现在电池片的外观缺陷，大多是由于卫生打扫不干净或人为造成的。

(4) 氧化、印刷不良

表现在电池片的原装缺陷，造成氧化和印刷不良的主要原因是留存时间波动较大，需要更换电池片。

(5) 露白(膜偏)

大都是串焊机焊接不良造成。组件分为常规组件和贴膜组件，常规组件即市面上的普通组件，贴膜组件即在电池串的正电极的焊带上从头到尾贴上一段 0.25 mm 的膜带，以达到美观的目的。造成露白(膜偏)的主要原因大多是焊带卡带，焊带牵引不到位，贴膜机偏移等原因造成的。

(6) 串弧

电池串不平整，有翘起(八角)，无法叠层，大多是由于虚焊造成的。

(7) 拉力

质检人员需要检查电池串的品质，需要剪取电池片进行拉力测试。

(8) 划伤

电池片表面有不同程度的划痕，一个组件的划痕不能超过 5 处，且不能影响美观和品质，否则需要重新更换电池片。

(9) 烫伤

电池片表面被焊带灼伤，留下印痕，大多是由于焊带严重偏移造成的。

(10) 片间距

电池片之间的间距不等，造成电池串长短不一，大多是由于取片机器人取片不到位造成的。

任务实施

不良品电池串优化措施

不良品电池串的常见优化措施如下：

（1）隐裂（见图3-14）、破片、缺角、崩边

操作步骤：翻转电池串，背电极向上，在需要更换电池片的首位涂抹好助焊剂，将条码纸放置在电池片背电极与互连条之间，通过烙铁加热互连条，使得互连条与电池片分开，条码纸随着互连条的分开而移动，直到整片背电极与互连条分开。分开所有互连条，直到不良电池片被取出。取出一片正常的电池片，背电极焊接需涂抹助焊剂，栅线周围如果出现过多助焊剂，需用乙醇擦拭干净，然后将电池片放在取出的不良位置。在该电池片以及前面一片电池片背电极主栅线上涂抹助焊剂，对照串焊模板，将互连条与电池片焊接在一起并放置在良品串盒内即可完成。

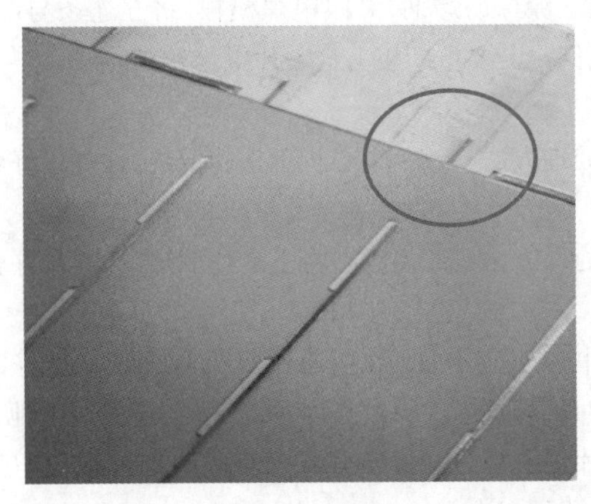

图3-14　隐裂

（2）虚焊

操作步骤：只需要用烙铁沿着栅线重新焊接即可，注意焊带表面要光滑，无锡丝锡渣和毛刺。

（3）脏污

操作步骤：用无尘纸蘸取少量乙醇擦拭即可。

（4）氧化、印刷不良（见图3-15）

操作步骤：与隐裂片处理方法一致。小心将不良片取出，并焊接好合格片。

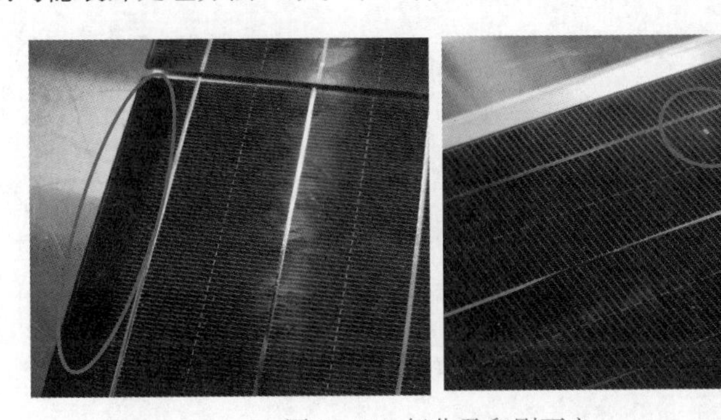

图3-15　氧化及印刷不良

（5）露白（膜偏）

操作步骤：只需要用烙铁把正电极偏移的焊带拆卸下来重新沿着栅线焊接即可，而贴膜组件则需要把偏移的膜带撕掉，把焊带焊接平直后重新贴上新的膜带。

(6)串弧

操作步骤:翻转电池串,背电极向上,在翘起位置涂抹好助焊剂,用条码纸放置在电池片背电极与互连条之间,通过烙铁加热互连条,使得互连条与电池片分开,条码纸随着互连条的分开而移动,直到整片背电极与互连条分开。对照串焊模板,将互连条与电池片重新焊接在一起放置在良品串盒内即可完成。

(7)拉力

操作步骤:翻转电池串,背电极向上,补全被剪掉电池片位置的电池片,在电池片以及前面一片电池片背电极主栅线上涂抹助焊剂,对照串焊模板,将互连条与电池片焊接在一起放置在良品串盒内即可完成。我们只需要重新接上这一片电池片即可。

(8)划伤

操作步骤:与隐裂片处理方法一致。小心将不良片取出,并焊接好合格片。

(9)烫伤

操作流程:与隐裂片处理方法一致。小心将不良片取出,并焊接好合格片。

(10)片间距

操作步骤:翻转电池串,背电极向上,在间距不到位的位置涂抹好助焊剂,用条码纸放置在电池片背电极与互连条之间,通过烙铁加热互连条,使得互连条与电池片分开,条码纸随着互连条的分开而移动,直到整片背电极与互连条分开。对照串焊模板,将互连条与电池片重新焊接在一起放置在良品串盒内即可完成。

项目四 叠层敷设

任务一　叠层敷设工艺

学习目标

(1)熟悉叠层敷设工艺流程。

(2)了解光伏用钢化玻璃性能及要求。

(3)掌握叠层敷设工艺控制要点。

任务描述

本任务是以钢化玻璃为载体,在乙酸乙烯酯共聚物(EVA胶膜)上将串接好的电池串用汇流带按照设计图纸要求进行正确连接,拼接成所需电池方阵,并覆盖乙酸乙烯酯共聚物(EVA胶膜)和TPT背板材料完成叠层过程。

相关知识

一、作业前准备

(1)清洁叠层台和所有工装、工具,不得有灰尘和杂物。

(2)交接班或间隔时间超过1 h需要对叠层台及使用工具进行重新清洁。

(3)打开烙铁提前预热,并测量烙铁温度是否在规定范围内。

(4)了解所做产品相关要求。

二、作业流程

(1)两人配合抬一块钢化玻璃放在叠层台上,并用无尘布对其进行清洁(见图4-1)。

(2)两人配合将EVA平铺在玻璃上,且EVA四周对称平齐并摆放好模板(见图4-2)。

(3)将电池串按照模板上的正、负进行排列。并对好串间距贴好固定胶带(见图4-3)。

(4)把准备好的汇流条摆放在电池串的头、尾部,位置摆放整齐、调好间距进行焊接,贴好条形码。

(5)将EVA小条摆在组件的头部、中间的开口串过中间两条引出线摆放好。背板小条卡在引出线上将汇流条用胶带固定(见图4-4)。

(6)将EVA铺在电池片上面,四边对齐,在引出线处开口并将引出线穿出(见图4-5)。

(7)将背板铺在 EVA 上面,将引出线从开口处穿出,调整背板到四边的距离,用胶带把四根引出线固定(见图 4-6)。

(8)测试组件的电流、电压并自检好后填写流程卡,放在中转架上(见图 4-7 至图 4-9)。

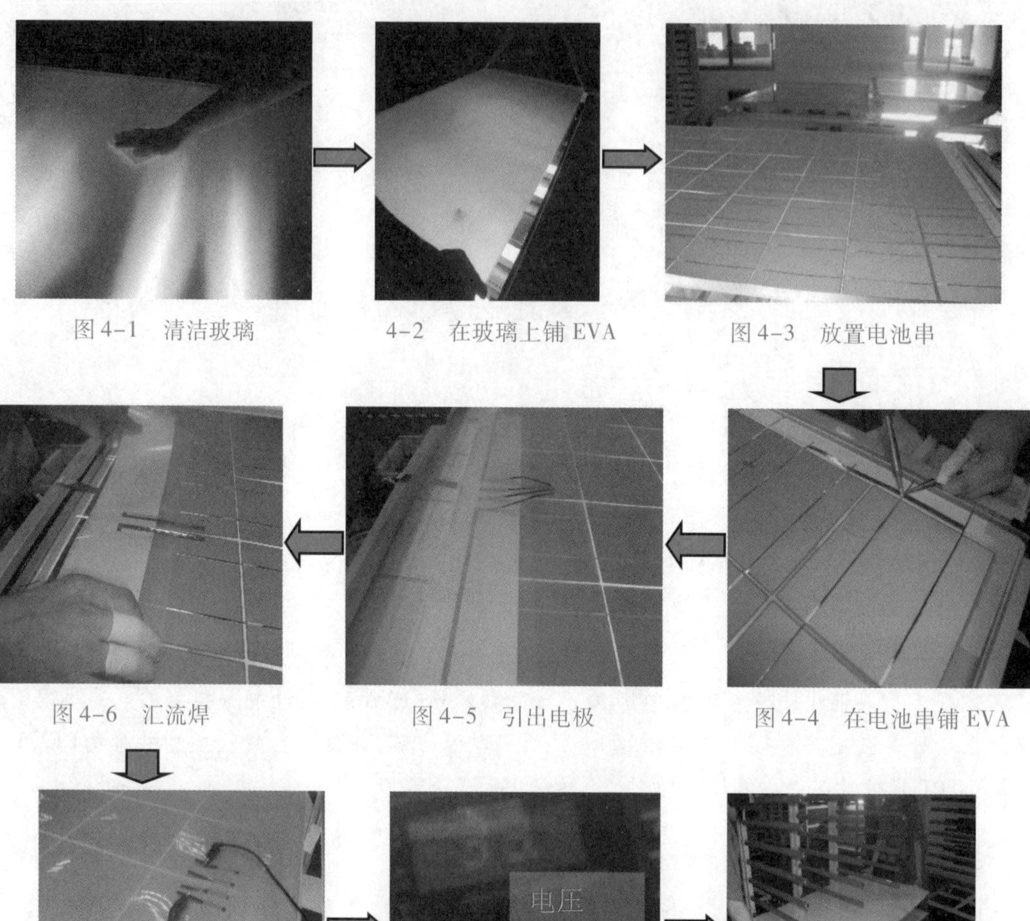

图 4-1　清洁玻璃　　4-2　在玻璃上铺 EVA　　图 4-3　放置电池串

图 4-6　汇流焊　　图 4-5　引出电极　　图 4-4　在电池串铺 EVA

图 4-7　铺背板　　图 4-8　组件电流测试　　图 4-9　放入中转架

三、作业重点/技术规格要求(表 4-1)

表 4-1　叠层工艺控制项目

		项目		控制方法	本工序检查频率
控制项目	品质	串间距		测量	每个检查
		电池片		目测	每个检查
	工艺	烙铁温度		测量	1 次/(2 h)
		烙铁头		清洁上锡	随时
	安全作业要点	预防烙铁烫伤			

(1)烙铁温度:360 ℃ ±5 ℃。

(2)正、负极摆放正确,条形码的位置、文字的方向正确。

(3)叠层后的组件无毛发、纤维、锡渣等杂物,汇流条与互连条垂直。引出线与汇流条垂直。

(4)焊接汇流条裁剪后无毛刺、串间距均匀。

(5)抬组件时两人双手同时从下面抬组件四角。

(6)烙铁不用时要上锡保护,烙铁头表面容易氧化,影响焊接。

四、工艺要求

(1)电池串定位准确,串接汇流带平行间距与图纸要求一致。

(2)汇流带长度与图纸要求一致。

(3)汇流带平直无折痕,焊接良好无虚焊、假焊、短路等现象。

(4)组件内无裂片、隐裂、缺角、印刷不良、极性接反、短路、断路;电池串极性连接正确。

(5)组件内无杂质、污迹、助焊剂残留、焊带头,焊锡渣。

(6)EVA 与 TPT 大于玻璃尺寸,完全覆盖。

(7)EVA 无杂物、变质、变色等现象。

(8)TPT 无褶皱、划伤。

(9)组件两端汇流带距离玻璃边缘符合图纸设计尺寸要求。

(10)缺角电池片尺寸使用具体要求见质量标准。

(11)玻璃平整,无缺口、划伤。

(12)所测组件的电压必须在组件测试电压的规定范围以内,不能小于组件测试电压。

(13)触摸任何材料和作业过程中都必须戴干净的手套。

(14)线手套必须每班更换,保持手套的洁净干燥。

(15)助焊剂每班更换一次,玻璃器皿及时清洗。

五、异常处理或注意事项

(1)作业人员戴好手套或手指套,严禁裸手接触电池片。

(2)玻璃毛面朝上,光面朝下。

(3)EVA 毛面朝着电池片,注意背板的正反面不要弄错。

(4)条码的位置和方向每个订单会有不同,注意区分。

(5)遇到有问题的电池片及时退回给上一道工序返修。

(6)每班焊接前,需检查烙铁头,如损坏,需及时更换。

(7)焊接时注意安全,避免被烙铁烫伤。

光 伏 玻 璃

光伏电池所用的封装玻璃,目前的主流产品为低铁钢化压花玻璃,光伏电池组件对钢化玻璃的透光率要求很高,需大于 91.6% ,对大于 1 200 nm 的红外光有较高的反射率。另外,厚度要求为 3.2 mm。它能增强组件的抗冲击能力,良好的透光率可以提高组件的效率,并起到密封组件的作用。

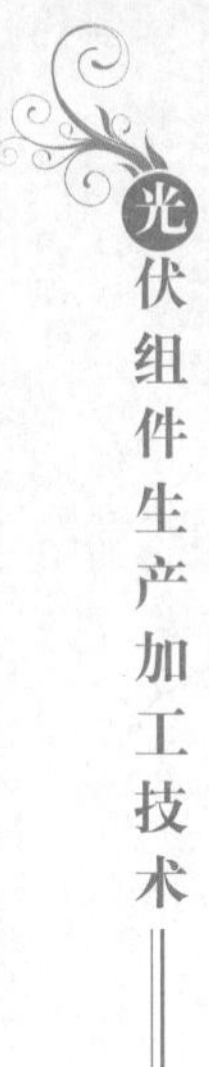

光伏组件组成如图4-10所示，光伏玻璃位于组件正面的最外层，在户外环境下，直接接收阳光照射。一是利用很高的透射率为电池片提供光能，二是利用其良好的物理性能为光伏电池组件提供良好的机械性能，保护组件不受水汽的侵蚀，阻隔氧气防止氧化，并耐高低温，实现良好的绝缘性和耐老化性能，以及 耐腐蚀性能。

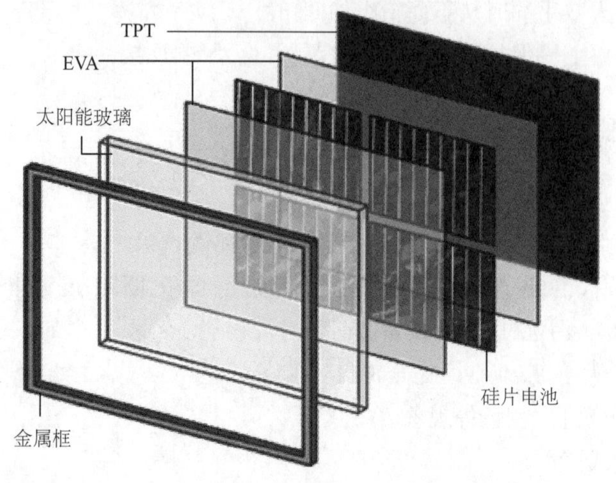

图4-10　光伏组件组成示意图

PV组件的前表面材料对特定波长的光必须有很高的透明度。对于硅光伏电池，顶表面材料对于波长在350～1 200 nm范围的光必须有很高的透明度。另外，前表面的反射率应该很小。虽然理论上在顶表面应用减反射膜可以减少反射，但是实际上这些减反射膜都不足以满足大多数PV组件的使用条件。另一个可以减少反射的技术是织构化表面或者使表面粗糙。但是，在这种情况下灰尘和泥垢更可能黏附在顶表面，并且很难被风和雨水除去。这些组件因此不是“自清洁”的，并且减少反射的优越性很快会被顶表面的尘土招致的损失所掩盖。

除了反射和透明的特性之外，顶表面材料应该是不渗水的，应该是耐冲击的，在长期的紫外线照射下应该是稳定的，并且有很低的热阻系数。水或者水蒸气进入PV组件中，将腐蚀金属电极和互连条，并且从而将显著地减少PV组件的寿命。在大多数组件中，顶表面用于提供机械强度和硬度，因此用于支撑光伏电池和连线的顶表面或者背表面必须是机械钢性的。

顶表面材料有几种选择，包括丙烯酸聚合物和玻璃。钢化的低铁玻璃是最普通的应用，因其成本低、坚固、稳定、高透明度、防水和气体，并且有良好的自清洁特性。

任务实施

1. 工作目的描述

本工序是以钢化玻璃为载体，在EVA胶膜上将串接好的电池串用汇流带按照设计图纸要求进行正确连接，拼接成所需电池方阵，并覆盖EVA胶膜和TPT背板材料完成敷设过程。

2. 所需设备及工装、辅助工(器)具

(1)所需设备：叠层中测工作台。

(2)所需工装：叠层定位模板、电池串翻转泡沫板。

(3)辅助工具:钢板尺(300 mm 规格,精度 0.5 mm)、镊子、斜口钳(剪刀)棉签、玻璃皿、无尘布、酒精喷壶、普通透明胶带。

3. 材料需求

焊接良好的电池串、钢化玻璃、乙酸乙烯酯共聚物(EVA 胶膜)、汇流带、TPT 小块和 EVA 小块、条形码、助焊剂、乙醇、焊锡丝。

4. 个人劳保配置

工作时必须穿工作衣、工作鞋,工作帽、口罩、指套。

5. 作业准备

(1)清理工作区域地面,工作台面卫生,保持干净整洁、工具摆放有条不紊。

(2)检查辅助工具是否齐备,又无损坏等,如不完全或不齐备及时申领。

(3)插上电源,检查电烙铁完好。使用前用测温仪对电烙铁实际温度进行测量,当测试温度和实际测量温度差异较大时及时修正。

(4)将少量注焊剂倒入玻璃器皿中备用。

(5)将少量乙醇倒入酒精喷壶中备用。

(6)根据叠层图纸要求选择叠层定位模板。

6. 作业过程

(1)将钢化玻璃抬至叠层工作台上,玻璃绒面朝上,检查钢化玻璃有无缺陷,检验项目参照《原材料检验标准》里钢化玻璃检验标准。

(2)将玻璃四角和叠层台上定位角标靠齐对正,用无纺布对钢化玻璃进行清洁。

(3)在钢化玻璃上平铺一层乙酸乙烯酯共聚物(EVA 胶膜),EVA 胶膜绒面向上。

(4)在玻璃两端 EVA 胶膜上放好符合组件板型设计的叠层定位模板,注意和玻璃四角靠齐对正。

(5)将放有电池串的泡沫板抬至叠层的工作台上,放稳。

(6)检查电池串一面有无裂片、缺角、隐裂、移位、虚焊等现象,详细要求参照串接工序的质量标准执行,如果问题严重及时通知工艺员和质量员。

(7)清洁表面异物、残留助焊剂,将所测电压值填在组件的流程单上的相对位置。

7. 工艺要求

(1)电池串定位准确,串接汇流带平行间距与图纸要求一致。

(2)汇流带长度与图纸要求一致。

(3)汇流带平直无折痕,焊接良好无虚焊、假焊、短路等现象。

(4)组件内无裂片、隐裂、缺角、印刷不良、极性接反、短路、断路;电池串极性连接正确。

(5)组件内无杂质、污迹、助焊剂残留、焊带头,焊锡渣。

(6)EVA 与 TPT 大于玻璃尺寸,完全覆盖。

(7)EVA 无杂物、变质、变色等现象。

(8)TPT 无褶皱、划伤。

(9)组件两端汇流带距离玻璃边缘符合图纸设计尺寸要求。

(10)缺角电池片尺寸使用具体要求见质量标准。

(11)玻璃平整,无缺口、划伤。

(12)所测组件的电压必须在组件测试电压的规定范围以内,不能小于组件测试电压。

(13)触摸任何材料和作业过程中都必须戴干净的手套。

(14)手套必须每班更换,保持手套的洁净干燥。

(15)助焊剂每班更换一次,玻璃器皿及时清洗。

8. 注意事项

(1)将组件放在检查支架上。

(2)检查组件极性是否接反。

(3)检查组件表面有无异物、缺角、引裂。

(4)检查组件串间距是否均匀一致,检查片间距是否均匀一致。

(5)检查组件 EVA 与 TPT 完全盖住玻璃。

任务二　叠层工艺过程测试及检验

学习目标

(1)掌握钢化玻璃检验要求及方法。

(2)熟悉 TPT 检验标准及检验方法。

(3)了解常见的光伏背板材料。

任务描述

本任务主要介绍叠层敷设工艺过程中钢化玻璃、TPT 背板等检验标准与测试操作方法。

相关知识

一、钢化玻璃检验

钢化玻璃厚度为 3.2 mm ± 0.3 mm,一般情况下,透光率应高于 90%;玻璃要清洁无水汽,不得裸手接触玻璃两表面。

采用低铁钢化绒面玻璃(又称为白玻璃),厚度 3.2 mm,在光伏电池光谱响应的波长范围内(320～1 100 nm)透光率达 91% 以上,对于大于 1 200 nm 的红外光有较高的反射率。此玻璃同时能耐太阳紫外光线的辐射,透光率不下降。钢化玻璃主要在抗机械冲击强度、表面透光性、弯曲度、外观等性能方面有较高的要求。具体质量以及来料抽检要求如下:

(1)钢化玻璃标准厚度为 3.2 mm,允许偏差 0.2 mm。

(2)钢化玻璃的尺寸为 1 574 mm × 802 mm,允许偏差 0.5 mm,两条对角线允许偏差 0.7 mm。

(3)钢化玻璃允许每米边上有长度不超过 10 mm,自玻璃边部向玻璃板表面延伸深度不超过 2 mm,自板面向玻璃另一面延伸不超过玻璃厚度 1/3 的爆边。

(4)钢化玻璃内部不允许有长度小于 1 mm 的集中的气泡。对于长度大于 1 mm 但是不大于 6 mm 的气泡每平方米不得超过 6 个。

(5)不允许有结石,裂纹,缺角的情况发生。

(6)钢化玻璃在可见光波段内透射比不小于90%。

(7)钢化玻璃表面允许每平方米内宽度小于0.1 mm、长度小于50 mm的划伤数量不多于4条。每平方米内宽度为0.1～0.5 mm、长度小于50 mm的划伤不超过1条。

(8)钢化玻璃不允许有波形弯曲,弓形弯曲不允许超过0.2%。

光伏用钢化玻璃理化性能要求如表4-2所示。

表4-2　光伏用钢化玻璃理化性能要求

项　　目		技术规范	备　注
物理性能	透光率	≥91.0%	针对常规3.2 mm和4 mm厚度玻璃,波长在400～1 100 nm范围;特殊需求由供需双方共同商定
	抗风压性能	＞2 400 Pa	供应商每半年提供检验报告
	耐热冲击性能	试样应耐200 ℃温差不破坏	供应商每批次提供检验报告
	抗冲击性能	经抗冲击测试后玻璃无破坏	—
	碎片状态	≥40粒/(50 mm×50 mm)	碎片最大长度不超过20 mm
	粗糙度	0.5 μm≤R_a≤1.7 μm	表面粗糙度测试仪
化学性能	Fe_2O_3含量	≤0.015%	—

二、TPT检验标准

1. 功能介绍

TPT(聚氟乙烯复合膜)用在组件背面,作为背面保护封装材料。厚度为0.17 mm,纵向收缩率不大于1.5%,用于封装的TPT至少应该有三层结构:外层保护层PVF具有良好的抗环境侵蚀能力,中间层为聚酯薄膜具有良好的绝缘性能,内层PVF需经表面处理且EVA应具有良好的粘接性能。封装用Tedlar必须保持清洁,不得沾污或受潮,特别是内层不得用手指直接接触,以免影响EVA的粘接强度。

光伏电池的背面覆盖物——氟塑料膜为白色,对阳光起反射作用,因此对组件的效率略有提高,并因其具有较高的红外发射率,还可降低组件的工作温度,也有利于提高组件的效率。当然,此氟塑料膜应首先具有光伏电池封装材料所要求的耐老化、耐腐蚀、不透气等基本要求。

(1)增强组件的抗渗水性。

(2)对于白色背板TPT,还有一种效果就是对入射到组件内部的光进行散射,提高组件吸收光的效率。

2. 质量要求及来料检验

(1)外观检验:抽检TPT表面无褶皱,无明显划伤。

(2)用精度0.01 mm测厚仪测定,在幅度方向至少测五点取平均值,厚度符合协定厚度,允许公差为±0.03 mm。用精度1 mm的钢尺测定,幅度符合协定厚度,允许公差为±3.0 mm。

(3)抗拉强度,纵向≥170 N/(10 mm),横向≥170 N/mm。

(4)抗撕裂强度,纵向≥140 N/mm,横向≥140 N/mm。

(5)层间剥落强度,纵向≥4 N/cm,横向≥4 N/cm。

(6)EVA剥落强度,纵向≥20 N/cm,横向≥20 N/cm。

(7)尺寸稳定性(0.5 h,150 ℃),纵向≤2%,横向≤1.25%。

知识拓展

1. 背板的作用

背板用于组件的背面，是主要封装材料之一。组件背面的关键特征是它必须具有很低的热阻，并且必须阻止水或者水蒸气的进入，对电池起保护和支撑作用，具有可靠的绝缘性、耐老化性。一般具有三层结构，外层保护层，具有良好的抗环境侵蚀能力，中间层具有良好的绝缘性能，内层和 EVA 具有良好的粘接性能。背板是光伏组件一个非常重要的组成部分，用来抵御恶劣环境对组件造成伤害，确保组件使用寿命。

2. 光伏组件对背板材料的要求

背板材料如图 4-11 所示，应当是 2 层以上的复合材料，内层主要提供机械强度和电气绝缘强度，外层应能够提供耐候防护和水、气隔离功能；背板各复合层中，其主要组成部分的单膜材料和胶连剂的 UL 阻燃等级应好于 HB；背板各复合层中，主要组成部分的单膜材料和交联剂的 UL RTI（相对耐热指数）值应当高于 105 ℃；背板材料应符合有关有害元素控制的法规要求；必须提供有效的认证证书。

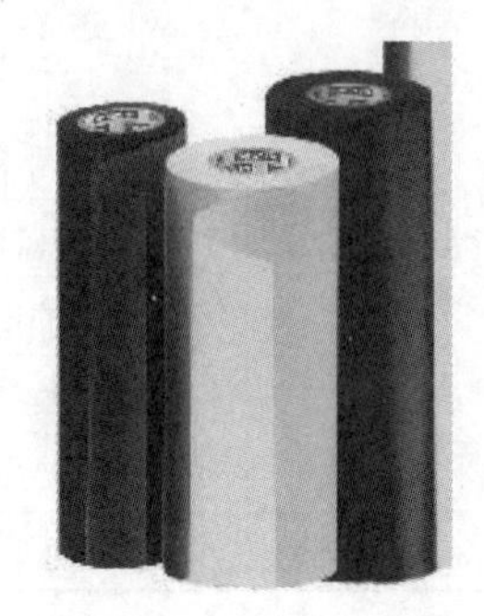

图 4-11　背板材料

3. 背板材料分析

常用的背板可以分为 TPT、TPE、全 PET 和 PET/聚烯烃结构。其中 T 指美国杜邦公司的聚氟乙烯（PVF）薄膜，其商品名为 Tedlar。P 指双向拉伸的聚对苯二甲酸乙二醇酯薄膜，即 PET 薄膜，又名聚酯薄膜或涤纶薄膜。E 指乙烯-乙酸乙烯树脂（EVA）。聚烯烃指各种以碳-碳结构为主链的塑料。在各个注明的结构层之间使用合适的胶粘接复合而成光伏电池背板。

（1）氟塑料薄膜在背板上的使用

要讲清楚光伏电池背板的性能，就必须首先清楚各种氟材料的性能。目前最多使用的氟塑料薄膜为 PVF 薄膜。国际上生产 PVF 的供应商非常少，杜邦公司最早将其推广使用在光伏电池的背板保护上，随近几年光伏电池组件需求的猛增，Tedlar 的需求也随之猛增，以致供不应求。由于 PVF 的供应商很少，许多公司争相使用其他氟材料薄膜来替代 PVF 薄膜。目前已经商品化的氟塑料薄膜有聚氟乙烯、聚偏氟乙烯（PVDF）、聚三氟氯乙烯-乙烯共聚物（ECTFE）、四氟乙烯-六氟丙烯-偏氟乙烯共聚物（THV）。从实际使用情况看，前述的几种氟塑料性能均能满足光伏电池背板对耐候性的要求。

各个氟塑料薄膜对水汽的阻隔能力不同，其中以 ECTFE 为最优。使用同样厚度为 100 μm 的膜，在 40 ℃、95% 的湿度下，PVF 的水汽透过率为 10～20 $g/(d \cdot m^2)$，甚至更大。PVDF 的水汽透过率为 2 g 左右，而常用的 PET 不超过 10 g。当氟塑料薄膜和 PET 薄膜复合成背板后，多数供应商都声称其背板的水汽阻隔性能小于 2 g。

① 聚氟乙烯（PVF）薄膜。PVF 薄膜加工非常麻烦，在加工中需要加入较大偶极矩的试剂作为潜溶剂。由于 PVF 薄膜的制造工艺的特殊性，其薄膜表面有较多的针孔，PVF 薄膜是上述四种氟塑料中水汽阻隔能力最差的。由于 PVF 薄膜针孔的存在和材料本身含氟量最小，所以 PVF 薄膜需要较厚的厚度来保证其性能。但是 PVF 是所有氟材料中成本最低的，考虑光伏电池将来的大规模使用，其仍是一种非常合适的材料。

杜邦公司的 Tedlar 是最广泛使用的 PVF 薄膜，其有第一代和第二代之分。就实际使用情况而言，第一代产品质量更好一些。其厚度在 30 μm 左右，目前较多供应欧美市场。第二代产品成本低一些，厚度为 25 μm，表面有肉眼可见的针孔，供应亚洲市场较多。目前杜邦公司已有第三代产品，但目前市场上还未见成熟产品推广。

② 聚偏氟乙烯（PVDF）薄膜。PVDF 是使用量第二大的氟塑料，品种完善，供应商众多。其熔点和分解点相差大，可以使用热塑性塑料加工方法进行加工。无论从世界范围内的供应量、加工适应性还是耐候性、阻隔性而言，其都是最合适的光伏电池背板耐候材料。同样厚度的 PVDF 薄膜的透湿性大约只有 PVF 薄膜的 1/10。由于其含氟量高，耐候性非常优异。

③ 三氟氯乙烯-乙烯共聚物（ECTFE）由杜邦公司在 1946 年开发成功，由 CTFE 和乙烯按 50%∶50% 的交替共聚物。其有典型的氟塑料的性能——耐化学腐蚀，没有一种溶剂在 120 ℃下能侵蚀 ECTFE 或使其应力开裂。高耐候性和阻隔性，ECTFE 的阻隔性比其他氟塑料更好。从这两个方面而言，在商品化的背板中 ECTFE 是最好的耐候层的材料。

④ 四氟乙烯-六氟丙烯-偏氟乙烯共聚物（THV）是美国 Dyneon 公司在 20 世纪 80 年代开发的，是目前商品化最柔软的氟塑料，当和其他材料复合成多层结构时，其优异的柔韧性非常突出。另一个重要的特点是 THV 本身容易粘接，无须表面处理就能和其他材料粘接，这对生产背板的复合工艺和用硅胶粘贴接线盒而言都十分重要。综合而论，在一些对背板要求柔软的场合，THV 的背板比任何其他材料都更合适。

（2）氟碳涂料

由于前几年光伏电池背板需求旺盛，国外公司均不对中国供应氟塑料薄膜，所以国内开发了其他国家没有的使用涂料的背板。该类背板的设计思路是使用氟炭涂料涂布到 PET 薄膜上以替代氟塑料薄膜。目前国内较多作为涂覆材料的有四氟的 PTFE（聚四氟乙烯，即塑料王）、PVDF、FEVE。

① PTFE 结构式为 $-\!\!\!\left(\mathrm{CF_2—CF_2}\right)\!\!\!-_n$，含有四个氟原子。涂料为乳液，可以使用常用的涂布工艺涂覆于需要保护的材料上，但其在 90 ℃烘干后必须再经过 370～400 ℃下烧结才能形成完整的氟涂膜，不经烧结的涂层没有使用价值。由于其工艺的要求和背板使用熔点在 280 ℃的 PET 薄膜作为骨架层，所以以四氟 PTFE 为组分的涂料在背板领域没有使用价值。

② PVDF 氟塑料涂料是使用最广泛的含氟涂料，其户外使用寿命超过 30 年，而且无须保养，已经使用在北京机场、东方明珠等建筑上。有机溶剂型的 PVDF 涂料性能优异，是目前主要使用的建筑涂料，一般使用预涂工艺。但其含有挥发性化合物（VOC）不环保，涂料需要高温烘烤浪费能源，用量已经开始萎缩。目前有公司开发环境友好的 PVDF 涂料，但性能仍无法和溶剂型的涂料相当。

③ FEVE 是氟乙烯（四氟乙烯或三氟氯乙烯）与乙烯基醚的共聚物，由日本的旭硝子公司发明并实现商业化。其是唯一一种真正能在常温下固化的氟塑料。

综上所述，只要选择合适的材料和使用工艺，各种氟塑料本身的耐候性能均能满足光伏电池背板对耐候性的要求。在实际使用中，应更多地考察氟塑料的其他性能，比如黏合性，以及背板中其他材料的匹配性等。

4. TPT 背板

TPT（聚氟乙烯复合膜），用在组件背面，作为背面保护封装材料。厚度为 0.17 mm，纵向收缩率不大于 1.5%，用于封装的 TPT 至少应该有三层结构：外层保护层 PVF 具有良好的抗环境侵蚀能力，中间层为聚酯薄膜具有良好的绝缘性能，内层 PVF 需经表面处理且 EVA 具有良好的粘接性能。封装用 Tedlar 必须保持清洁，不得沾污或受潮，特别是内层不得用手指直接接触，以免影响 EVA 的粘接强度。TPT 背板由 PVF（聚氟乙烯薄膜）-PET（聚酯薄膜）-PVF 三层薄膜构成的背膜，简称 TPT，TPT 有三层结构：外层保护层具有良好的抗环境侵蚀能力，中间层为聚酯薄膜具有良好的绝缘性能，内层经表面处理和 EVA 处理具有良好的粘接性能。TPT 必须保持清洁，不得沾污或受潮，特别是内层不得用手指直接接触，以免影响和 EVA 的粘接强度。

光伏电池的背面覆盖物——氟塑料膜为白色，对阳光起反射作用，因此对组件的效率略有提高，并因其具有较高的红外发射率，还可降低组件的工作温度，也有利于提高组件的效率。当然，此氟塑料膜首先具有光伏电池封装材料所要求的耐老化、耐腐蚀、不透气等基本要求。

TPT 背板具有良好的耐候性、极佳的机械性能、延展性、耐老化、耐腐蚀、不透气，以及耐众多化学品、溶剂和着色剂的腐蚀。有出色的抗老化性能并在很宽的温度范围内保持了韧性和弯曲性。

白色 TPT 对阳光起反射作用，提高组件吸收光的能率。因此对组件的效率略有提高，并因其具有较高的红外发射率，还可降低组件的工作温度，也有利于提高组件的效率。增强组件的抗渗水性。对组件背部起到了很好密封保护作用，延长了组件的使用寿命；提高了组件的绝缘性能。

TPT 背膜应避光、避热、避潮运输，平整堆放。背膜的最佳贮存条件：放在恒温、恒湿的仓库内，其温度在 0～40 ℃之间，相对湿度小于 60%。避免阳光直照，不得靠近有加热设备或有灰尘等污染的地方，并应注意防火。保质期为 12 个月。

5. 背板的储存

太阳能背板应避光、避热、避潮。受潮的太阳能背板可能在组件层压时容易出现气泡的现象，因为潮气可能在层压高温时变成水蒸气，但又被 EAV 阻隔而无法及时排出。太阳能背板的最佳贮存条件是放在恒温、恒湿的仓库内，其温度在 0～40 ℃之间，相对湿度小于 60%。运输时应平整堆放，避免碰伤。

任务实施

1. 工作前准备

（1）工作必须提前到 5 min，穿好工作衣、工作鞋，戴好工作帽、工作证、棉手套。

（2）将工作台和设备清理干净。

（3）将工作需要的工具等准备好。

2. 操作过程

（1）采用测试专用光箱、公制直尺和目测相结合的方法进行检验。

（2）对拼接好的组件必须进行 100% 的检验。

3. 外观

（1）对焊接好的单片必须保证无虚焊、漏焊、裂纹，互连条和汇流条既要焊接牢固、光亮又要保持自然伸直状态，不能有扭曲现象。

(2)组件内的单片定位必须准确,单片之间及串接之间的缝隙要均匀且保持在 2～3 mm 范围之间。

(3)组件内单片焊接以主栅线为准,互连条和主栅线无左右偏差和错位。

(4)拼接好的组件不能有任何可见垃圾。

(5)同一块组件内,单片表面颜色无色差现象。

(6)EVE 和 TPT(背板)要严格按工艺要求摆放正确。

(7)组件的正负极引出线位置要正确,符合工艺要求标准。

4. 性能

(1)对外观检验合格的半成品组件进行电流和电压测试。

(2)电流、电压测试值要符合该规格组件在实际上需要达到的数据。

5. 注意事项

(1)单片必须保证无虚焊、漏焊、裂纹。

(2)单片表面颜色无色差。

(3)组件的正负极引出线位置要正确。

任务三　敷设工艺的优化

学习目标

(1)掌握敷设工艺中常见异常及产生原因。

(2)掌握敷设工艺中常见异常处理及优化方法。

任务描述

本任务主要介绍敷设工艺过程中破片、异物、间距不良、电池片错位、汇流带虚焊、组件脱层、焊带过长等异常现象、产生原因及优化方法。

相关知识

敷设工艺常见问题

1. 破片

破片出现原因分析如下:

(1)焊接流入排版前造成的不良。

(2)人工摆放电池串时,操作不当,使电池片裂片。

(3)焊汇流带时,电烙铁使用方法不当,易导致破片,如图 4-12 所示。

(4)返修时,提起电池串时,用力不当,造成破片。

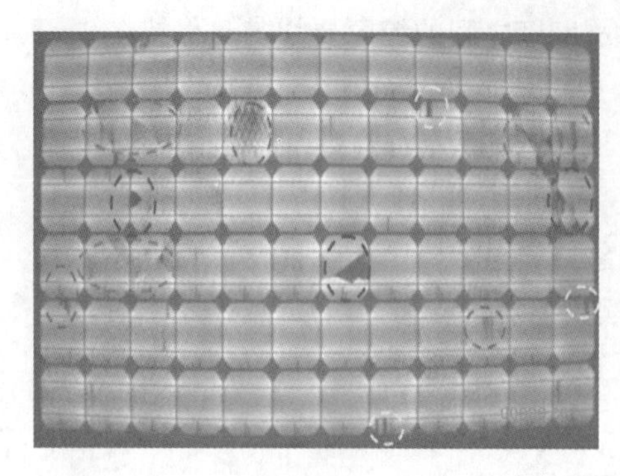

图 4-12　破片

2. 异物

异物(见图 4-13)出现原因分析如下：

(1)物料来料时，物料人员未认真分选，存在不良物料流入此工序。

(2)排版作业人员作业时异物落入组件中。

(3)焊锡人员焊锡时掉入的锡渣。

图 4-13　异物

3. 间距、边距不良、电池片错位

间距、边距不良、电池片错位(见图 4-14)出现原因分析如下：

(1)摆放电池片的作业人员急于生产，未按标准距离进行摆放。

(2)自动焊接机焊接时，机器产出不良产品。

(3)使用高温胶带粘贴电池串时，未粘稳。

图 4-14　间距不良图

4. 汇流带虚焊、偏移、弯曲

出现原因分析：

(1)焊接时，电烙铁温度未达到使用温度，也就是温度过低，致使虚焊。

(2)电烙铁焊完后，镊子夹住时间过短，致使汇流带与涂锡带分离。

(3)排版外观检验人员进行组件检验或返修人员返修时将电池串拖动或提起，致使汇流带脱落。

(4)物料来料时,就已存在不良,如汇流带过长。

(5)焊汇流带人员未按标准操作进行操作,汇流带焊偏。

5. 脱层

背板脱层(如图4-15)出现原因分析如下:

(1)叠层人员未将EVA全部覆盖在电池片上、玻璃上。

(2)返修人员返修完后未注意EVA、TPT是否覆盖全面。

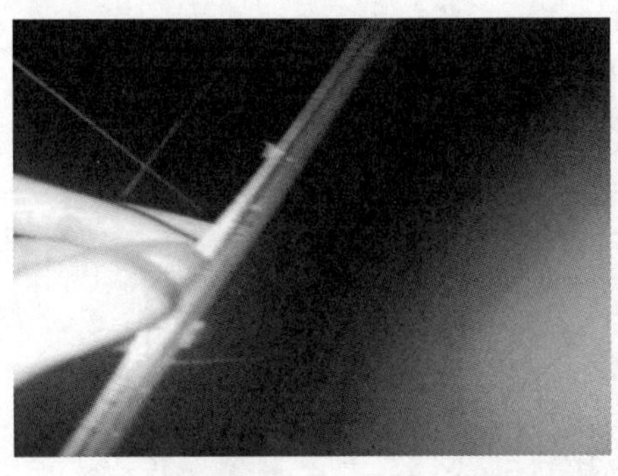

图4-15 背板脱层图

任务实施

排版工艺优化

1. 破片的预防措施

(1)物料来料时,物料人员对电池片进行分选,检查电池片是否有破片、崩边、缺角等不良。

(2)排版作业人员作业时,小心作业,按照标准规范进行作业。

(3)返修人员与外观检查人员进行返修与检查时,应小心提起,切勿过分用力,致使电池片破片。

(4)排版EL测试人员严格把守,勿将不良品流入下一道工序。

2. 异物的预防措施

(1)排版前,对玻璃面、EVA、TPT进行检查,看其是否有存在头发、纸屑等异物。

(2)焊汇流带时,电烙铁勿触碰到EVA上,避免EVA脏污;焊完汇流带时,作业人员检查一些,焊接点左右是否有锡渣掉落。

(3)针对作业人员易掉发在组件上,因此对工作帽进行改良,由帽檐式工作帽改成全包式工作帽,头顶、耳边用网状布料,方便透气,改善前后的工作帽如图4-16和图4-17所示。

3. 间距、边距不良,电池片错位的预防措施

(1)在进行电池片摆放前,检查焊接机焊好的电池串是否有存在上下间距不良,如有及时报给返修人员,进行返修。作业人员对电池串进行固定如图4-18所示。

(2)摆放时,严格按照排版尺上距离摆放整齐(见图4-19)。摆放完后,用高温胶带粘牢,再用眼扫一遍上下左右边距,确认无误进入下一道工序。

(3)外观检查人员认真检查,如发现电池片错位及时上报给,进行返修,如是自己可以调动

的边距、间距问题则自行调动距离，进入下一道工序。

图 4-16　改善前工作帽

图 4-17　改善后工作帽

图 4-18　作业人员对电池串进行固定（以防间距不良）

图 4-19　排版尺

4. 汇流带虚焊、组件脱层、焊带过长的预防措施

（1）焊接人员在进行焊接时，对电烙铁进行预热，达到标准温度后，再进行焊接，焊接完后，镊子稍用力夹住，从作业上减少虚焊率。

(2)叠层人员在进行叠层时将 EVA、TPT 全面覆盖,则可防止组件脱层。EVA 采用的规格为 1 635 mm × 980 mm、TPT 采用的规格为 1 645 mm × 990 mm、玻璃的规格为 1 634 mm × 986 mm,所以叠层人员在叠层时,两层 EVA 只要有一层覆盖了玻璃边缘,则能进入下一道工序。

③ 针对焊带过长等不良现象,在焊汇流带时,焊接人员,应仔细检查是否有残留的涂锡带未剪;外观检查人员应严格把关,切勿使不良品进入层压。

5. 出线端引线过短预防措施

(1)焊接人员在进行焊接时对汇流带用高温胶布进行固定,以防在流入后面工序时缩回。

(2)穿出线人员在穿出线时将可移动的两根引线向上拉出,用高温胶布与胶带牢牢固定。

(3)返修人员进行返修时,通常不注意出线端引线问题,所以在进行返修时,需加以注意。

项目五 层压工艺

任务一 层压机的使用与维护

学习目标

(1)熟悉层压机的结构及工作原理。

(2)掌握真空层压机的使用与维护方法。

任务描述

层压机通常是把玻璃、EVA 、电池、EVA、背板这几层物质压合在一起的机械设备。本任务主要介绍真空层压机的结构、工作原理及其使用与维护。

相关知识

一、工作原理

层压机顾名思义就是把多层物质压合在一起的机械设备。

真空层压机就是在真空条件下把多层物质进行压合的机械设备。真空层压机应用于光伏电池组装生产线上,我们称之为光伏电池组件层压机。无论层压机应用于哪种作业,其工作原理都是相同的。那就是在多层物质的表面施加一定的压力,将这些物质紧密地压合在一起。所不同的是,根据层压的目的不同,压合的条件各不相同。

二、层压机在光伏电池片生产中的作用

光伏电池板组装生产线的工艺流程如下:

前端→敷设→层压→固化→框架组装→测试

工艺的目的:层压机是实现从原材料到光伏电池板过渡的关键设备。在层压之前,从敷设这道工序我们可以看到光伏电池板的材料组成(以普通组件为例):

① 玻璃。

② EVA。

③ 连接好的单体电池。

④ EVA。

⑤ 背板。

层压机的作用就是要把这些物质压合在一起，并要求压合后，达到以下目的：

① 压合后尽量无气泡（<2 个/m^2）。

② 相融物质要融为一体。

③ 无法相融物质间要有一定的黏结强度。

为了达到这三个目的，必须具备以下条件：a. 压力；b. 温度；c. 真空度；d. 时间。这 4 个条件是层压机生产电池片的必备条件。

三、层压机的结构

1. 层压机的系统组成（见图 5-1）

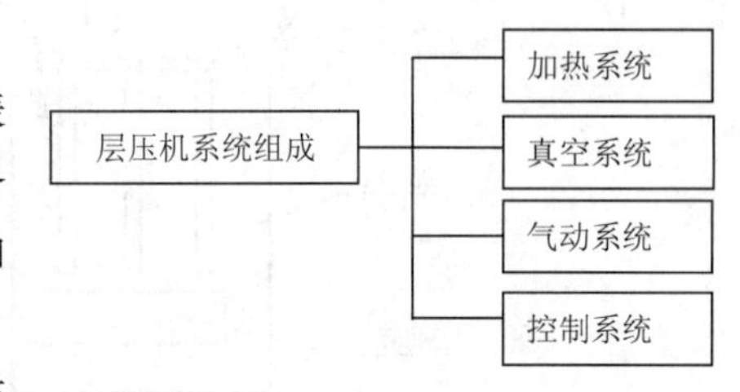

图 5-1　层压机的系统组成

（1）设备使用说明书附带详细的设备润滑明细表（包含所有的点位、规格、加油周期和用量），对于设备内部不便于加注润滑油的位置，如轴承、滑轨的加油口、注油嘴应集中引至便利的位置。

（2）所使用的泵、电机等机械装置具有良好的性能和使用寿命，要求维护方便、快捷，有机热载体炉使用寿命长、无泄漏，电机有注油润滑孔，滑轨有油槽，设备防潮防腐，金属部件有防锈处理。

（3）对于轴承、胶板、密封条、密封件等易损部件列出明细表并注明更换周期。

（4）下腔四氟布设有毛刷循环清洁设备，保证能够清除四氟布上残留的 EVA。

（5）上腔硅胶板采用快换夹钳固定，设置拉紧装置，保证硅胶板张紧适度。

（6）设备主要受热部分采用耐高温涂漆，保证附着力，无变色、不脱皮。

（7）上、下腔进气口设置进气气量可调阀门和过滤消音器，放气速度在 0～50 L/s 可调。

（8）关键的焊缝位置进行无损检测，符合标准的要求，上腔在使用过程中不变形。

（9）上腔防皱设计，上腔硅胶板使用过程中不能产生皱褶，同时使充气具有散射、衍射特性，正常情况下，胶板使用寿命不小于 1 500 次。

（10）采用镗孔式加热板结构，加热板厚度不小于 60 mm，精加工前应进行超声波探伤检测，保证加热板使用过程中不变形。

（11）出厂前加热板中油路经不小于 18 MPa 耐压测试，其余油路需经不小于 2 MPa 耐压测试。

2. 加热系统

（1）加热系统（热油站）有一套独立于 PLC 控制系统的高温、高压保护系统，防止因 PLC 死机、固态继电器击穿、有机热载体炉停转而造成的持续加热现象，避免事故的发生。

（2）所有油路管道、热油站以及设备内部有良好的隔热保温措施，减少能耗。

（3）有机热载体炉进口、出口温度都有温度检测装置并带有高温报警功能、系统油路有泵启动后的欠压、高压油压检测、低油位检测和报警功能。

（4）加热板上各温度传感器能较方便地更换并保证 B 级下部留有一定的检修空间，传感器连接线全部引至电控柜里以便于备用传感器能随时更换。

（5）温度传感器电缆线采用专用电缆，接线规范并有屏蔽设备以消除电磁干扰。

（6）屏显温度采样点：加热板工作区域 5 个（分布在 4 个角及中心）；进油口 1 个；出油口 1 个。所有温度检测点在人机界面（触摸屏）上能显示和设定报警范围值，控温点有高低温报警功

能、PID 设置等。

(7)加热控制设置温度自整定、传感器校正和温度校正等功能。

加热原理图如图 5-2 所示。

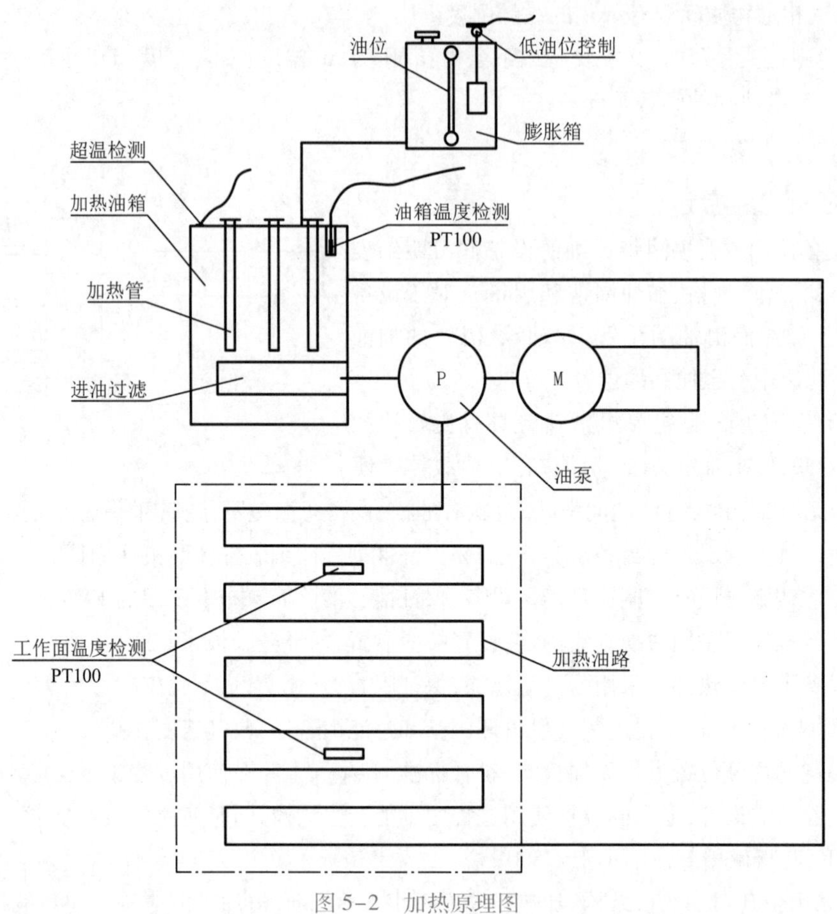

图 5-2　加热原理图

3. 真空系统(如图 5-3)

(1)机器真空腔除配有电子式真空感应计外,另设置了机械真空压力表,确保突然断电情况下对机器真空度有直观的了解。

真空系统:真空采用四川华新南光真空泵。真空泵真空速率≥70 L/s。

(2)上、下腔室分别用两台压力变送器(负压显示)进行压力检测,压力传感器采用优于 SMC 的日本基恩士公司产品,真空信号同时传递给 PLC 控制系统。下真空室安装德国皮拉尼真空计,以提高 0.1～400 Pa 之间的测量精度,同时信号进入 PLC 控制系统。

(3)真空泵进出口配有合适的接头、过滤装置和排气、抽气管道。

(4)上、下室真空阀关闭可靠、密封严实、故障率低,维护更换方便。

(5)上、下室真空管路有真空检测支管和传感器接头,配阀门可随时关闭与开启,有手动充气阀,并安装于操作面板上便利的位置,停电时可以手动充气和开盖。

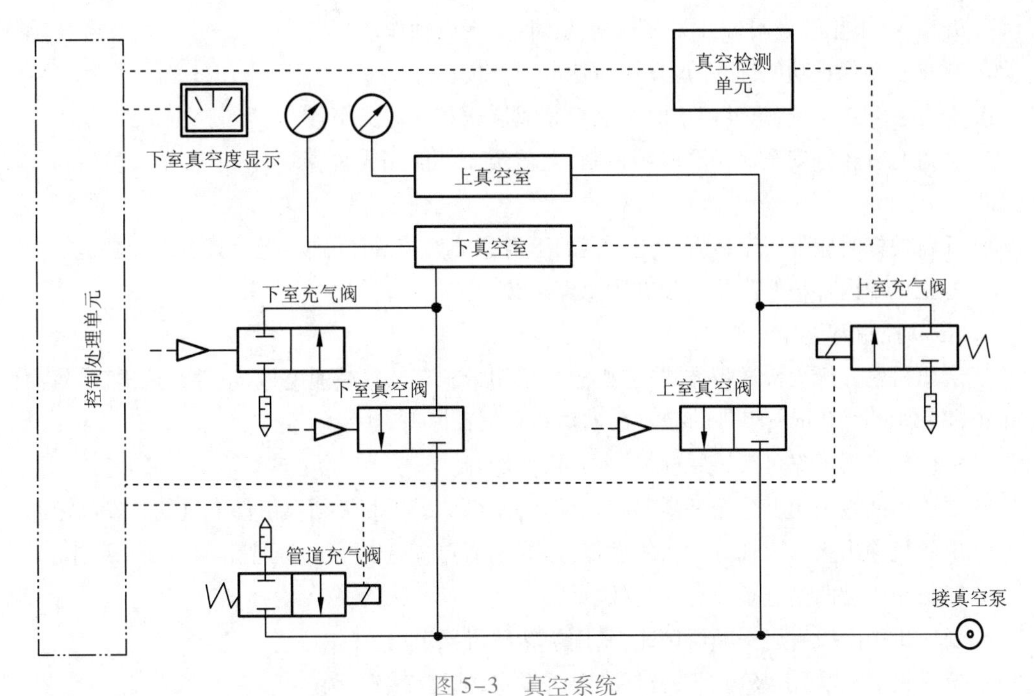

图 5-3 真空系统

4. 气动系统（见图 5-4）

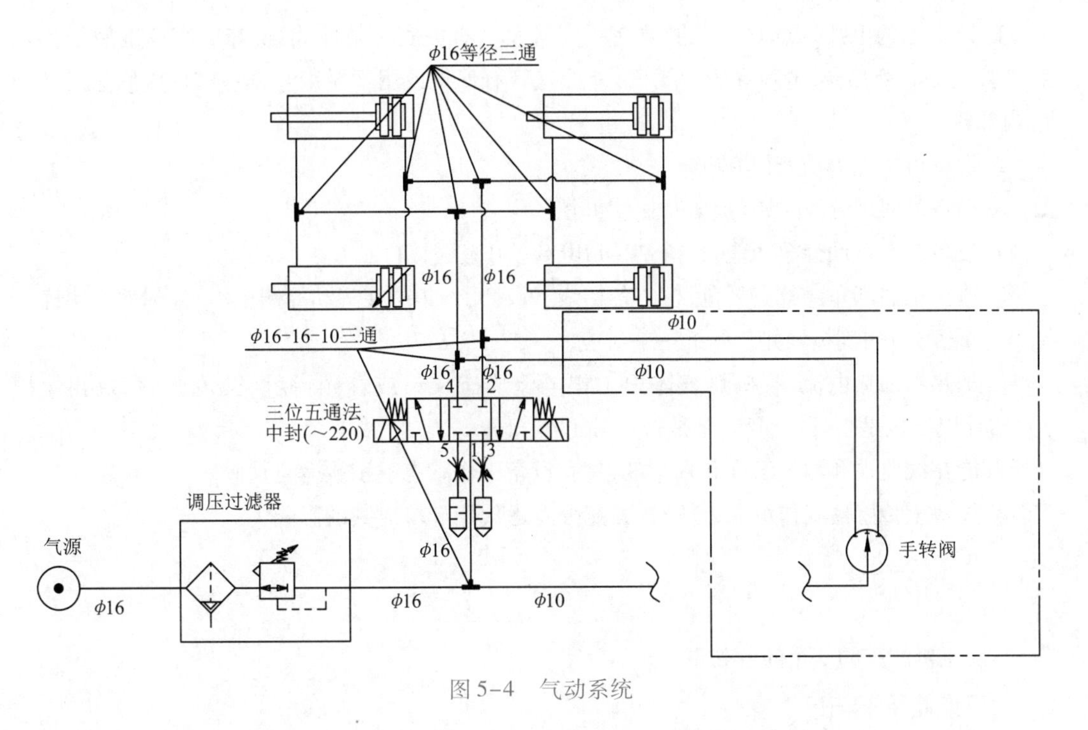

图 5-4 气动系统

(1)开合盖提升系统

① 开合盖时保证升降平稳，气缸运行同步，合盖时四边同时接触加热平台，电气程序控制确保气动系统平衡同步，位置公差不大于 2 mm；设备在正常运转状态下，气缸高度误差不超过 5 mm。

② 开盖上、下位置设限位开关,保证灵敏可靠,无误动作。

③ 具有联动保护功能,防止误操作时造成设备损坏。

④ 有应急开盖系统,意外停电时可继续完成层压和开盖工作。

⑤ 合盖时有较好安全保护和联锁控制,上盖两面都能用光幕保护,防止操作人员身体与手臂的进入。

⑥ 开盖检修时应设安全装置防止上盖的下滑和突然掉落,气缸或上盖具有自锁功能。

⑦ 各工位和内部检修部位应设有紧急停止按钮。

(2)传动控制系统

① 层压机输入级为传送带方式,主机进料采用带刹车装置减速电机,组件到位准确,每次位置重复不精确度≤10 mm;组件的摆放在入料侧有位置标识。

② 料位传感器工作可靠,系统联锁和容错性能好。

③ 层压中间级采用上悬循环高温布式设计,使组件层压时无须在组件上重复铺设高温布。

④ 层压机输出级为滚轴方式或传送带方式(两者可任选其一),并配备4台冷却风扇。

⑤ 四氟布驱动两侧链条设有导向板。

⑥ 层压机中间级采用变频器调速,采用旋转编码器定位。

⑦ 层压机输入/输出级均能进行任意步进设定,速度无级可调。

⑧ 传送定位采用变频器加编码器和传感器的方式控制。

(3)电控与气动控制系统

① 设备上的电缆、电缆配管、能源介质配管及其有关安装附件等,遵守国家标准及相关规定;油管配保温绝热层,电缆穿管走线槽,外部气管有保护或用不锈钢管,检修口、检修门设计合理,内部整齐。

② 设备可实现手动、自动操作。

③ 设备可实现分段层压、加压及速度可控。

④ 设备具有自动计数功能,预留PROFIBUS-DP总线接口。

⑤ 电控柜内部布局整齐规范,柜内各档线、气动元件集中在气动控制柜中,各部件有明确注释,线号、管号有明确标示并与图纸一一对应。

⑥ 加热器加热电流、有机热载体炉工作电流应有反馈或灯光指示(交流互感、缺相保护等),监控层压机是否真实加热,泵是否正常工作。

⑦ 能在线监视和测量温度和真空度,具有设备工作状态显示或运行动画。

⑧ 设备上传感器工作可靠、寿命长并充分考虑使用环境对其的影响。

知识拓展

与层压机相关的几个问题如下:

1. 正常使用不粘布

在层压机销售中,厂家总是要在层压机内放置两张不粘布。是提醒使用厂家不粘布在生产中的重要性。不粘布的作用是隔离熔化后的EVA粘在上室橡胶板和层压机加热板上。一旦EVA粘在橡胶板和加热板上,将很难除掉。

正确的使用方法如下:

在一台层压机上至少配备4张不粘布。每次使用完毕,不要马上重复使用,而是要放在一边等不粘布彻底冷却下来后,再将不粘布上的EVA彻底清除干净,使不粘布一直保持原有色彩。若不能将不粘布上的EVA彻底清除干净,这些EVA再次使用时会粘在电池组件玻璃上。这时的EVA无论用什么清洗都会在玻璃上留下EVA颗粒。电池板在户外使用时,这些EVA颗粒会重新熔化粘在玻璃上。并吸附玻璃上的灰尘。这些灰尘无法被除去。有时灰尘会挡住电池片,会形成长期的热斑效应。

2. 正确使用边框的密封材料

电池板加装边框时需要使用密封胶。有的单位将EVA条压在边框的凹形槽内进行密封。并用电吹风将EVA熔化。若使用EVA做边框密封,请一定要将加装边框后的电池板放入固化炉中进行固化。否则在户外使用时,EVA会在阳光照射下反复熔化吸附大量尘土。另外,密封胶一定不要使用有色胶质,否则这种色素会慢慢向电池板内的EVA中扩散,使用一年后电池板就会变色。

3. 真空泵的正常使用

在层压机的日常维护中,最重要的维护环节是真空系统的维护。当层压机经过一段时间的使用后,层压机的真空度就会降低。而降低到一定程度时,电池板就会出现气泡。所以要求每天检查真空泵是否缺油。在工作状态下检查真空泵的油位是否到达窗口油位线,不足时应补足,但不要过量。其次是在使用一段时间后,真空泵油开始浑浊或发黑,这时要求对真空泵进行换油,同时对真空泵进行清洗,清除真空泵内吸入的胶体状异物。

清理后真空度仍然不高,可能是以下原因:

EVA在层压机中经过高温后,EVA中添加的过氧化物(交联催化剂)和抗氧化剂,微量蜡酸都会随着温度升高而逃逸回来。有些过氧化物参与了EVA的交联化学反应,形成新的物质后逃逸到空气中。层压机工作温度越高,EVA中逃逸到空气中的物质就越多、越复杂。这些复杂的物质一部分被吸入真空泵,吸附在真空泵内的各部件上或溶在真空泵油内,导致真空泵整体功能下降。另一部分在真空管路中,随着温度的降低而结成胶状颗粒,吸附在真空管路上,久而久之,真空管路就会变窄甚至堵塞。这时唯一的办法就是更换连接的真空软管。

层压机的使用及日常维护

1. 按钮仪表功能介绍

(1)急停——紧急情况下,用于紧急停止机器运行。

(2)电源——电源钥匙开关,用于设备上电。当电源打开时,上方的三相指示灯点亮。

(3)关盖——与另一关盖按钮同时按下关闭上盖,关盖到位后指示灯亮。

(4)真空泵——开启真空泵,泵运行时,指示灯亮。

(5)开盖——按下按钮时开启设备上盖,全自动的层压机开盖到位后开盖到位指示灯亮。

(6)手动/自动——切换设备的手动自动操作方式。

(7)上(下)真空/0/上(下)充气——手动操作时切换上(下)室的真空充气状态,置于0位时,保持置0位前的上(下)室的状态。指示灯;指示上(下)室的处于状态,自动时作为指示上

(下)室工作状态的指示。

(8)真空计——打开真空计开关时,指示下室内的真空度。

(9)抽空/加压/层压计时——时间继电器,用于设定抽空/加压/层压状态的工作时间。

(10)温度控制器——电加热层压机主机面板与油加热器控制面板上设置此仪表,用于设定加热参数。

(11)上室真空/下室真空表——设备运行时,动态指示上下室的抽空过程及操作方式的选择。设备提供了两种操作方式供用户选择,"自动"操作方式和"手动"操作方式。当需要其中的某种操作方式时,只需将"自动/手动"开关旋到相应的位置即可。

2. 操作方法

1)开机与预热

(1)开机前确保层压机的各连接管线都已经连接好。接通设备配电箱内的电源总开关。再打开空气压缩机,接通压缩气源。

(2)旋转操作面板上的"自动/手动"旋转到"手动"位置。

(3)将钥匙开关的钥匙插入开关"电源"钥匙孔内接通电源,层压机开始上电,此时"电源"上方的"电源三相指示灯"亮起。

(4)设定"温度控制器"上的温度到工作温度值,按下"加热"按钮,此时"加热"按钮上的灯亮起,设备开始加热。操作面板上的"真空泵"按钮,打开真空泵。"真空泵"按钮上的灯亮起。

(5)设定"抽空真气""加压计时""层压计时"3 个计时器到需要的时间。

(6)旋动"上室充气/上室真空"开关到"上室真空"位置,旋动"下室充气/下室真空"开关到"下室真空"位置,上下室开始进入真空状态。上下室真空指示灯亮气。

(7)等待"台面温度显示信表"上显示的加热温度达到设定值后,旋转开关"下室真气/下室抽空"开关到"下室充气"位置,下室充气指示灯亮起。等待下室充气完成。

(8)按下操作面板上的开盖按钮,直到上盖完全打开。

2)手动层压

(1)加入待加工工件。

(2)同时按下操作面板上的两个"关盖"关盖按钮,直到上盖关闭到位,此时"关盖到位"指示灯亮起。

(3)旋转"上室真空/上室抽空"开关到"上室真空"位置,旋转"下室充气/下室真空"开关到"下室真空"位置,上下室开始进入真空状态。上下室的真空指示灯亮气。

(4)当达到真空时间要求后,旋动"上室真空/上室充气"开关到"上室充气"位置,开始对工件实施一定时间的加压。待层压结束后,旋转"下室充气/下室真空"开关到"下室充气"位置,旋动"上室充气/上室真空"开关到"上室真空"位置。等待上下室完成相应的操作。

(5)安下"开盖"按钮,直到设备完全打开上盖。

(6)取出已加工好的工件,放入另一待加工工件,开始下一循环操作。

3)自动层压

层压机的自动加工过程完全靠设备的程序来控制,操作者要做的工作是:层压开始前,设置好抽空时间、加压时间、层压时间,运行方式调到自动,即可开始层压过程。当一件工件层压结束后,设备会自动打开上盖,具体操作步骤如下:

(1)旋转操作面板上的"自动/手动"按钮到"自动"位置。

(2)设定“抽空计时”“加压计时”“层压计时”3 个时间继电器到需要的时间。

(3)加入待加工工件。

(4)同时用双手按下“关盖按钮”,直到上盖完全关闭,此时“关盖到位” 指示灯亮。设备开始进入自动加工状态。

(5)设备的自动层压过程为:上下室开始抽真空,此时上下室的真空指示灯为点亮状态。抽气完毕后,上室自动进入充气状态,对工件开始进行加压,加压完毕,进入层压状态,层压结束后,上室又重新进入真空状态,同时下室开始进入充气状态。层压过程完成,设备自动打开上盖。

(6)取出工件。

(7)加入另一工件,开始下一循环操作。

4)自动操作过程中的注意事项

(1)自动操作过程中如将“自动/手动”按钮旋至手动挡,则程序将终止当前所有的自动操作并对程序中的所有计时器清零。

(2)在自动操作过程中,将屏蔽上室真空/充气、下室真空/充气的手动操作。

(3)关盖到位后,程序将屏蔽开盖操作。

5)关机

(1)所有工件加工完成后,保持上盖打开状态,按下“加热”按钮,“加热指示灯”灭,机器停止加热,做好关机准备。

(2)等待设备工作平台温度降到 80 ℃以下。

(3)同时按下操控面板上的两个“关盖”按钮,直到关盖到位指示灯点亮。旋动“上室充气/上室真空”开关到“上室真空”位置,旋动“下室充气/下室真空”开关到“下室真空”位置,上下室开始进入真空状态。上下室的真空指示灯亮起。

(4)待上下室抽真空完毕,分别旋动“上室充气/上室真空”,“下室充气/下室真空”开关到“0”位置。

(5)按下“真空泵”按钮,关闭真空泵,其指示灯灭。

(6)旋转“电源”电源开关的钥匙到“关”位置,关闭设备电源。

注:①为确保真空泵管路进气过程完成后,应关闭真空泵 5～10 s 后,关闭电源。②加热器内存在强电流与高热,操作者应谨慎,注意安全防护。

任务二 层压机故障及处理

学习目标

(1)熟悉光伏组件层压机的分类及结构。

(2)掌握层压机使用过程中的安全措施。

(3)掌握层压机常见故障及排除方法。

任务描述

本任务主要介绍层压机的种类、层压机使用过程中的安全措施、故障检修以及常见问题的解决方法。并重点介绍层压机的操作过程、常见的注意事项,以及层压工序的场务管理规程。

相关知识

一、光伏组件层压机的种类

光伏电池组件层压机有以下几种:半自动层压机、全自动层压机、双腔室层压机、三腔室层压机、多层层压机以及用于薄膜组件的带保温段的四段层压机。

1. 半自动层压机(见图 5-5)

半自动层压机组件有人工摆入层压腔室,层压好后再由人工从腔室中取出。

优点:占地少、重量轻、价格低。

缺点:① 由人工摆入,两块组件不能同时进入腔体;② EVA 不能同时熔融;③ 生产效率低,用工多;④ 不能在自动生产线上使用。

目前光伏电池组件的生产规模大,一般企业不做主要机型使用,只做辅助使用,规模比较大的企业一般用于原材料的试验、组件的修复;但在一些主要生产小应用产品的企业,因为使用灵活,还在做主流机型使用。

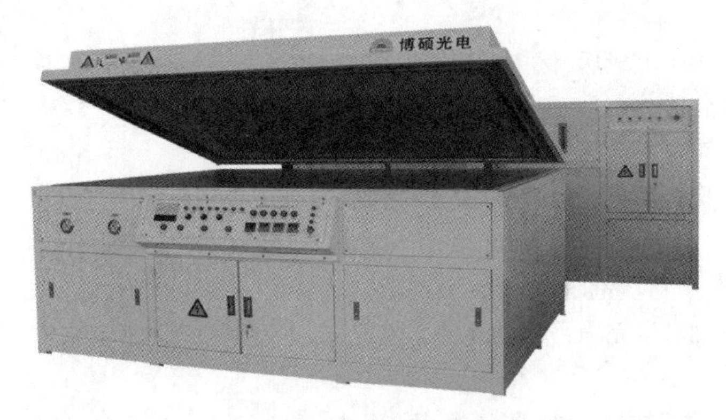

图 5-5　半自动层压机

2. 全自动层压机

全自动层压机是目前市场上的主流机型,种类也比较多,像前面说到的双腔室、三腔室和多层层压机均是全自动层压机,不同类型层压机如图 5-6 至图 5-8 所示。

图 5-6　用于薄膜组件封装的带保温段的四段层压机

图 5-7　适用于自动生产线(带上循环布且自动清理)的层压机

图 5-8　双腔室层压机

全自动层压机上料和下料自动进行,有如下特点:产量高,一般 220 W 的组件能同时层压四块;生产效率高,能节省 1/4 的人员;能与自动生产线对接,实现自动化生产。

但与半自动层压机相比,一是自重大,对地面承重有更高要求,一般很少在二楼及以上楼层使用,一般承重要求 1 000 kg/m^2;二是占地面积大。

二、层压机的结构

我们以单腔室自动层压机为例说明。层压机共分三段:进料段(见图 5-9)、层压段(见图 5-10)和出料段,其中进料段只起传输作用,出料段除传输作用以外,还带有冷却功能(滚轴输送,下面带风扇冷却),也有不带冷却功能的。

最关键的部分是层压段,抽真空、加热、加压和固化在此段进行。

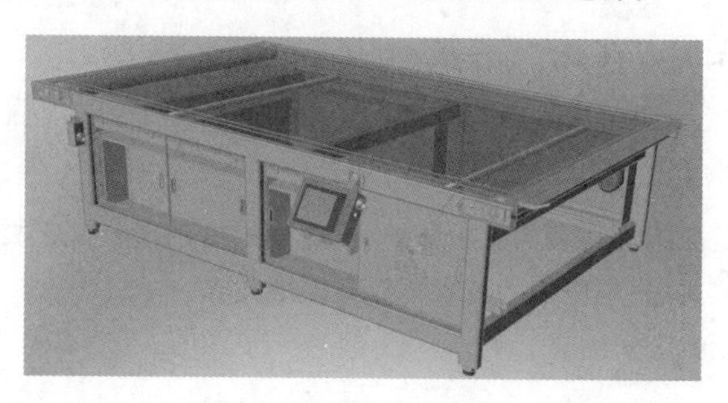

图 5-9　进料段示意图

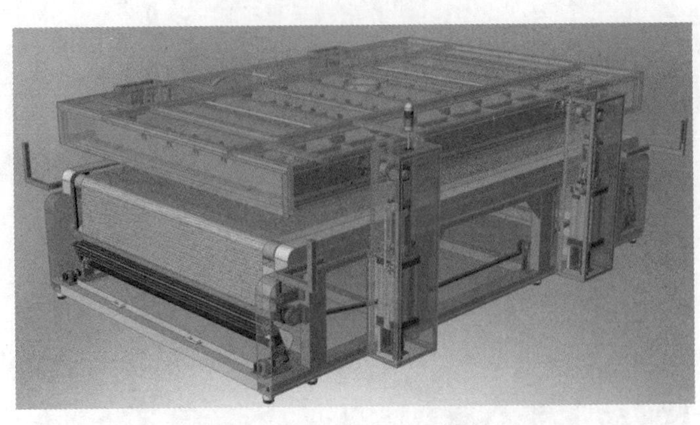

图 5-10　层压段示意图

三、层压机主要的技术指标和技术要点

1. 主要技术指标

(1)设备质量:17 t/台。

(2)压缩空气流量:≥0.5 m^3/min。

(3)压缩空气压力: 最大 0.8 MPa。

(4)有效层压面积: 2 200 mm × 3 600 mm、2 300 mm × 3 600 mm、2 400 mm × 3 800 mm。

(5)层压腔高度: 30 mm。

(6)工作温度:层压工艺温度可在 100～180 ℃之间设置。

(7)加热平台温度分布不均匀性:≤ ±1.5 ℃。

(8)温控精度: ±1 ℃。

(9)控温范围:30～180 ℃。

(10)真空泵抽真空速率:≥70 L/s。

(11)上下室真空度:抽真空 2 min 以内≤100 Pa。

(12)加热板不平整度:加热温度在 100～165 ℃时每平方米不平整度≤200 μm。

(13)镗孔式加热板厚度:≥60 mm。

(14)设备使用寿命:≥10 年。

(15)上盖行程: 300～400 mm,可设定正常工作位和检修工作位,并且具有上限安全限位开关。

(16)设备总功率不大于 75 kW,工作功率不大于 45 kW。

(17)设备工作噪声:≤70 dBA。

2. 技术要点

层压机是为光伏电池组件封装工艺服务的,要最大限度的满足工艺要求同时要使用不同的材料,并且稳定、可靠。所以,层压机的技术要点有以下几点:

(1)较快的升温速度。

(2)真空度高。

(3)抽真空时间短。

(4)层压压力可控性好。

(5)原配件质量好,加工精度高。

(6)装配水平高。

3. 安全性能和操作安全性的要求

(1)层压机上有齐全的安全保护装置,应按照国标张贴安全警示标示,报警和故障有声光指示、开合盖有安全光幕保护。

(2)控制系统有温度掉线、低温、高温报警,有真空、压缩空气压力报警,有油温和油位报警。热油站应有独立于 PLC 的一套高温保护系统,有机热载体炉缺相、堵转等都有相应的保护装置。

(3)PLC 有防死机功能,系统有完善的联动保护并且电路、气路的接线布线应符合国家规范。

(4)报警记录功能,准确记录报警发生时间和解除报警时间,至少记录 1 个月内的操作参数,并可输出存储。

(5)如发生人为误操作,设备不能对人身有机械或电气伤害。

知识拓展

层压机在加热装置设计中采用的安全措施:

(1)低油位检测:通过低油位控制装置检测加热油量,一旦加热油量过少,检测装置会进行低油位报警,加热装置停止工作。

(2)超温检测:为防止加热油温度过高,在加热油箱上安装了超温检测开关,当温度达到 190 ℃ ±5 ℃ 时,检测开关可使加热电源自动断开,加热装置停止工作。

(3)当出现加热超温时,人机界面将会及时予以提示,并提示故障部位及排除方法。

(4)PT100 加热油温度检测:在加热油箱中安装 PT100 铂电阻检测油箱温度,检测的温度值通过人机界面显示,如发现显示的油箱温度异常,软件可使加热电源自动断开,加热系统停止工作,实施检查。

(5)PT100 工作台面温度检测:通过 PT100 铂电阻检测工作台面温度,并通过人机界面即时显示,如发现温度异常 / 温度报警,软件可使加热电源自动断开,加热系统停止工作,实施检查。

(6)加热有循环系统采用(油泵)抽吸方式,有效减小了加热油箱内的热油压力,防止油箱内部压力过大。

(7)油路循环中的进油过滤器设置在泵的进油口,当过滤器发生堵塞时,不会因热油无法循环在加热油箱内产生过大压力。

(8)加热油路截面面积大,减小了热油循环阻力和油路压力。

(9)选用国内外优质配件,保证了设备的可靠性、稳定性。

(10)主要检测元件到货检测规程:外购成品件到货进行抽检,抽检数量为到货数量的 1/3;如果有不合格品,再抽检剩余量的 1/3;不合格品全部退货。层压机构件检测检验如表 5-1 所示。

表 5-1　层压机构件检测检验表

成品名称	检测项目	检测方法
PT100 铂电阻	电阻值	万用表
超温检测开关	加温到 190 ℃ ±5 ℃ 自动停止工作	自行设计专用设备
行程开关	开关应有响声	开关应有响声
	开关闭合	万用表

(11)导热油的管理与使用(分析报告单见表 5-2)。

表 5-2　xx 牌导热油分析报告单

分析项目	实测数据	试验方法
密度(20 ℃)/(kg/m^3)	877.0	GB/T 1884　GB/T 1885
闪点(开口)/℃	<10	GB/T 11140
氯含量/%	0	SH/T 0677 附录 A
中和值/(mg/g)(KOH)	≤0.025	GB/T 4945
铜片腐蚀(100 ℃,3 h)/级	≤1a	GB/T 5096
水分/10^{-6}	≤300	GB/T 260
倾点/℃	≤ -45	GB/T 3535
残炭/%	≤0.02	GB/T 17144
运动黏度/(mm^2/s,40 ℃)	15~30	GB/T 265
热稳定性(300 ℃,720 h) 试验后试样外观 变质率/%	黄色透明 3.5	SH/T 0680

备注:如需更换导热油,请参照表 5-2 中的参数。

① 热传导油的特点:

a. 无毒、无味、环境污染小。

b. 黏度适中,不易结焦,热效率高。

c. 闪点高、初馏点高、凝点低、使用安全。

d. 省电、省燃料、对设备无腐蚀性。

e. 可在较低的运行压力下,获得较高的工作温度,有效降低管线和锅炉的工作压力。

f. 加热快、使用温度高、热稳定性能好,使用寿命长,低压运行、安全可靠、操作方便。

g. 采用北方深精制的基础油,比同行业热传导油具有闪点高,水分少、升温快捷的特点。

② 热传导油的安全使用。

热传导油虽有较高的沸点、闪点,但仍是可燃液体,因此在使用时应注意安全,使用不当时可能造成失火,失火的原因是泄漏引起的,泄漏失火主要有四种类型:

a. 保温区失火。其是热传导油系统最常见的失火类型。在法兰或仪表连接处发生热传导油漏,并渗入保温区,最后在空气存在条件下,循环液体和管道热量将热传导油加热,并逐渐氧化液体,使保温区被引燃而造成失火。

b. 管道泄漏、爆裂引起失火。由于管道泄漏或爆裂使热传导油流入热气火焰区而造成失火。

c. 闪点引起失火。导致闪点失火的因素是在高于最低闪点温度时,同时存在热传导油、空气和火源。

d. 工艺原料引起的失火。主要是热传导油漏到正在加热的系统中，而其工艺原料是易氧化和具有氧化性的物质而造成失火。

除以上四种失火外，还应更加注意在气相系统中使用时，如造成大量热传导油蒸气泄漏，可形成气溶胶雾，此雾在空气中遇明火可引起爆炸燃烧。综上所述，要防止热传导油失火，就要做好热油系统的设计、维修、保养工作，以预防热传导油泄漏。

③ 矿物型热传导液的报废指标。

矿物型热传导液报废有以下四方面指标，可供参考：

a. 黏度变化大于 15% ，应引起注意。

b. 闪点变化大于 20% ，应引起注意。

c. 酸值大于 0. 5 mg/g(KOH) ，应引起注意。

d. 残炭达到 1. 5% ，应引起注意。

在对运行中的热传导液进行测试时发现，黏度因受分解和聚合的共同影响，变化并不规律；酸值在氧化初期逐渐增大，之后反而下降；闪点是说明油品运行安全性的重要指标；残炭则一直呈上升趋势，开始缓慢，之后数值增长明显加快。

④ 热传导液可否混用?

从热传导液的使用性能看，纯度越高、馏程范围越窄，其热稳定性越好。混合物的热稳定性是由其中热稳定性较差的组分决定的。因此，必须遵循科学的方法，可采用“热传导液热稳定性测定法”试验方法进行评价，根据试验分析数据做出判断。

⑤ 何种原因可造成传热系统发生事故，如何避免?

热传导液为可燃性有机物，具有着火和爆炸的潜在危险，分析事故原因，主要有以下几种可能：

a. 法兰连接或泵密封处发生泄漏，如不及时维修，遇明火可能着火。

b. 加热器管线因局部过热，管内结焦或超压使炉管破裂，泄漏物进入明火区，随时可能发生事故。

c. 热传导液泄漏进入被加热物料中，遇氧化剂及催化剂等会剧烈燃烧。

d. 膨胀槽高温氧化导致自燃。

e. 泄漏的热传导液进入管线保温层，逐渐氧化产生低自燃点组分，可能导致自燃。

f. 气相系统中，泄漏的热传导液形成气雾，在空气中达到一定浓度时会燃烧或爆炸。

g. 气相系统中如有水混入，因体积剧烈膨胀而爆炸。

h. 热传导液变质过快，不溶性炭粒造成密封损坏而导致泄漏。

从系统配置上应选用优质油泵、阀门和密封垫。操作管理上要及时维修，避免机械故障和错误操作。

⑥ 导热油的执行标准及如何选择导热油。

用户在购买前应注意以下问题：

a. 考察产品最高使用温度的真实性：采用热稳定性试验方法确定，即在最高使用温度下进行试验后外观透明，无悬浮物和沉淀，总变质率不大于 10% 。通过与新标准做对照，分析产品说明书的真实性。尤其要了解其规定的最高使用温度是如何确定的，有无权威机构的检测报告。根据国际标准化分类，矿物型热传导液的最高使用温度不超过 320 ℃，目前多数该类油品的最高使用温度为 300 ℃。

b. 考察产品的蒸发性和安全性:闪点(开口)符合标准指标要求,初馏点不低于其最高使用温度,馏程比较窄,自燃点比较高。

c. 考察产品的精制深度:外观为浅黄色透明液体,储存稳定性好,光照后不变色或出现沉淀。残炭不大于 0.1%,硫含量不大于 0.2%。

d. 考察产品的低温流动性:根据用户所处地区和设备的环境温度情况,选择适宜的低温性能。QB 和 QC 倾点不高于 -9 ℃,低温运动黏度(0 ℃或更低温度)相对比较低。

e. 考察产品的传热性能:具有较低的黏度、较大的密度、较高比热容和导热系数。

f. 选用正规生产企业生产的产品。有条件可实地考察其生产设备和检测手段的完善情况。

⑦ 导热油的选用、储藏和更换:

a. 选用 340 号以上的导热油,避免使用低标号油品。

b. 导热油要有专门的容器存储,并做好标记,由专人负责,应该严格避免导热油和其他油类混杂,严禁使用其他油替代到热油。

c. 在使用中经常检查设备中的油量。

d. 使用中如果发现到热油的颜色变成深棕褐色或黑色,应当及时更换到热油。

e. 使用中如果发现层压机升温变慢,应当检查油路和过滤器。

f. 要等设备温度降低到室温后再更换导热油,避免在高温下更换,以避免出现危险。

(12)注意事项:

① 注入加热油时,应将加热油路里面的空气排除干净。可以在注入一定的加热油后开启油泵 2~3 min,利用加热油将油路中的气体挤出,如此反复注油和运转油泵,排除管道中的大部分气体。其他气体可在以后工作中排除。

如果油路中有大量气体,在加热过程中气体会膨胀,导致升温慢和热油溢出。

② 注意注入加热油量。在反复注油和运转油泵后,注入加热油箱的热油油位应在膨胀箱上油位标志线之间,不可过多,以防止在加热过程中热油膨胀溢出膨胀箱,烫伤工作人员。

③ 定期维护控制加热装置的电器元件。

④ 如果发现加热器过热、溢油等情况发生应该立即关闭系统总电源,等温度降低后再进行处理。

任务实施

层压机常见故障及排除方法

表 5-3 列出了层压机常见故障及排除方法。

表 5-3 层压机常见故障表

序号	故障现象	可能原因	排除方法
1	上盖合盖后,上下室不能抽真空	真空泵不运转	使真空泵正常运转
		真空泵运转方向与泵体箭头标志方向不一致	调换接线相序,使真空泵的运转方向与箭头一致
		压缩空气压力不正常	调整压缩空气压力
		上、下室手动充气阀关阀不严	关闭上、下室手动充气阀
		限位开关工作不正常	调整或更换限位开关

续表

序号	故障现象	可能原因	排除方法
2	合盖后下室能抽真空,上室不能抽真空	上室管道漏气	换到漏气处修复
		上室真空电磁阀不能启动	使压缩空气压力达到要求或者更换电磁阀
3	打开上盖后上室不能抽真空	上室管道漏气	换到漏气处修复
		上室真空电磁阀不能启动	使压缩空气压力达到要求或者更换电磁阀
		胶皮破损	更换胶皮
		压条框螺钉没有拧紧	重新拧紧螺钉
4	合盖后上室能抽真空,下室不能抽真空	限位开关工作不正常	调整或更换限位开关
		下室手动充气阀关闭不严	关严手动充气阀
		下室真空阀工作不正常	调整压缩空气压力或更换真空阀
		下室充气电磁阀松动漏气	重新拧紧或更换下室充气电磁阀
5	上室不能充气	上室充气电磁阀不能启动	检查线路或更换上室充气电磁阀
		上室真空阀启运不正常或关闭不严	修复或更换阀
6	上室能充气,而上室真空表指针不能回到零位	真空表损坏	更换
		连接真空表的塑料管有死弯	理顺使之变直
		上室真空阀关闭不严	关严或者更换
7	下室不能充气	下室充气电磁阀损坏、不能启动	更换
		下室充气/下室真空开关损坏	更换开关
8	下室能充气,而下室真空表指针不能回到零位	下室真空阀关闭不严	调整下室真空阀
9	在上下室真空状态下,上室充气的同时下室的压力随之同步减小	胶皮破损	更换胶皮
10	在上下室真空状态下,下室充气的同时上室的压力随之同步减小	下室真空阀关闭不严	调整下室真空阀
11	上盖不能打开	空气压缩机的压缩空气压力不正常	调整压缩空气压力
		气缸的连接管路漏气	检查管路,排除故障
		开盖电磁阀损坏	更换
12	真空度不高	密封圈接头裂开	重新接好
		真空泵油中杂质过多	更换真空泵油
		下室真空阀漏气	更换或修复
		真空泵弯头的固定螺钉松动	拧紧螺钉
		真空泵的皮带过松	调整皮带松紧度

续表

序号	故障现象	可能原因	排除方法
13	上盖不能关闭	压缩空气问题	检查压缩空气
		开关盖电磁阀损坏	修复或更换
14	自动运行状态下次充出现混乱	PLC 的连接线路松动	拧紧 PLC 上的固定螺钉
15	层压时真空度降低	胶皮破损	更换胶皮
		上室真空阀关闭不严	修复或更换
16	下室真空时真空度偏低	密封条接头裂开	修复或更换
		上室充气、下室充气电磁阀接头松动	卸下,加 704 胶拧紧
		真空泵油过少	添加真空泵油
		真空泵的皮带过动	调整皮带松紧
		真空泵与弯头固定螺钉松动	拧紧
		下室真空阀密封圈需要更换	更换密封圈
		真空计金属规管或真空计表头损坏	更换真空计
		真空泵与层压机的连接管道没有插紧	重新插紧连接管道
17	自动或手动状态下,电磁阀与控制器的运行状态不稳定	线路的固线螺钉松动	检查并拧紧
		电磁阀受损	更换
		电源电压不正常	检查电源电压

任务三　EVA

学习目标

(1)了解 EVA 的构成及性能特点。

(2)掌握层压机使用过程中的安全措施。

(3)掌握层压机常见故障及排除方法。

任务描述

在光伏组件的封装材料中,EVA 是最重要的材料之一。EVA 的使用不当,将对光伏电池组件产生致命的缺陷。

相关知识

一、EVA 的构成与特点

EVA 是乙烯-乙酸乙烯共聚物的树脂产品,产品在较宽的温度范围内具有良好的柔软性、耐冲击强度、耐环境应力开裂性和良好的光学性能、耐低温及无毒的特性。EVA 胶膜如图 5-11 所示,是一种热固性的膜状热熔胶,常温下不发黏,但加热到所需要的温度,经一定条件热压便发生熔融粘接与交联固化。

EVA 胶膜有交联固化作用,EVA 胶膜加热到一定温度,在熔融状态下,其中的交联剂分解产生自由基,引发 EVA 分子间的结合,使它和晶体硅电池、玻璃、TPT 产生粘接和固化,三层材料组成为一体,固化后的组件在阳光下 EVA 不再流动,电池不再移动。因为光伏电池长期工作于露天之中,EVA 胶膜必须能经受得住不同地域环境和不同气候的侵蚀。因此 EVA 的交联度指标对光伏电池组件的质量与长寿命起着至关重要的作用。

图 5-11　各种颜色的 EVA

EVA 的粘接强度决定了光伏电池组件的近期质量。EVA 常温下不发黏,便于操作,但加热到所需温度,在层压机的作用下,发生物理和化学的变化,将电池、玻璃和 TPT 粘接。如果粘接不牢,短期内即可出现脱胶。

EVA 的耐热性、耐低温性、抗紫外线老化等指标对光伏电池组件的功率衰减起着决定性的作用。

二、各种 EVA 材料的区别

1. 外观区别

① 厚度——根据不同的需要,可以分别采用 0.35 mm、0.45 mm、0.60 mm 和 0.80 mm 厚度的 EVA、绒面或平面。

② 软硬——较软的 EVA 其熔点较低,反之则熔点较高。

2. 内在区别

① 交联剂——交联剂添加多,交联度高,但容易老化,易发黄;反之,则交联度低,不易发黄。

② 乙酸乙烯酯(熔体流动速率一定)。

乙酸乙烯酯含量高,EVA 的弹性、柔软性、耐冲击性、耐应力开裂性、耐气候性、黏结性、相溶性和透明性、光泽度提高。反之则强度、硬度、融熔点、屈伸应力、热变形性降低。

③ 熔体流动速率(乙酸乙烯酯一定)。

熔体流动速率高,融熔体的流动性、融熔体的黏度、韧性、抗拉强度、耐应力开裂性增加;反之,断裂伸长率、强度、硬度降低;但屈伸应力不受影响。

三、EVA 的作用

(1)封装电池,防止外界环境对电池的电性能造成影响。

(2)增强组件的透光性:EVA 同玻璃的有利结合可以增加光源的通透,使组件功率增加。

(3)将电池、钢化玻璃、TPT 粘接在一起,具有一定的粘接强度。

注:EVA 虽然可以起到封装组件的作用,但 EVA 具有吸水性。

四、EVA 的储存环境

(1)EVA 胶膜应避光、避热、避潮运输,平整堆放。

(2)EVA 胶膜的最佳贮存条件:放在恒温、恒湿的仓库内,其温度在 0～30 ℃之间,相对湿度小于 60% 。避免阳光直照,不得靠近有加热设备或有灰尘等污染的地方,并应注意防火。保质期为半年。

知识拓展

(1)在制作光伏电池组件的过程中,EVA 胶膜是重要的辅料之一,它虽价值较小,作用却高,极其敏感,使用不当将对组件产生致命的缺陷。

EVA 胶膜在较宽的温度范围内有良好的柔软性、耐冲击强度、耐环境应力开裂性、良好的光学性能,以及耐低温及无毒的特性。常温下不发黏,加热到一定温度在融熔状态下,其中的交联剂分解产生自由基,引发 EVA 分子间的结合,使之和晶体硅电池片、玻璃、TPT 背板产生粘接和固化,三层材料成为一体,固化后的组件在阳光下 EVA 不再流动,电池片不再移动,基本上不产生热胀冷缩。因为电池组件长年工作于露天,EVA 胶膜必须经受得住不同地域环境和不同气候的侵蚀,EVA 的黏结强度决定了近期的组件质量,但 EVA 的耐湿热性、耐低温性、耐氧化性、耐紫外线老化性等指标决定了组件的长期质量,特别是对组件功率的衰减起着决定性作用。

(2)EVA 胶膜的外观。

① 厚度:根据不同需要,可分别采用 0.3～0.8 mm 厚的 EVA 膜,常规厚度 0.5 mm。

② 宽度:根据需要可裁,最宽幅 2 200 mm。

③ 外观花型:生产厂家不同,外观花型也不尽相同,常见的有明面、压花面、绒面等。压花面在层压时有利于抽真空,明面和绒面在叠层敷设时有利工人检查。

④ 软硬:较软的 EVA 胶膜其熔点相对略低一些,反之熔点略高一些。

(3)EVA 胶膜。

① 交联剂——交联剂添加的多,交联度高,但过多易老化,易黄变,反之亦然。所以一款好的 EVA 胶膜产品,配方是关键,其次才是工艺流程、工艺设备、生产环境等。

② VA 含量——分子量一定,VA 含量越高,EVA 的弹性、耐冲击性、柔软性、耐应力开裂性、耐候性、黏结性、相容性、热密封性、可焊性、辐射交联性、透明性、光泽度、密度等提高,而强度、硬度、融熔点、耐化学性、屈伸应力、热变性、隔离性等降低。

③ 融熔指数(M1)——VA 含量一定,融熔指数越高,融体的流动性增加,融体的黏度,韧性抗拉强度、耐应力开裂性等则降低。

(4)由于各厂家的原材料、辅料、配方、工艺流程、工艺设备、生产环境等不同,所以 EVA 胶膜在产品质量上差距较大。在层压参数的设置上也差别较大,其中层压温度的设置最为关键,温度太高,交联固化快,生产效率高,但易产生气泡、缺胶、位移等问题,温度太低,交联度不好,黏结强度也会受影响,生产效率太低,但出现气泡、缺胶、位移、凸点等的概率会小一些。

(5)EVA 与玻璃的有利结合可以增加光源的通透性,有利于组件功率增加,但平板玻璃的粘接强度并不十分满意。

(6)EVA 和背板及密封胶存有匹配性问题。由于各厂家 EVA 胶膜的化学成分不完全一致,各背板厂家的表层化学成分也不尽相同,有可能在层压时产生粘接强度低下等意外,当然也不排除层压参数的设置不合理等问题。

(7)层压好的组件,最好待温度降至 80 ℃以下时再掀开高温布。

(8)层压时多放一层高温布有利于抽真空(相对延长了焦烧时间)。

(9)组件在削边时要注意力度和用力方向,否则容易造成边角脱层,特别是四个拐角处。

(10)EVA 胶膜使用时一定要注意纵横向,横向一般收缩率都很小,可忽略不计;纵向收缩率大一些,好的胶膜一般控制在 5% 以内。使用时纵向与焊好的电池串同向,否则易移位,若胶膜收缩率过大,容易引起凸点、移位等。

(11)请勿用手直接接触 EVA 胶膜,亦勿用力拉扯,以免影响使用效果。

(12)每卷胶膜打开包装使用时,建议将最上层的一圈裁掉丢弃,最末端贴近卷心纸筒的一层也不建议使用。

(13)关于气泡。组件层压时,出现气泡,缺胶等是最常碰到而且是最令人头痛的问题之一。出现气泡,缺胶等问题的原因非常复杂,有胶膜本身的原因(比如胶膜的配方问题,原料、辅料使用问题、胶膜生产时温度的控制,塑化度、均匀度等问题),也有层压机和工人操作的原因,也有环境清洁度的原因等等。要从以下方面考虑解决:

① 更换(或选择)好的 EVA 胶膜。

② 延长抽真空时间及加压时间,加快抽气速度。

③ 降低层压温度。

④ 检查层压机的密封圈以及胶皮,看有无破损,检查层压机的真空度和抽气速率。

⑤ 尽量缩短敷设好的叠层组件平放入层压机的时间。

⑥ 多放层高温布。

⑦ 检查加热板的温度或直接做层压机设备检查。

⑧ 清理工作台,保证环境清洁度,防止异物进入。

⑨ 减少使用或更换焊剂,使用免清洗无残留的助焊剂。

⑩ 使用高纯度易挥发的乙醇。

⑪ 注意防静电。

⑫ 胶膜从打开密封包装裁剪开始到进入层压机的时间越短越好。

⑬ 不要用手直接接触胶膜,也不要拉扯。

(14)关于背面凸点。造成凸点的原因也较多,一般从下面几个方面考虑:

① 由 EVA 胶膜收缩率过大造成,可更换胶膜。

② 由背板收缩造成。注意背板裁切的纵横向或更换背板。

③ 由焊带褶皱造成,大多出现在片之间的连接处。注意抚平焊带。

(15)关于位移。一是胶膜本身的原因,注意胶膜的收缩率和纵横向;二是工人操作时尽量平稳;三是注意背板的收缩率和纵横向;四是抽气速度和加压速度不要过快,更不能使层压机抖动。

(16)层压工艺条件要根据层压机的性能来选择确定。每一台层压机的工艺条件都不一定相同,层压机工作环境温度不同,工艺条件也应有所不同,一般夏天层压温度略低一点,抽气时间略短一点,冬天层压温度略高一点,抽气时间略长一点。

(17)抽真空结束充气时间要掌握好。过早充气抽真空不足,余气抽不干净易产生气泡,EVA 流动性也大,还易产生位移,过晚 EVA 流动性太低,容易把空气封在内部,黏结强度指标也受影响。

任务实施

为了保证组件封装质量，在层压机内一步固化法。在校准层压机板面温度后，按下列工艺条件封装，可以保证 EVA 胶膜的交联度达到 70% 以上，从而确保组件品质。

（1）F406 型产品：层压机设定温度 138 ℃，抽气 6 min，加压 30 s，层压保持 15 min，如图 5-12 所示。

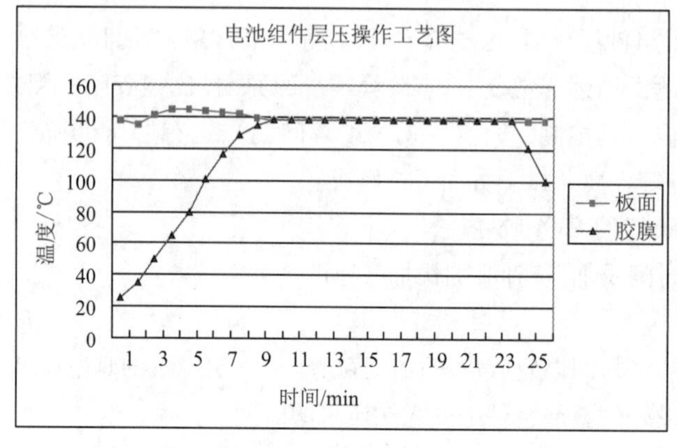

图 5-12　电池组件层压操作工艺

（2）F303 型产品：层压机设定温度 150 ℃，抽气 6 min，加压 30 s，层压保持 30 min，如图 5-13 所示。

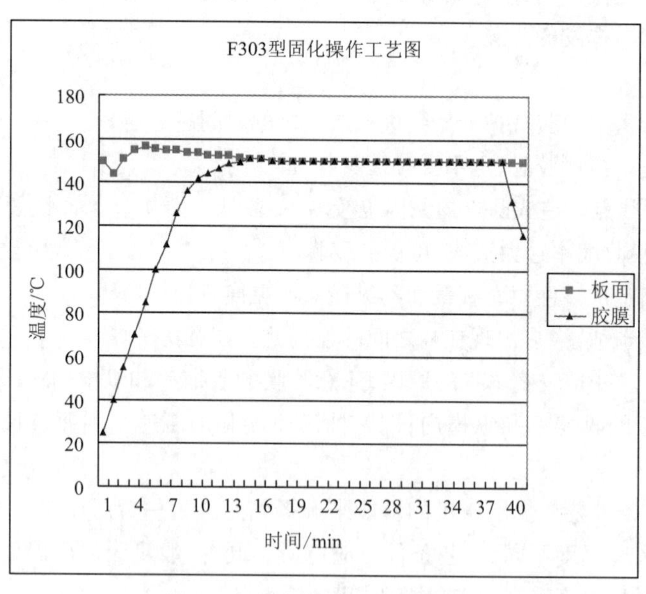

图 5-13　F303 型固化操作工艺

（3）层压温度、时间与交联度关系：

① F406 型产品在不同温度下固化的时间与交联度关系曲线如图 5-14 所示。

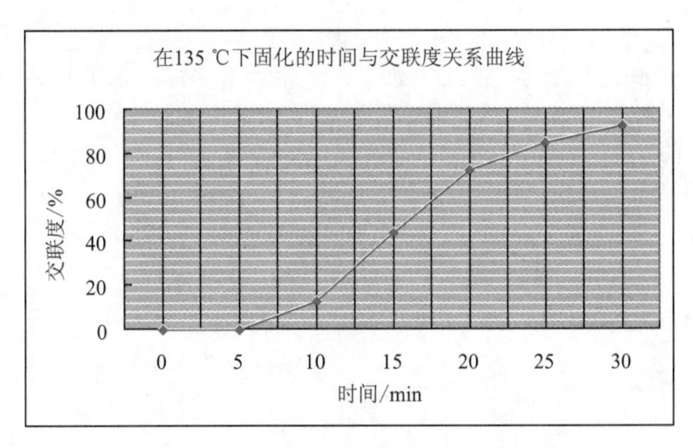

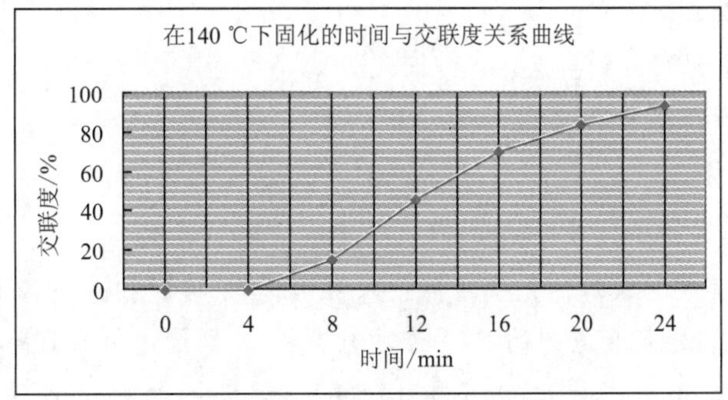

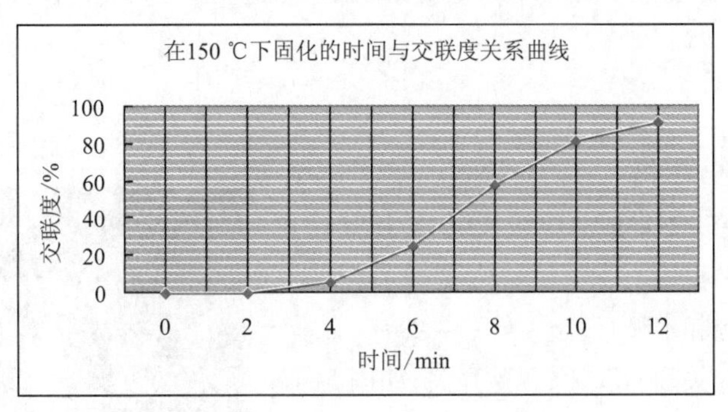

图 5-14　不同温度下固化的时间与交联度关系曲线

② F303 型产品的固化时间与交联度关系曲线如图 5-15 所示。

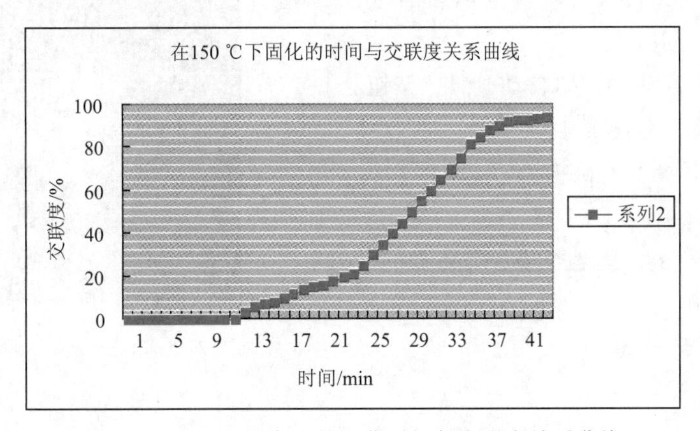

图 5-15　F303 型产品的固化时间与交联度关系曲线

注意事项：

(1)层压工艺条件要根据层压机的性能而定,不能千篇一律。根据每台层压机的温度特性,随时跟踪测试,选取固化后交联度达到70%以上的工艺条件为佳。

(2)如层压机工作环境温度不同,工艺条件也应有所调整。

任务四　层压工艺

学习目标

(1)掌握层压工艺具体流程。

(2)掌握层压工艺过程控制要点。

(3)熟知层压机操作注意事项。

任务描述

组件层压工序就是将铺设好的光伏组件放入层压机内,通过抽真空将组件内的空气抽出,然后加热使EVA熔化并加压使熔化的EVA流动充满玻璃,电池片和TPT背板膜之间的间隙,同时通过挤压排出中间的气泡,将电池、玻璃和背板紧密黏合在一起,最后降温固化的工艺过程。

相关知识

一、层压前准备工作

(1)层压前需准备:①半成品隔板;②周转托盘。

(2)开机顺序:

① 打开真空泵冷却水循环。

② 打开总电源开关和QF2和QF3开关,如图5-16所示。

③ 打开设备上的急停开关。

④ 检查真空泵油位、层压机电加热油位、液压站油位。

⑤ 单击自动操作界面上“自动/加热”按钮。

(3)层压之前的检查项目:

① O形密封圈是否有破损。

② 气囊上是否粘有EVA胶。

③ 下箱室与气囊之间是否垫一层高温布。

(4)试机步骤:

① 手动界面点击“运行”按钮。

② 上下室抽真空。

③ 上室放气。

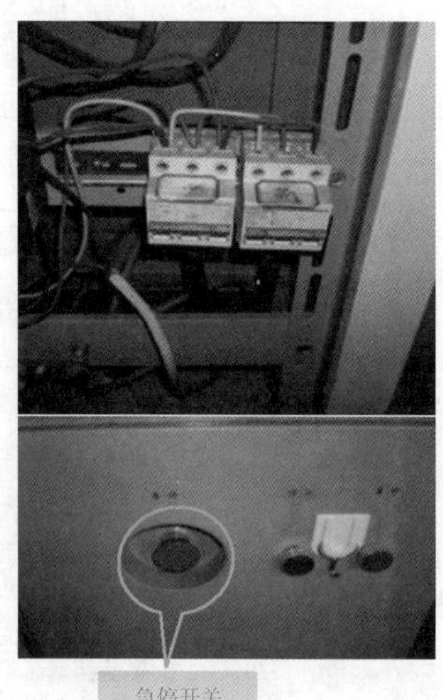

图5-16　总电源开关和QF2和QF3开关

④ 下室放气。

⑤ 自动空压试机一次。

二、组件上料

(1)铺设下层耐高温布(见图5-17)。

注意:铺设下层耐高温布,使用两层耐高温布,将干净的下层耐高温布铺在层压机上标示的定位区域内。(不同的层压机放置耐高温布的位置不一样。)

(2)半成品组件检查时(见图5-18)应注意:层压组件前检查组件条形码粘贴位置是否正确,组件内部是否有杂物(头发、纤维等),以及组件内部间隙距离等。从周转车上抬起组件时用两手平托住组件,保持水平,不可用手指按住电池片、挤压背材、EVA以防止断片。

图5-17 铺设下层耐高温布

图5-18 半成品组件检查

(3)将半成品组件抬至层压机前输送带上(见图5-19)。

图5-19 将半成品组件抬至层压机前输送带上

① 使用耐高温布要干净整洁,耐高温布表面不允许有杂物及残留的EVA胶等。

② 根据不同的物料设定相应的层压工艺参数,工艺参数设定参照相应的工艺文件同时由工艺现场指导。

③ 定期对热电偶进行校准。热电偶实测层压机热板温度控制在143 ℃ ±3 ℃。注意:组件抬放置层压机传送带表面时,倾斜角度不要大于30°,防止电池片移位或破损。同时组件引出线位子朝着同一方向。

(4)铺设上层耐高温布(见图5-20)。注意:按工艺要求光伏组件下层垫两层耐高温布,上层铺设一层耐高温布。

图 5-20　铺设上层耐高温布

三、进料

(1)生产前测热板温度(见图 5-21)。

注意:进料之前检查上层高温布是否有残留的 EVA,每班生产前拆除防护栏检测层压机热板温度是否达 143 ℃ ±3 ℃,达到温度时才可进行物料层压工作。测量位置统一为层压机热板中段警示标示正下方部位。

图 5-21　生产前测热板温度

(2)安装防护栏(见图 5-22)。

注意:在准备层压之前必须把防护栏安装好。

图 5-22　安装防护栏

(3)进料(见图5-23)。

注意:进料时注意要掀起高温布的前端,使组件顺利进入层压机内。

图5-23 进料

(4)关盖:单击“下降”按钮(见图5-24)。

注意:进料结束后查看组件的位置。若没有到位,作业员需及时调整,若到位,则迅速关盖开始层压组件。

(5)监测层压机运行状况(见图5-25)。

注意:

① 观察真空泵、上室、下室真空度表,监控层压机抽真空状况(真空度是否在2 min之内达到-98 kPa以上)。

② 在“ET Solar光伏组件生产工艺流程卡”上填写层压机号、层压机温度、操作者、时间、质量等,要求信息真实详尽。

图5-24 关盖

图5-25 监测层压机运行状况

四、组件出料

(1)接料(见图5-26)。

注意:出料时注意要在上盖与不锈钢挡板之间掀起高温布的一端(手的活动范围只允许在图5-26中所示区域内,禁止手伸入上盖下方)使组件顺利周转到层压机传送带。

(2)测量热板温度(见图 5-27)。

注意:层压机运行中途测量温度仅限各层压机主操作手操作。

图 5-26　接料

图 5-27　测量热板温度

(3)组件冷却和二次上料(见图 5-28)。

注意:

① 组件出料后先冷却,并使用第三套高温布上料。

② 2 min 后揭开组件上层耐高温布,查看组件背面是否有不良现象。

(4)擦拭上层耐高温布(见图 5-29)。

注意:将耐高温布上残留的 EVA 胶、杂物擦拭干净。

(5)揭开组件背板出头胶带(见图 5-30)。

注意:3 min 后揭开组件上层耐高温胶带,之后方可将组件抬至切边台。

图 5-28　组件冷却和二次上料

图 5-29　擦拭上层耐高温布

图 5-30　揭开组件背板出头胶带

五、切除多余边角料、自检

(1)将组件从层压机上抬下(见图 5-31)。

图 5-31　将组件从层压机上抬下

(2)切边应注意:切边之前要擦拭刀片(油等要擦拭干净),要及时更换钝的切边刀片。如图 5-32(a)所示,切边时刀片要与玻璃表面垂直(防止划伤组件背板)。如图 5-32(b)所示,刀片与组件边缘之间成 45°。常规大组件用切边刀具 1[见图 5-32(a)]切边,小组件使用刀具 2[见图 5-32(b)]切边,切除的部分不要碰到组件上,以免 EVA 胶粘到组件上。

(a)

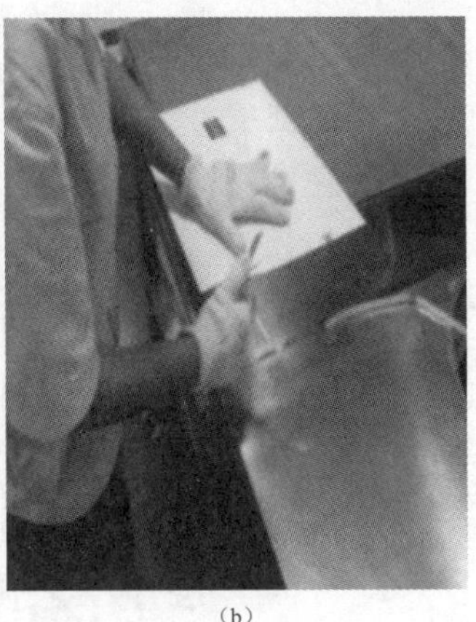

(b)

图 5-32　切边

(3)层压自检(见图 5-33)。

注意:对组件条形码、外观、组件内部间隙、杂物等进行自检。

图 5-33　层压自检

(4)组件托盘放置(见图5-34)。

注意:组件正面朝上,每堆流程卡放置在有条形码的一端且组件的引出线方向一致,组件之间要用隔板分隔,整齐摆放。

图5-34　组件托盘放置

(5)关机。关机顺序如下:

① 生产结束后,将上箱室关闭到位。

② 退出程序。

③ 关闭计算机。

④ 关闭急停开关。

⑤ 关闭QF2、QF3开关、总电源。

⑥ 关闭真空泵冷却水循环(温度低于0 ℃不用关闭)。

知识拓展

层压工艺操作注意事项

(1)严格按照正常操作步骤使用机器。

(2)开机前请将“自动/手动”开关置于“手动”位置。

(3)严禁在未切断电源的情况下对机器进行维修或更换电器部件。

(4)机器配电箱内应保持干燥整洁,不得放置杂物。

(5)使用过程中,应防止水等液体物质泼洒或飞溅到层压加热板及操控面板上,造成短路或电线烧毁,影响设备的使用。

(6)设备应有专人负责操作,特别是工作状态中,应有专人负责关闭上盖。

(7)加热板(即工作平台)在工作状态中温度较高,操作者应谨慎操作,避免被烫伤。

(8)机器合闭上盖时,操作者应注意不要把手放于下箱边缘上,防止被设备压伤。

(9)机器长时间不使用,必须切断电源。

(10)设备在使用过程中严禁人为松动各种接头法兰或者作加油放油操作,以防高温热油烫伤。

(11)在任何紧急情况下,操作者可通过“急停”按钮来停止设备运行。

(12)PU 导气管严禁与任何高温部位接触。

(13)设备投入生产前,必须试运行,确认设备工作正常。

任务实施

一、准备工作

(1)工作时必须穿工作衣、工作鞋,戴工作帽、绝热手套。

(2)做好卫生工作(包括层压机内部和高温布的清洁)。

(3)确认紧急按钮处于正常状态。

(4)检查循环水水位。

二、所需材料、工具和设备

叠层好的组件、层压机、绝热手套、四氟布(高温布)、美工刀、1 cm 文具胶带、汗布手套、修边工具。

三、操作程序

(1)检查行程开关位置。

(2)开启层压机,并按照工艺要求设定相应的工艺参数,升温至设定温度。

(3)走一个空循环,全程监视真空度参数变化是否正常,确认层压机真空度达规定要求。

(4)试压,铺好一层纤维布,注意正反面和上下布,抬一块待层压组件。

(5)取下流转单,检查电流电压值,察看组件中电池片、汇流条是否有明显位移,是否有异物,破片等其他不良现象,如有则退回上道工序。

(6)戴上手套从存放处搬运叠层完毕并检验合格的组件,在搬运过程中手不得挤压电池片(防止破片),要保持平稳(防止组件内电池片位移)。

(7)将组件玻璃面向下、引出线向左,平稳放入层压机中部,然后再盖一层纤维布(注意使纤维布正面向着组件),进行层压操作。

(8)观察层压工作时的相关参数(温度、真空度及上、下室状态),尤其注意真空度是否正常,并将相关参数记录在流转单。

(9)待层压操作完成后,层压机上盖自动开启,取出组件(或自动输出)。

(10)冷却后揭下纤维布,并清洗纤维布。

(11)检查组件符合工艺质量要求并冷却到一定程度后,修边(玻璃面向下,刀具斜向约45°,注意保持刀具锋利,防止拉伤背板边沿)。

(12)经检验合格后放到指定位置,若不合格则隔离等待返工。

四、层压前检查

(1)组件内序列号是否与流转单序列号一致。

(2)流转单上电流、电压值等是否未填或未测、有错误等。

(3)组件引出的正负极(一般左正右负)。

(4)引出线长度不能过短(防止装不进接线盒)、不能打折。

(5)TPT 是否有划痕、划伤、褶皱、凹坑、是否安全覆盖玻璃、正反面是否正确。

(6)EVA 的正反面、大小、有无破裂、污物等。

(7)玻璃的正反面、气泡、划伤等。

(8)组件内的锡渣、焊花、破片、缺角、头发、黑点、纤维、互连条或汇流条的残留等。

(9)隔离 TPT 是否到位、汇流条与互连条是否剪齐或未剪。

(10)间距(电池片与电池片、电池片与玻璃边缘、串与串、电池片与汇流条、汇流条与汇流条、汇流条到玻璃边缘等)。

五、层压中观察

打开层压机上盖,上室真空表为 -0.1 MPa、下室真空表为 0.00 MPa,确认温度、参数符合工艺要求后进料;组件完全进入层压机内部后点击"下降"按钮;上、下室真空表都要达到 -0.1MPa (抽真空,如发现异常按"急停",改手动将组件取出,排除故障后再试压一块组件)等待设定时间走完后上室充气(上室真空表显示 0.00 MPa,下室真空表仍然保持 -0.1 MPa),开始层压。层压完成后下室放气(下室真空表变为 0.00 MPa、上室真空表仍为 0.00 MPa),放气时间完成后开盖出料(上室真空表变为 -0.1 MPa、下室真空表不变);接着四氟布自动返回至原点。

六、层压后再次检查

(1)TPT 是否有划痕、划伤,是否安全覆盖玻璃、正反面是否正确、是否平整、有无褶皱、有无凹凸现象出现。

(2)组件内的锡渣、焊花、破片、缺角、头发、纤维等。

(3)隔离 TPT 是否到位、汇流条与互连条是否剪齐。

(4)间距(电池片与电池片、电池片与玻璃边缘、串与串、电池片与汇流条、汇流条与汇流条、汇流条到玻璃边缘等)。

(5)色差、负极焊花现象是否严重。

(6)互连条是否有发黄现象,汇流条是否移位。

(7)组件内是否出现气泡或真空泡现象。

(8)是否有导体异物搭接于两串电池片之间造成短路。

七、质量要求

(1)TPT 是无划痕、划伤,正反面要正确。

(2)组件内无头发、纤维等异物,无气泡、碎片。

(3)组件内部电池片无明显位移,间隙均匀,最小间距不得小于 1 mm。

(4)组件背面无明显凸起或者凹陷。

(5)组件汇流条之间间距不得小于 2 mm。

(6)EVA 的凝胶率不能低于 75%,每批 EVA 测量两次。

八、注意事项

(1)层压机由专人操作,其他人员不得进入。

(2)修边时注意安全。

(3)玻璃纤维布上无残留 EVA 及杂质等。

(4)钢化玻璃四角易碎,抬放时须小心保护。

(5)摆放组件,应平拿平放,手指不得按压电池片。

(6)放入组件后,迅速层压,开盖后迅速取出。

(7)检查冷却水位、行程开关和真空泵是否正常。

(8)区别画面状态和控制状态,防止误操作。

(9)出现异常情况按“急停”后退出,排除故障后,首先恢复下室真空。

(10)下室放气速度设定后,不可随意改动,经设备主管同意后方可改动,并相应调整下室放气时间,层压参数由技术不来定,不得随意改动。

(11)上室橡胶皮属贵重易耗品,进料前应仔细检查,避免利器、铁器等物混入,划伤胶皮。

(12)开盖前必须检查下箱充气是否完成,否则不允许开盖,以免损伤设备。

(13)更换参数后必须走空循环,试压一块组件。

任务五　层压不良产品分析

学习目标

(1)熟悉层压不良产品的主要类型。

(2)理解层压不良产品的产生原因。

(3)掌握层压不良情况的改善措施。

任务描述

层压过程中可能产生裂纹片、气泡、漏白等异常情况,本任务主要介绍层压不良产品类型、产生原因及改进措施。

相关知识

一、裂纹片(见图5-35)

(1)产生的原因

① 电池片本身质量不良,即隐裂(暗伤)所致。

② 焊珠顶破或者焊锡堆积过厚。

③ 层压机加压阶段压力大导致。

④ EVA不平整(鼓包现象严重)。

⑤ 层压人员盖层压布的手势不正确。

⑥ 单串焊手势过重;未按工艺要求进行(离起焊点绝缘边3~4 mm)。

图5-35　裂纹片

(2)改进措施

① 提高来料质检的力度和方法。

② 对串焊台及时清理。包括单焊人员的质量意识(同时控制焊接手势)。

③ 对层压机进行维护,提高加压阶段的稳定性。

④ 对新员工进行培训,包括盖层压布的手势并以现场指导为主。

二、气泡(见图 5-36)

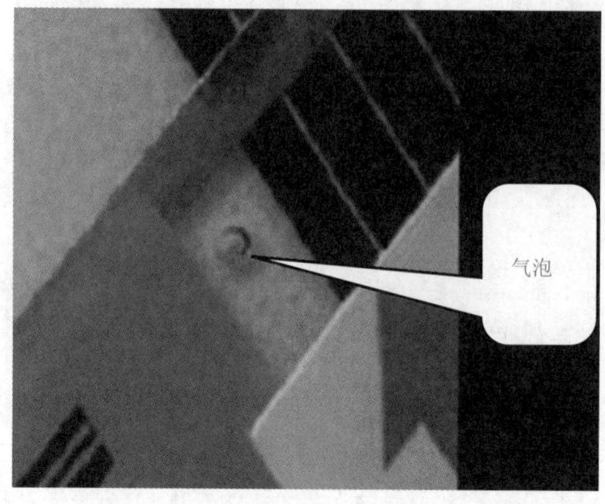

图 5-36　气泡

(1)产生的原因

① 层压机未及时抽空(加压过程挤不出)。

② 真空泵问题,或硅胶板破、硅胶条不严密导致;真空度或压力不够。

③ 来料不良,例如 EVA 含有水分子;空气被密封在 EVA 胶膜内。

④ EVA 裁剪后,放置时间过长,它已吸潮。

⑤ 层压时间过长或温度过高,使有机过氧化物分解,产生氧气。

(2)改进措施

① 层压人员随时检查真空表显示值,要有预防措施。

② 维护真空泵的同时,对硅胶板的使用寿命要严格控制。

③ 注意 EVA 放置的周围环境和使用时间。

④ 延长真空时间,检查层压机的密封圈,检查真空度和抽气速率。

⑤ 检查抽气速度加快硅胶板下压速度,降低层压温度,使用表面压花的 EVA 膜检查加热板温度。

三、有发丝(见图 5-37)

(1)产生的原因

① 主要原因是帽子戴得不严密(主要集中在排版人员,反光检验及层压员也可能造成)。

② 来料不良,或过程中杂物掉至表面(由于 EVA、背板、小车子有静电的存在,把飘在空气中的头发、灰尘及一些小垃圾吸到表面)。

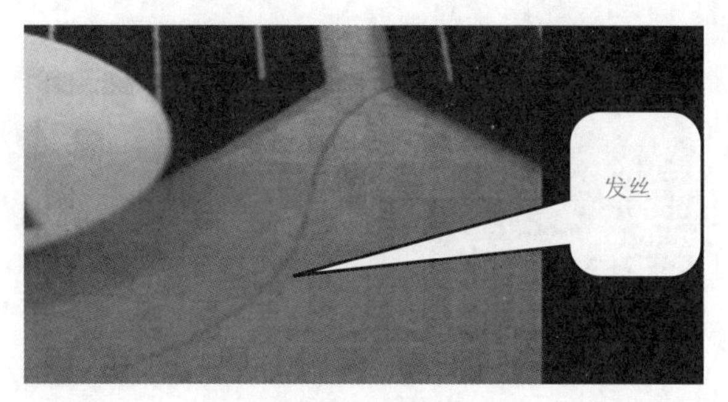

图 5-37　发丝

(2)改进措施

① 确保帽子戴严密,同时要对所用到的材料有质检意识。

② 反光检验员提高质检意识。

③ 做好 6S 管理,保持周边工作环境的整洁,并勤洗衣裤做好个人卫生。

四、出现焊条/焊屑/PET(见图 5-38)

(1)产生的原因

① 排版人员不经意将残留焊条溅进(往往是手套毛丝钩进导致,或剪焊带的过程中飞入)。

② 剪多余焊带时未一刀剪下,多次剪所致。

③ 拿第一张 EVA 碰到排版桌边的 PET,PET 粘在 EVA 上;非排版人员帮贴 PET 过程碰到桌上的 PET 致其进入组件内。

图 5-38　焊条/焊屑/PET

(2)改进措施

① 对剪下的残留焊带要一一放入盒子,统一回收。切忌:养成习惯性动作。保持排版台干净整齐。

② 反光检验员仔细检查,做到心中有数。

③ 改善焊带长度。

④ 排版人员拿 EVA 要养成良好的手势,勿使 EVA 接触 PET。

五、出现焊锡渣(见图 5-39)

(1)产生的原因

① 单焊时,重复焊接导致焊锡堆积(焊锡丝过量),串焊过程致使焊锡溅出;单焊造成焊锡黏在单片上。

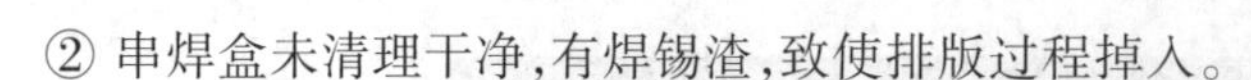
② 串焊盒未清理干净，有焊锡渣，致使排版过程掉入。

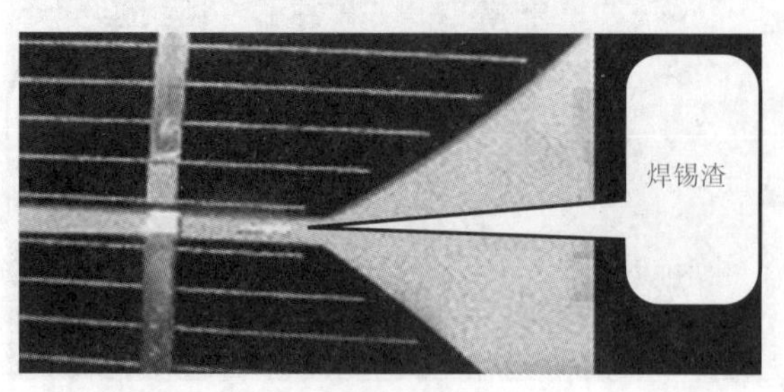

图 5-39　焊锡渣

(2)改进措施

① 保证焊接手势正确，勿重复焊接，确保一次性拉到位；过程中出现的焊锡及时清理，保证焊接台面的整洁。

② 时刻擦洗串焊磨具台和串焊盒，预防焊锡、焊渣等调入。

③ 反光检验要认真检查，尤其是头尾焊锡，易造成短路。

六、漏白(见图 5-40)

(1)产生的原因

① 单焊人员焊接速度过快，以及手势不对。

② 焊带规格与电池片主栅线不匹配，容易露白；虚焊导致(层压后)。

③ 新员工不知，更加容易造成。

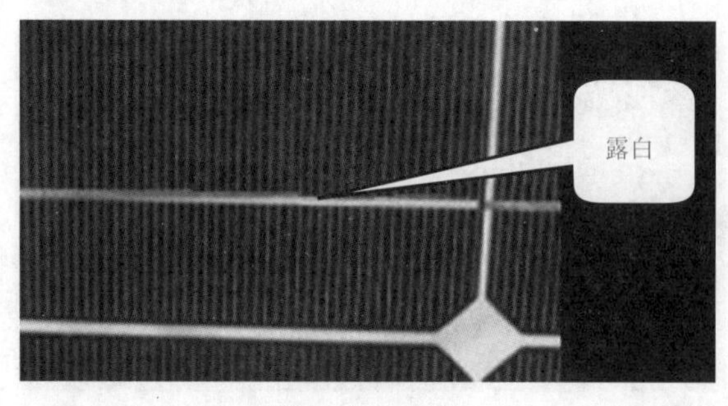

图 5-40　漏白

(2)改进措施

① 通过培训加强新老员工的焊接手势及质量意识，对其问题引起重视。

② 制定电池片与焊带的匹配性规定，防止虚焊问题的产生。

七、引出线内打折(见图 5-41)

(1)产生的原因

① 撕胶带时，容易抠起汇条至折弯。

② 盖上层压布不小心导致扭曲。

(2)改进措施

① 层压人员盖上层压布过程要边盖边检查(尤其是新员工)。

② 装线盒时要认真对待。

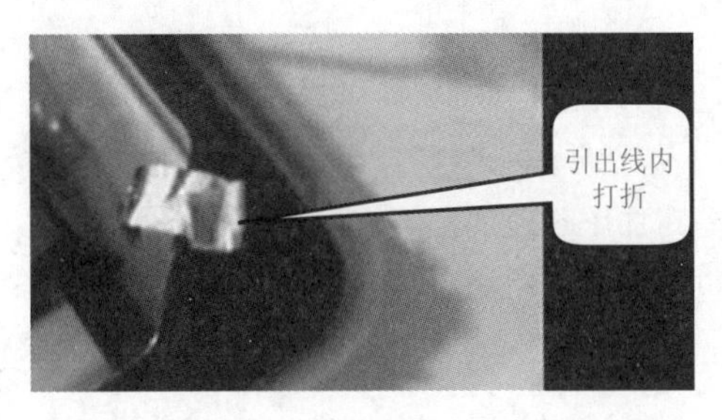

图 5-41　引出线内打折

八、背板/电池移位(见图 5-42)

(1)产生的原因

① 电池片整体移位,导致条形码背铝边框遮住。

② 电池片移位(背板)导致铝边框上下间距不足。

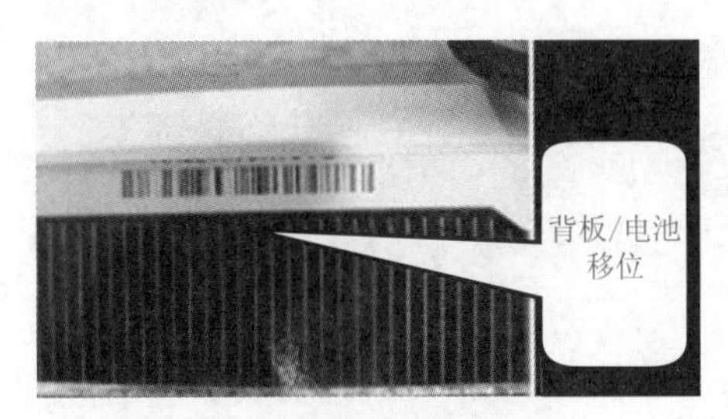

图 5-42　背板/电池移位

(2)改进措施

① 层压前要控制其电池片上下的距离,认真对待每次层压前的距离测量,减少后序不必要的麻烦。

② 盖上层压布要确保一次盖到位。

九、裂片(见图 5-43)

(1)产生的原因

① 电池片本身质量问题隐裂(暗伤)所致。

② 焊珠顶破或者焊锡堆积过厚。

③ 层压机加压阶段压力大导致。

④ EVA 不平整(鼓包现象严重)。

⑤ 层压人员盖层压布的手势不正确。

⑥ 单串焊手势过重致使造成;未按工艺要求进行(离起焊点绝缘边 3～4 mm)。

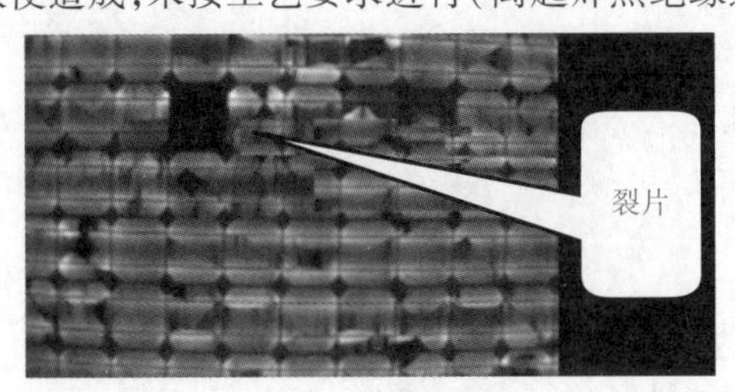

图 5-43　裂片

(2)改进措施

① 提高来料质检的力度和方法。

② 对串焊台及时清理。包括单焊人员的质量意识(同时控制焊接手势)。

③ 对层压机的维护,提高加压阶段的稳定性。

④ 对新员工的培训,包括盖层压布的手势,以现场指导为主。

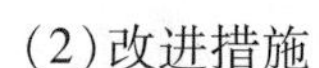

一、削边工具优化

现在削边时大多会用到美工刀(见图5-44),这种刀非常锋利,一不小心就会把手割伤,这种刀还有一个缺点就是不耐磨,一般情况下削20块左右的组件就要更换一次刀片,一天下来就要更换差不多30片刀片。所以有必要在目前的技术上加以改进,使得削边既安全又经济,还能不影响产量。

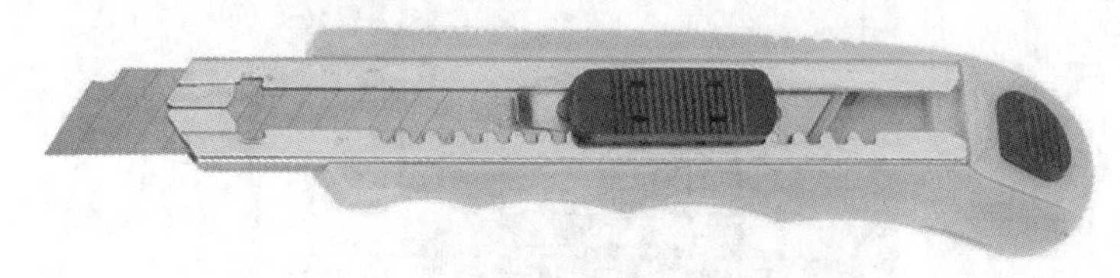

图5-44　改善前的削边工具——美工刀

图5-45是一种相对安全且耐磨的削边工具,这种刀削边刀的硬度远远高于美工刀刀片。

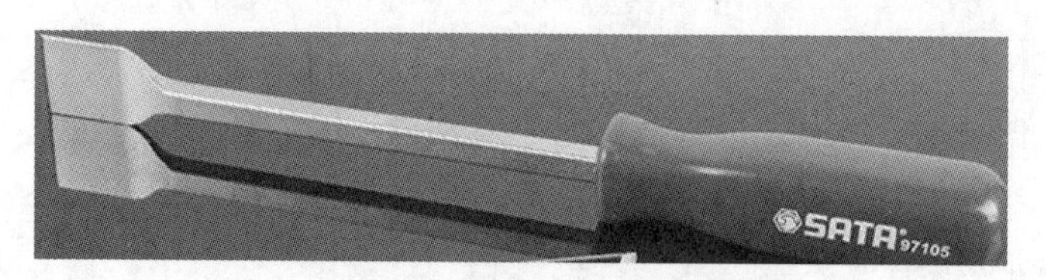

图5-45　改善后的削边工具

二、组件在层压过程出现问题的优化

(1)上盖后,上、下室不能抽真空。

排除方法:

① 使真空泵正常运行。

② 调换接相顺序,使真空泵的运行方向与箭头一致。

③ 调整压缩空气压力。

④ 关闭上、下室手动充阀。

⑤ 调整或更换限位开关。

(2)上盖后,下室抽真空,上室不能抽真空:

排除方法:

① 找到漏气处并修复。

② 使压缩空气的压力达到要求或更换电磁阀。

(3)打开上盖后上室不能抽真空。

排除方法：
① 使压缩空气的压力达到要求或更换电磁阀。
② 更换胶皮。
③ 重新拧紧螺钉。
(4)上盖后,上室能抽真空,下室不能抽真空。
排除方法：
① 调整或更换限位开关。
② 关严手动充气阀。
③ 调整压缩空气压力或更换真空阀。
④ 重新拧紧或者更换上室充气电磁阀。
(5)上室不能充气。
排除方法:检查线路或更换下室充气电磁阀。
(6)上室能充气,而上室真空表指针不能回到零位。
排除方法:更换。
(7)下室不能充气。
排除方法：
① 更换电磁阀。
② 更换开关。
(8)下室能充气而下室真空表指针不能回到零位。
排除方法:调整下室真空阀。
(9)在上、下室真空状态下,上室充气的同时下室的压力随之同步减小。
排除方法:更换胶皮。
(10)当在上、下室真空状态下,下室充气的同时上室的压力随之同步减小。
排除方法:调整下室真空阀。
(11)上盖不能打开。
排除方法：
① 调整压缩空气的压力。
② 检查电路,排除故障。
③ 更换。
(12)真空度不高。
排除方法：
① 重新接好接头,更换密封圈。
② 更换真空泵油。
③ 更换或修复。
④ 拧紧螺钉。
⑤ 调整皮带的松紧度。
(13)上盖不能关上。
排除方法：
① 检查压缩空气。

② 更换或修复设备。

(14)自动运行状态下出现混乱。

排除方法:拧紧 PLC 上的固定螺钉。

(15)层压时真空度降低。

排除方法:

① 更换胶皮。

② 更换或修复。

(16)下室真空时真空度偏低。

排除方法:

① 卸下后加 70 胶拧紧。

② 添加真空泵油。

③ 调整皮带松紧。

④ 更换密封圈。

⑤ 更换真空计。

⑥ 重新插紧连接管道。

(17)自动或手动状态下,电磁阀与控制器的运行状态不稳定。

排除方法:

① 检查并拧紧。

② 更换电磁阀。

③ 检查电源电压。

(18)工作温度达不到设定值。

排除方法:

① 更换电热管。

② 重新接电源。

③ 更换温度控制仪。

(19)温度控制仪不显示温度。

排除方法:

① 更换相应温度传感器。

② 更换相应温度控制仪。

任务实施

一、组件层压后的不良现象

(1)组件中有碎片。

(2)组件中有气泡。

(3)组件中有毛发及垃圾。

(4)汇流条向内弯曲。

(5)组件背膜凹凸不平。

二、问题分析

(1)组件中有碎片,可能造成的原因:

① 由于在焊接过程中没有焊接平整,有堆锡或锡渣,在抽真空时将电池片压碎。

② 本来电池片都已经有暗伤,再加上层压过早,EVA 还具有很好的流动性。

③ 在抬组件的时候,手势不合理,双手已压到电池片。

(2)组件中有气泡,可能造成的原因:

① EVA 已裁剪,放置时间过长,它已吸潮。

② EVA 材料本身不纯。

③ 抽真空过短,加压已不能把气泡赶出。

④ 层压的压力不够。

⑤ 加热板温度不均,使局部提前固化。

⑥ 层压时间过长或温度过高,使有机过氧化物分解,产出氧气。

⑦ 有异物存在,而湿润角又大于 90°,使异物旁边有气体存在。

(3)组件中有毛发及垃圾,可能造成的原因:

① 由于 EVA、DNP、小车子有静电的存在,把飘在空中的头发、灰尘及一些小垃圾吸到表面。

② 叠成时,身体在组件上方作业,而又不能保证身体没有毛发及垃圾的存在。

③ 一些小飞虫子钻到组件中。

(4)汇流条向内弯曲,可能造成的原因:

① 在层压中,汇流条位置会聚集比较多的气体。胶板往下压,把气体从组件中压出,而那一部分空隙就要由流动性比较好 EVA 来填补。EVA 的这种流动,就把原本直的汇流条压弯。

② EVA 的收缩。

(5)组件背膜凹凸不平,可能是多余的 EVA 粘到高温布和胶板上造成的。

三、问题解决

(1)组件中有碎片

① 首先要在焊接区对焊接质量进行把关,并对员工进行一些针对性的培训,使焊接一次成型。

② 调整层压工艺,增加抽真空时间,并减小层压压力(通过层压时间来调整)。

③ 控制好各个环节,优化层压人员的抬板的手势。

(2)组件中有气泡

① 控制好每天所用的 EVA 的数量,要让每个员工了解每天的生产任务。

② 材料是由厂家所决定的,所以尽量选择较好的材料。

③ 调整层压工艺参数,使抽真空时间适量。

④ 增大层压压力。可通过层压时间来调整也可以通过再垫一层高温布来实现。

⑤ 垫高温布,使组件受热均匀(最大温差小于 4°)。

⑥ 根据厂家所提供的参数,确定层压总的时间,避免时间过长。

⑦ 应注重 6S 管理,尤其是在叠层这道工序,尽量避免异物的掉入。

(3)组件中有毛发及垃圾

① 做好 6S 管理,保持周边工作环境的整洁,并勤洗衣裤做好个人卫生。

② 调整工艺,对叠层工序进行操作优化,将单人拿取材料改为双人。

③ 控制通道,装好灭蚊灯,减少小飞虫的进入。

(4)汇流条向内弯曲

① 调整层压工艺参数,使抽真空时间加长,并减小层压压力。

② 选择较好的材料。

(5)组件背膜凹凸不平

① 购买较好的橡胶胶板。

② 做好高温布的清洗工作,并及时清理胶板上的残留 EVA。

组框工艺

任务一　自动化组框设备使用与维护

学习目标

(1)熟悉自动化组框生产线主要设备。

(2)掌握组框工艺的主要流程。

(3)掌握组框工艺操作控制要点。

任务描述

光伏组件边框是指光伏电池板组件用铝合金型材固定框架,其具有固定、密封光伏电池组件,增强组件强度,延长使用寿命,同时便于运输、安装等作用。本任务主要介绍自动化组框设备及其作用、组框前准备工作、组框工艺流程及控制要点。

相关知识

自动化组框主要设备

自动化组框生产线包括各类传输单元、组件翻转工作台、削边工作台、红外线检测工作站、组件存储堆栈、上片合框输送台、组框组角机、双向输送台、旋转变向输送台、接线盒安装工作台、清理翻转工作台等。

组件自动翻转工作台(见图6-1):接收上一道工序传至本工序的组件,当组件运行至定位后,通过气动原件及伺服机构的协调动作,使组件实现自动翻转,完成翻转功能后,组件缓冲释放,并相继传输至下一道工序的位置。

图6-1　组件自动翻转工作台

削边工作台(见图6-2):组件传输到本工位后,自动实现举升,自动释放定位,随着手动削边的完成,手动回位,自动定位,具有组件大小调节和定位纠错双重保护功能。

图 6-2　削边工作台

红外线检测工作站(见图 6-3):具有自动定位,规正及调节功能,配合红外线检测标准,达到检测和继续输出的功能。

图 6-3　红外线检测工作站

组件存储堆栈(见图 6-4):自动调节全线组件流水贯通,当遇有流水组件拥阻时,自动对组件进行储备(储存),待流水线无供续组件时,进行组件释放。

图 6-4　组件存储堆栈

上片合框输送台：通过双链板传输，分出玻璃（组件）自动传输，通过机械配合动作完成后，将带有框边的组件送至“组框组角机”。

组框组角机（见图6-5）：通过本机自动接收组件，并完成自动定位，自动顶升、落入，自动组框，自动铆角等一系列自动化控制动作，完成封装装框铆角全过程。该机无须人员在岗操作，具有各类防误动作及纠错功能，铆角力可调，组框力与铆角力分别受控。气、液联合机动，无漏油，性能稳定可靠。

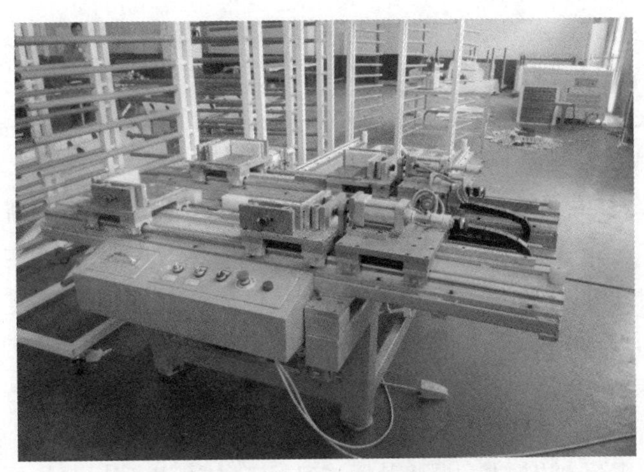

图6-5　组框组角机

清理翻转工作台：通过机构与电控系统的配合动作，实现组件的自动翻面，并自动流水至下一道工序。有组件定位、规正、缓冲、减振系统的有机配合，使该机更加灵活可靠。

知识拓展

工序流程与组框前准备

装框工序流程如图6-6所示，其中装框前准备主要包括上道工序检查、半成品清洗、铝边框准备等。

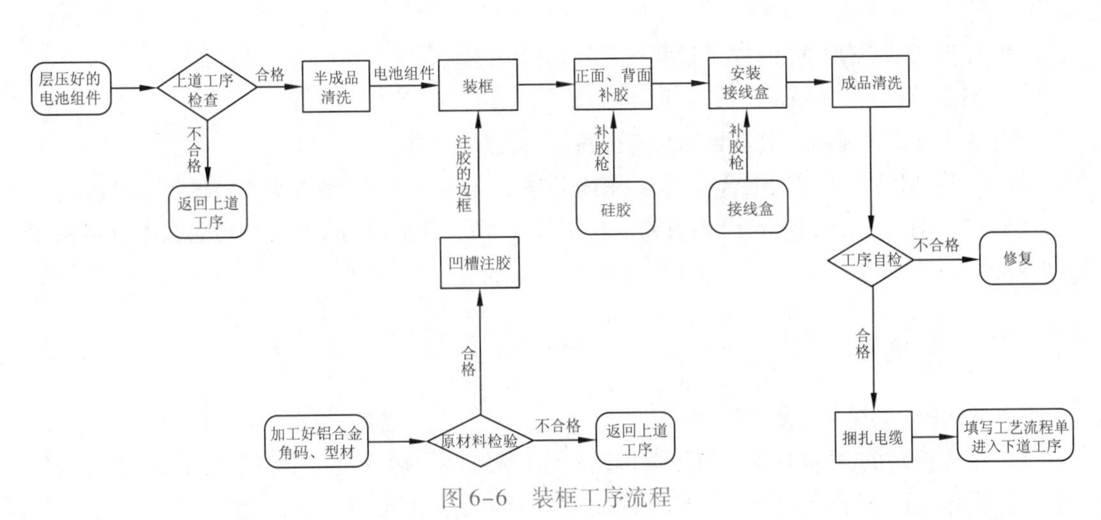

图6-6　装框工序流程

1. 上道工序检验电池组件

(1)玻璃应无崩边、缺角、气泡。

(2)背板无划伤、鼓包、褶折、污迹。

(3)组件内无碎片、裂纹、并片、异物、气泡。

(4)修边应平整无毛刺,组件正面无残留 EVA。

2. 半成品清洗过程

(1)将半成品组件放置到工作台上进行外观检查,检查流程卡是否与组件编号对应。如不合格则返回上道工序并做好记录。

(2)用刀片刮去组件正面残余 EVA(乙烯 - 乙酸乙烯酯共聚物热熔固体胶薄膜)。

(3)在残余 EVA 处喷适量的乙醇并用抹布擦洗干净。

(4)翻转组件,在背板 TPT 上的残余 EVA 处喷少量乙醇并用抹布轻轻擦洗。

3. 铝边框

(1)铝合金型材加工应符合要求。检测铝合金边框的长度、角度、扭拧度、压印深度、孔的位置和角码的尺寸大小应符合要求。

(2)铝合金边框氧化膜应无破损、垃圾,边框表面应符合检验要求。

(3)对于不合格的铝合金边框及角码返回上道工序并做好记录和统计工作。

(4)符合要求的铝合金边框及角码将其摆放到指定位置,以备使用。

4. 铝合金角码切割

(1)检查角码切割锯的参数设置,试切型材,对切割后的长度、切割处的光洁度进行检查,到达要求后准备批量生产,如有异常及时调整。

(2)切割前先用压缩空气枪吹扫设备机身,清除设备上的切屑、灰尘,特别是装夹台上面,不能有杂物影响加工定位精度。

(3)检查铝合金角码定位基准面平整度,如有金属切屑、沙粒等硬性杂质异物或保护膜有皱褶、型材表面有凸起的小点等情况要及时清理掉,处理不掉的将型材放置在不合格品区,并做好记录和统计工作。

(4)按设备操作要求将铝合金角码放置于切割锯上,如果定位面有杂质或异物应及时清除干净。

(5)操作切割锯使压紧气缸压紧型材限制其自由度。

(6)操作切割锯切割角码。

(7)用压缩空气枪吹扫装夹台和切割后的角码,清理切屑。

(8)擦洗、清洁加工后的铝合金角码,用抹布擦干角码上的冷却液并蘸乙醇擦除其他污渍。

(9)对切割质量进行检查,合格则放入合格品区,流入下道工序,不合格则放在不合格品区并做好记录和统计工作。

任务实施

1. 组框组角机结构及部件

(1)组框组角机:横向接收前道工位传送的组件,组件传输到位后定位气缸顶起,板链向外侧移动,顶起气缸下降到位后开始自动组框组角。组角完成后组角刀退出,散框,顶起气缸上升顶出组件，板链向内侧移动到位，气缸下降，组件落至板链，传输出本段。全程由 PLC 控制。

(2)预装框：预装框如图 6-7 所示，组件纵向传输到位后，中间旋转工作台顶起，人工上组件长边铝边框；按下旋转按钮将组件旋转 90°，人工上短边铝边框和角码。再次按下旋转按钮，旋转工作台落下，组件横向传出本段。

图 6-7　预装框

(3)组框机组成部分：顶起机构、上料到位、气缸、短边进端、长边进端、传输单元、组角部分、托盘、真空吸盘等，如图 6-8 所示。组角刀如图 6-9 所示。

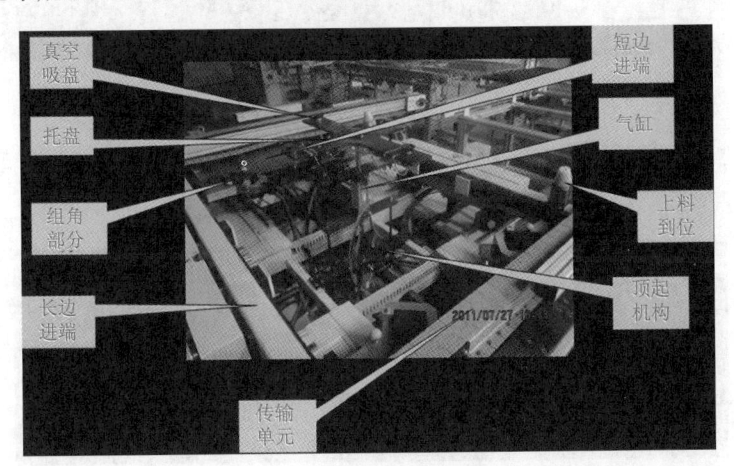

图 6-8　组框机组成部分

图 6-9　组角刀

2. 预装框的流程

首先,层压后的组件进入预装框,组件到位后,遮住光眼。顶升气缸上升顶起组件,如图 6-10所示。

图 6-10 顶起组件

气缸上升顶起组件后定位气缸限位卡紧定位块,装 2 个长边,如图 6-11 所示。

图 6-11 装长边

装完长边之后,按下绿色按钮,定位气缸释放定位块,由人工转动组件装 2 个短边框,如图 6-12所示。

图 6-12 装短边

装完边框之后,再次按下绿色按钮,平台落下进入组框组角机,如图 6-13 所示。

图 6-13 平台落下

按下按钮,开始进行组框组角,如图 6-14 所示。

图 6-14　组框组角

3. 组框组角的流程

真空发生器通过真空吸盘吸住组件，顶升气缸顶起组件，如图 6-15 所示。

图 6-15　气缸顶起组件

板链分合气缸带动板链外移而脱离组件，顶升气缸下降时组件落入主机的组角体内，开始组框组角，如图 6-16 所示。

图 6-16　固定组件

组件进入主体后，组框油缸带动长边和短边进（见图 6-17），使组件固定。组件固定完成后，组角油缸带动角刀，对铝型材进行组角。

图 6-17　长边压组件

组角完成后，长边和短边在组框油缸的带动下后移，如图 6-18 所示。

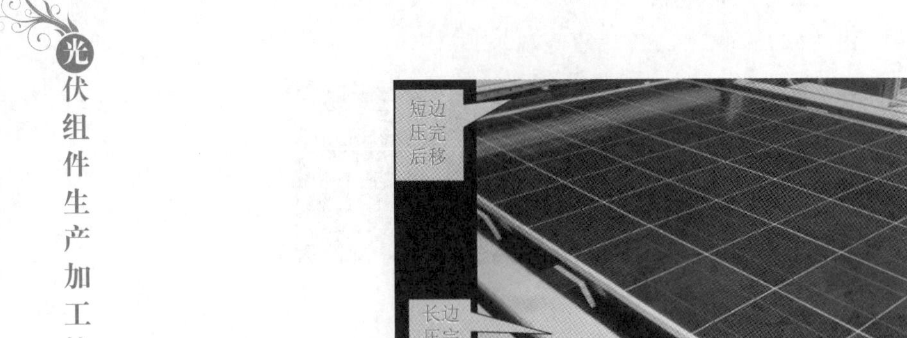

图 6-18　长短边压完后移

后移后，顶升气缸，气缸顶起组件。板链分合气缸带动板链内移，如图 6-19 所示。

图 6-19　板链内移

顶升气缸下降如图 6-20 所示。使组件落在板链上，完成组框组角，进入下个单元。

图 6-20　顶升气缸下降

任务二　装框工艺

学习目标

(1)能够熟练完成装框前准备工作。

(2)熟练掌握组框工艺操作。

(3)熟悉装框质量要求，能够对装框后产品质量进行准确判断。

任务描述

装框是给层压固化好的组件装上铝合金边框，增加组件的强度。本任务主要介绍装框工艺具体操作、装框过程操作的注意事项。

相关知识

1. 准备工作

（1）工作时必穿工作衣、工作鞋，戴工作帽。

（2）做好工艺卫生，清洁整理台面，创造清洁有序的装框环境。

2. 所需材料、工具和设备

层压好的电池组件、铝边框、硅胶、乙醇、擦胶纸、接线盒、气动胶枪、橡胶锤、装框机、剪刀、镊子、抹布、小一字螺丝刀、卷尺、角尺、工具台、预装台。

3. 操作程序

（1）按照图纸选择相对应的材料（铝型材），并对其检验，筛选出不符合要求的铝型材，将其摆放到指定位置。

（2）对层压完毕的电池组件进行表面清洗，同时对上道工序进行检查，不合格的返回上道工序返工。

（3）用螺钉（素材将长型材和短型材作直角连接，拼缝小于0.5 mm）将边型材和E型材作直角联结，并保证接缝处平整。

（4）在铝合金外框的凹槽中均匀地注入适量的硅胶。

（5）将组件嵌入已注入硅胶的铝边框内，并压实。

（6）将组件移至装框机上（紧靠一边，关闭气动阀，将其固定）。

（7）用螺钉（素材）将铝边框其余两角固定，并调整玻璃与边框之间的距离，以及边框对角线长度。

（8）用补胶枪对正面缝隙处均匀地补胶。

（9）除去组件表面溢出的硅胶，并进行清洗。

（10）打开气动阀，翻转组件，然后将组件固定。

（11）用适当的力按压TPT四角，使玻璃面紧贴铝合金边框内壁，按压过程中注意TPT表面。

（12）用补胶枪对组件背面缝隙处进行补胶（四周全补）。

（13）按图纸要求将接线盒用硅胶固定在组件背面，并检查二极管是否接反。

（14）对装框完毕的组件进行自检（有无漏补、气泡或缝隙）。

（15）符合要求后在“工艺流程单”上做好纪录，将组件放置在指定区域，流入下道工序。

4. 质量要求

（1）铝合金框两条对角线小于1 m的误差要求小于2 mm，大于等于1 m的误差要求小于3 mm。

（2）外框安装平整、挺直、无划伤。

（3）组件内电池片与边框间距相等。

(4)铝边框与硅胶结合处无可视缝隙。

(5)接线盒内引线根部必须用硅胶密封、接线盒无破裂、隐裂,配件齐全,线盒底部硅胶厚度1~2 mm,接线盒位置准确,与四边平行。

(6)组件铝合金边框背面接缝处高度落差小于0.5 mm。

(7)组件铝合金边框背面接缝处缝隙小于1 mm。

(8)铝合金边框四个安装孔孔间距的尺寸允许偏差±0.5 mm。

5. 注意事项

(1)轻拿轻放抬未装框组件是注意不要碰到组件的四角。

(2)注意手要保持清洁。

(3)将已装入铝框内的组件从周转台抬到装框机上时应扶住四角,防止组件从框内滑落。

知识拓展

装框工艺操作注意事项

(1)所有操作过程均应按操作工艺进行,严禁随意改动设备参数;操作过程中出现问题,应第一时间向生产负责人报告。

(2)检查工作台面上是否有硬质异物,刀具及乙醇等物品应摆放在指定位置,严禁用刀片刮擦背板,防止划伤TPT。

(3)半成品清洗:清洗完的半成品组件按要求摆放在指定区域,并做好已清洗标识。

(4)铝型材加工:铝型材在搬运过程中要轻拿轻放,防止在加工前的碰伤和变形;加工好后的边框按系列和尺寸分类摆放在指定的区域,不得混放。

(5)打胶:按照工艺要求在边框槽内注入适量硅胶,槽内硅胶应均匀饱满无气泡;每次打开硅胶封口时数量不能超过10支,以防止封口部硅胶表面固化。

(6)组框:装框时应由两人用双手护住玻璃的四只角,防止边角磕碰到机器上引起组件碎裂;铝边框应平拿平放,防止角部划伤TPT或人体;装框完毕后及时去除边角毛刺,防止在摆放层叠时划伤下方边框的氧化层。

(7)安装接线盒:硅胶应连贯无间断的布满盒体背面四周和汇流条引出线的缺口。

(8)成品组件清洗:边框上残留的污迹和硅胶不得用刀片擦刮,必须按照工艺要求处理,清洗完毕后按要求做好"已清"洗标识。

安全注意事项

(1)所有操作过程中必须按要求穿戴劳保用品。

(2)要注意保护操作设备,安全操作,不违章作业。

(3)设备维护时必须挂好维护提示牌;非本岗位工作人员不得擅动设备。

(4)明白自己的岗位责任,不能随意离开工作岗位,不可进入危险区域,避免发生安全事故。

(5)保证工作场地整洁、道路畅通、物件堆放整洁有序。

(6)认真履行交接班制度。

(7)安全操作,文明生产。

任务实施

1. 工作目的描述

将固化好的电池组件进行装框,以便工程安装。

2. 所需设备及工装、辅助工(器)具

(1)所需设备:气压装柜台。

(2)所需工装:气动胶枪。

(3)辅助工具:平锉刀、橡皮锤。

3. 材料需求

固化好的电池组件、铝合金边框、自攻螺钉、硅胶1527。

4. 个人劳保配置

工作服、工作鞋、工作帽、手套。

5. 作业准备

(1)工作时必须穿工作服、工作鞋,戴手套、工作帽。

(2)做好工艺卫生,保持台面整洁。

6. 作业过程

(1)在铝合金外框的凹槽中嵌入硅胶,硅胶量约占凹槽的一半左右。

(2)把组件嵌入铝合金外框的凹槽中,组件正面朝外。

(3)用气动螺丝刀或在气压装框台上完成铝合金外框的安装。

(4)用平锉刀轻锉框架的四角,达到光滑亮洁,无毛刺。

(5)符合要求在“工艺流程单”上做好记录,并流下一工序。

7. 作业检查

(1)检查框架四个角是否安装到位,如没到位则需抬下,置于胶垫上并用橡皮锤轻敲铝合金边框,使之全部到位。

(2)检查组件与边框连接处是否有胶略微溢出,如无则需补胶。

8. 注意事项

(1)外框安装平整,挺直。

(2)外框安装平整,挺直。

(3)铝合金框四个安装孔的误差: ±0.5 mm。

(4)组件与框架连接处必须有硅胶密封。

任务三　框材料的选取

学习目标

(1)熟悉常见铝型材的牌号及成分。

(2)熟悉铝边框的检验要求、检验方法和验收规则。

任务描述

因为光伏组件要保证25年左右的户外使用寿命，所以光伏组件所使用的铝边框要具有良好的抗氧化、耐腐蚀等性能。本任务主要介绍框材料的选取方法、检验要求、检验方法和验收规则等。

相关知识

1. 检验要求

(1)几何形状

① 铝边框几何尺寸及加工精度应符合设计要求。

② 弯曲度：在任意长度300 mm范围内不允许超过0.3 mm。

③ 角码与边框的配合间隙应≤0.3 mm，角码在短边框应装配到位，方向正确，无大幅摆动，组角冲坑深度≥1 mm。

④ 加工面光滑、平整、无飞边、毛刺，四角完整无卷边。

(2)表面质量

① 边框表面不允许有裂纹、起皮、沙眼、夹杂物、赃物、水印、油印等。

② 阳极氧化膜厚。

表面涂层颜色为均匀砂纹白色，表面平滑均匀，不允许有砂纹、流痕、鼓泡、裂纹和发黏等缺陷。

(3)贴膜要求

贴膜与边框表面不得有分离，无撕脱现象，膜宽为边框表面宽度+2 mm。

(4)划痕

边框装饰面(见图6-21)：*A*、*B*、*C*面上深度>0.04 mm，长度>5 mm的划痕定义为划伤。

① 允许没有伤到基材部分的划痕。

② *A*面上不允许有划伤，允许宽度≤0.1 mm，长度≤1 mm使基材暴露的划痕。

③ *B*面上，不允许有划伤，划痕允许2处。

④ *C*面上深度<0.07 mm，长度<7 mm的划伤允许1处。划痕3处。

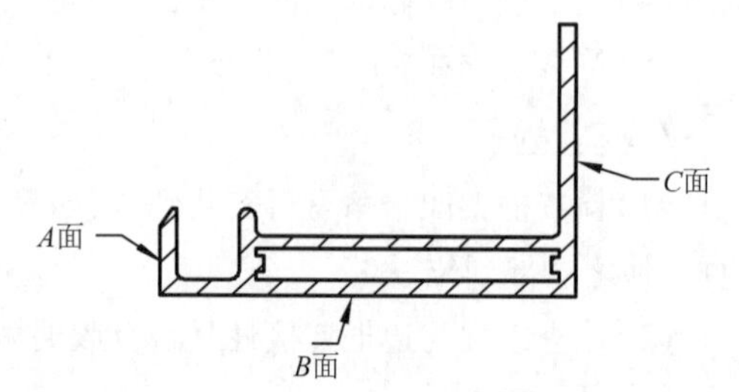

图6-21　边框装饰面

(5)撞痕

① *A*、*B*面上深度<0.1 mm，面积<4 mm^{2}撞痕不得超过1处。

② *C*面上，深度<0.1 mm，面积<8 mm^{2}的撞痕同一面中不得超过2处。

③ 铝边框45°锐角(尖端)线上，深度≤0.3 mm的撞痕不得超过2处。

(6)擦伤

① *A*、*B*面上<0.1 mm，面积<4 mm^{2}擦伤1处。

② *C*面上，允许面积≤8 mm^{2}擦伤数量1处。

(7)铝边框不允许缺口、塌边、凹陷、凸起等现象。

2. 检验方法

(1)几何形状

目测及用专用长度量具测量。

(2)外观质量

①在自然阳光或灯光下,目测检查型材外观质量,视力1.2,距离1 m处垂直方向正视铝边框应符合规定。

②供方采用测膜仪进行测量阳极氧化膜厚。

③划痕、撞痕、擦伤目或用游标卡尺测量估算。要求供方随每批型材一起提供膜厚检验的自检报告。对于不易确认的外观缺陷,由供需双方协商后确定,必要时进行封样,封样件可作为外观判定标准。

3. 验收规则

检验分为进货抽检和全数检验:进货抽检样品从每次进货批中抽取,按GB 2828.1一般检查水平IL=1,正常检验一次抽样方案,AQL=2.5。抽样表如表6-1所示。检验结果不符合要求,则对该批产品进行再次样品抽检,如果仍有不符合的,判定该批次为来料不合格。

表6-1　抽样表

批量范围	随机抽样数	合格判定数	不合格判定数
91～150	8	0	1
151～280	13	1	2
281～500	20	1	2
501～1200	32	2	3
1 201～3 200	50	3	4
3 201～10 000	80	5	6
10 001～35 000	125	7	8
35 001～150 000	200	10	11
150 001～500 000	315	14	15
≥500 001	500	21	22

一、铝型材检验标准

铝合金边框主要作用有:保护玻璃边缘;铝合金结合硅胶打边加强了组件的密封性能;大大提高了组件整体的机械强度;便于组件的安装、运输。

组件用金属边框为铝合金材料,铝合金材料成分如表6-2所示。

表6-2　变形铝及铝合金化学成分

w(Si)/%	w(Fe)/%	w(Cu)/%	w(Mn)/%	w(Mg)/%	w(Cr)/%	w(Ni)/%	w)Zn)/%
0.2～0.6	0.35	0.1	0.1	0.45～0.9	0.1	—	0.1

w(Ti)/%	w(Ga)/%	w(Va)/%	其他 规定成分/%	其他 单个/%	其他 合计/%	w(Al)/%
0.1	—	—	—	0.05	0.15	余量

二、铝型材的表面处理

光伏组件要保证长达25年的使用寿命,铝合金表面必须经过钝化处理——阳极氧化,表面氧化层厚度大于10 μm。用于封装的边框应无变型,表面无划伤。

目前组件厂家铝边框的平均氧化层处理厚度为25 μm。

阳极氧化:金属或合金的电化学氧化,是将金属或合金的制件作为阳极,采用电解的方法使其表面形成氧化物薄膜。金属氧化物薄膜改变了表面状态和性能,如表面着色,提高耐腐蚀性、增强耐磨性及硬度,保护金属表面等。例如,铝阳极氧化,将铝及其合金置于相应电解液(如硫酸、铬酸、草酸等)中作为阳极,在特定条件和外加电流作用下,进行电解。阳极的铝或其合金氧化,表面上形成氧化铝薄层,其厚度为5～20 μm,硬质阳极氧化膜可达60～200 μm。阳极氧化后的铝或其合金,提高了其硬度和耐磨性,可达250～500 kg/mm^2,良好的耐热性,硬质阳极氧化膜熔点高达2 320 K,优良的绝缘性,耐击穿电压高达2 000 V,增强了抗腐蚀性能,在$w=0.03$的NaCl盐雾中经几千小时不腐蚀。

三、铝型材的外观检验

外观检验取样检验见表6-3。

表6-3　取样检验　单位(根)

批量范围	随机取样数	不合格品数上限
1～10	全部	0
11～200	10	1
201～300	15	1
301～500	20	2
501～800	30	3
>800	40	4

可做重复检验内容包括:

(1)氧化膜厚度检测方法

测定方法按照GB/T 8014和GB/T 4957规定方法进行,仲裁由GB/T 8014和GB/T 6462执行。

取样方法:

按表6-3检测出不合格品数量达到规定上限时,应另取双倍数量型材复验,不合格数不超过表6-3规定的允许不合格品数上限的双倍为合格,否则判整批不合格。但可由供方逐根检验,合格者交货。

(2)划痕数量

目视全表面检测,整根0～0.5 cm划痕不得超过2个;0.5～1 cm划痕的数量不超过1个,不允许出现大于1 cm的划痕。

按表抽样,若一次抽样不合格,判整批不合格,不在加抽。但可由供方逐根检验,合格者交货。

(3)颜色、色差

按GB/T 14952.3执行。

一次性抽样，若不合格，不加抽。但可由供方逐根检验，合格者交货。

(4)耐蚀、耐磨、耐候性

参照国标 GB/T 5237.2 相关规定执行。

光伏组件对耐蚀、耐磨、耐候性要求较高。一次性抽样，若不合格，不加抽，并判整批不合格。

(5)铝合金材料包装、运输、储存

型材不涂油，其包装、运输、储存参照 GB/T 3199 执行，包装形式由双方合同约定。

最好外包塑料薄膜运输。

任务实施

1. 检测项目

合金成分及状态、力学性能、型材尺寸、物理性能、加工尺寸、外观质量。

2. 技术要求

(1)合金成分及状态：6063T5。

力学性能：6063T5，HW≥8。

(2)型材尺寸。型材尺寸符合型材断面图的规定，标注公差的执行图纸公差。

(3)物理性能。

① 表面处理：阳极氧化银白材。

氧化膜厚：AA10-15。

封孔质量：染色 0～2 级，失重≤30 mg/dm^2。

② 表面处理：电泳涂漆银白材。

膜厚：B 级，复合膜≥16 μm。

(4)加工尺寸。加工尺寸符合用户提供的技工图纸要求。

(5)表面质量。

① 阳极氧化银白材表面清洁，无严重变形和扭曲，无气泡，无电灼伤痕迹，无氧化膜脱落，无明显色差，无明显焊合痕迹。

② 小面无划伤及磕碰伤，允许有轻微的擦伤和夹杂，其深度以没有明显手感为准，但每米不超过两处；侧面允许有轻微的划伤、擦伤、夹杂，允许有轻微的焊合线，以正常视力在 1.5 m 处检查不明显；底面以正常视力在 3 m 处检查没有明显的划伤、擦伤、夹杂、焊合痕迹。

③ 电泳涂漆银白材应符合①、②条规定，且涂漆后的漆膜应均匀、整洁，不允许有皱纹、气泡、流痕、夹杂物、发黏和漆膜脱落等影响使用的缺陷。

3. 检测方法

(1)外观检验：在较好的自然光或自然散射光下，用肉眼进行观察，用手轻轻触摸。

(2)尺寸检验：以图纸、国家标准为依据，用卡尺、万能角度尺、直尺测量。

(3)力学性能：用钳氏硬度计。

(4)膜厚：用涡流测厚仪。

(5)封孔质量：用染色法控制生产，失重法仲裁。

任务四　装框不良产品案例分析

学习目标

(1)熟悉装框不良产品常见类型。

(2)规范掌握组框工艺操作,减少不良产品。

(3)熟悉返工操作流程。

任务描述

装框不良会影响光伏组件的性能和使用寿命,本任务主要介绍装框过程中产生的常见不良产品类型及返工工艺。

相关知识

装框不良产品案例

(1)铝材组角处有明显落差及批锋(见图6-22)。

图6-22　铝材组角处有明显落差及批锋

(2)铝材漏水孔严重错位(见图6-23)。

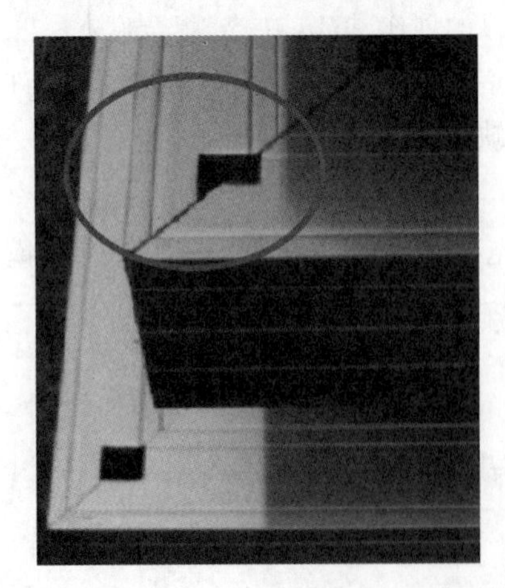

图6-23　铝材漏水孔严重错位

(3)漏水孔漏打(见图 6-24)。

图 6-24　漏水孔漏打

(4)铝材孔缝隙大(见图 6-25)。

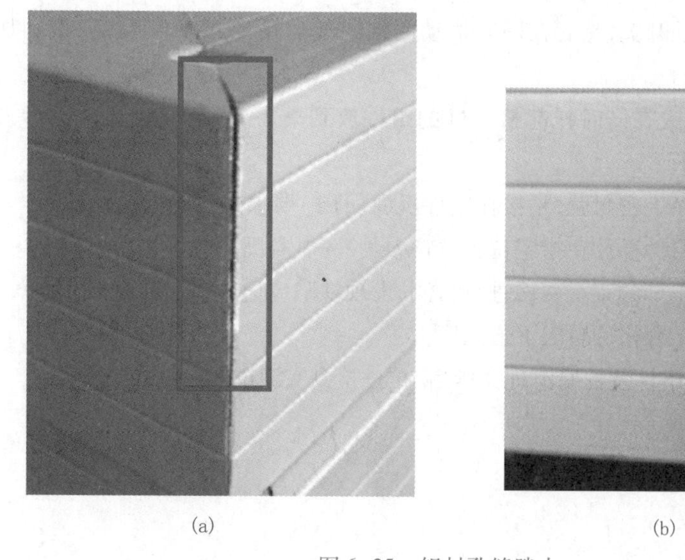

(a)　(b)

图 6-25　铝材孔缝隙大

任务实施

1. 工艺要求

(1)把密封胶注入铝合金边框内,注入的胶量,误差应符合技术要求。

(2)按要求把边框组装在半成品组件上,并检查边框内密封胶是否漏打。

(3)装框机组装边框,要同步挤压。

(4)校正对角,组装位置符合技术要求。

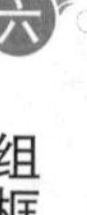

(5)利用密封胶将接线盒正确、美观地粘牢固定在TPT上。

(6)组件的引线与接线盒焊接牢固,无虚焊、漏焊现象。

(7)正确使用万用表,测试无误后,往接线盒内注入密封胶。

(8)对装框完毕的组件成品做自检,防止出现因人为疏忽造成的质量问题。

(9)操作人员要相互配合,同步进行。

(10)成品组件要轻拿轻放,防止碰撞。

(11)用无水乙醇、无尘布清理组件的正反两面及铝合金边框。

(12)组件的玻璃表面不准有贼物、用美工刀把多余的EVA和其他污垢硅胶清理,TPT不准有划伤和其他污垢。

(13)修理边框上的对角,边框要平直、无毛刺、无坑洼、无划伤或肉眼看得到的缺陷及污垢。

2. 操作规程

(1)双人面对面坐在工作台的两端,把层压好的组件平放在工作台上(玻璃面向上),组件四周均匀地露出工作台面。

(2)双人同时拿起注好密封胶的边框,同步扣压在组件的边缘,然后再用同样的方法装上另几面。

(3)用美工刀将电池板正面被挤出的多余的胶划除,注意勿划伤玻璃。

(4)双人同时托起已组装好的组件,放在装框机内。

(5)先拨动前面的气动开关,然后在同时拨动两端的气动开关,顶杆到位后,拨动加压开关进行加压。

(6)待挤压到位后,双人在同时托起挤压好的组件放到桌面上(反面向上),进行人工校正对角。

(7)在接线盒的背面涂上密封胶,粘接在组件反面(TPT)要求的位置上。

(8)将装好的接线盒组件稳放在指定位置,待密封胶完全凝固后方可移动。

(9)清理组件时应对组件的正反两面进行目测,发现缺陷应记录在流程单上。

(10)准确填写流程单,合格后转入下道工序。

当包装车间将待测试组件装框并清理完毕后,拉进检测室测试。

3. 须返工的情况

(1)背膜划伤。

(2)铝型材划伤。

(3)接线盒损坏。

(4)打罗曼胶带时胶带断裂。

(5)打硅胶时接线盒漏胶。

4. 返工流程图

返工流程图如图6-26所示。

5. 工作说明

(1)依据背膜划伤等级标准检验定级。

(2)依据铝型材划伤等级标准检验定级。

(3)接线盒损坏检验。

(4)打罗曼胶带时胶带断裂检验。

(5)打硅胶时接线盒漏胶检验。

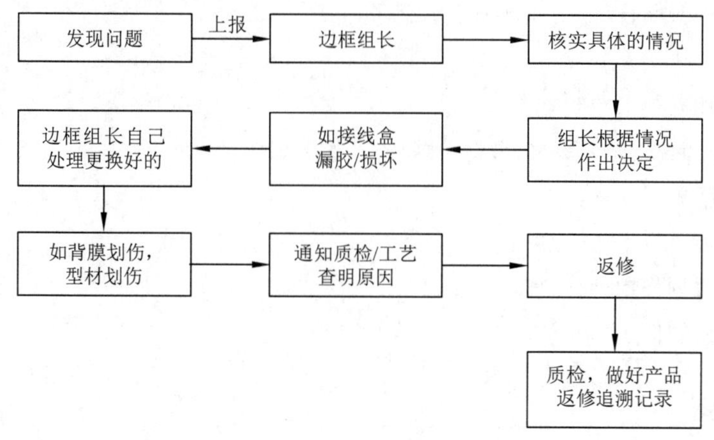

图 6-26 返工流程图

任务五 清理工序

学习目标

(1)熟悉组件装框后清理工序主要操作。

(2)熟悉硅胶密封剂检验标准。

任务描述

组件装框完成后需要及时对组件表面的残余硅胶或其他脏污进行清理,保持组件外观整洁干净。本任务介绍组件清理工序主要流程及操作方法。

相关知识

1. 准备工作

(1)工作时必须穿工作衣、鞋,戴手套、工作帽。

(2)做好工艺卫生,清洁整理台面。

2. 所需材料、工具和设备

清洗的组件、无水乙醇、抹布、美工刀片。

3. 操作程序

(1)检查组件是否合格或异常情况(有异常及时向班组长汇报),用刀刮去组件正面残余硅胶,注意不要划伤型材。

(2)用干净抹布蘸无水乙醇擦洗组件正面及铝合金边框。

(3)用干净抹布去除组件反面 TPT 上的残余 EVA 和多余硅胶。

(4)去除铝合金框表面贴膜。

(5)对清洗好的组件作最后检查,保证质量。

(6)清理工作台面,保证工作环境清洁有序。

4. 质量要求

(1)组件整体外观干净明亮。

(2)TPT 完好无损、光滑平整,型材无划伤,玻璃无划伤。

5. 注意事项

(1)轻拿轻放。

(2)注意不要划伤铝型材、玻璃。

(3)注意不要划伤 TPT。

有机硅橡胶密封剂检验标准

一、功能介绍

有机硅橡胶密封剂产品适用于粘接/密封耐紫外线绝缘玻璃和光伏电池板。

二、质量要求以及来料抽检

(1)外观：在明亮环境下,将产品挤成细条状进行目测,产品应为细腻、均匀膏状物或黏稠液体,无结块、凝胶、气泡。各批次之间颜色不应有明显差异。

(2)挤出性(压流黏度):首先将产品在标准试验条件下(标准试验条件:温度 23 ℃ ±2 ℃,相对湿度 50% ±5%)放置 4 h 以上,然后用孔径为 3.00 mm 的胶嘴在已调到 0.3 MPa 的气源压力下进行测定,记录挤出 20 g 产品所用的时间(s)。取 3 次实验数据的平均值作为试验结果;试验结果应≥0.35 s/g。

(3)指干时间:将产品用胶枪在实验板上成细条状,立即开始计时,直至用手指轻触胶条出现不沾手指时,记录从挤出到不沾手所用的时间(10 min≤所用时间≤30 min)。

(4)拉伸强度及伸长率:拉伸强度≥1.6 MPa,伸长率≥300% 。

(5)剪切强度:剪切强度≥1.3 MPa。

(6)硬度:产品应贮存在干燥、通风、阴凉的仓库内。

双组分有机硅导热灌封胶检验标准

一、功能介绍

双分组有机硅导热灌封胶是一种导热绝缘材料,要求固化时不放热,无腐蚀、收缩率小,适用于电子元器件的各种导热密封、浇注,形成导热绝缘体系。

二、材料介绍

材料主要特点如下：

室温固化,加热可快速固化,易于使用。

在很宽的温度范围内(-60～ +250 ℃)内保持橡胶弹性,电性能优异,介电常数与介电损耗非常小,导热性较好。

防水防潮,耐化学介质,耐老化 25 年以上。

与大部分塑料,橡胶,尼龙及聚苯醚 PPO 等材料黏附性良好。

符合欧盟 ROHS 环保指令要求。

三、用途

太阳能光伏组件接线盒(Junction Box),特别是对防水导热有要求的电子电器产品。

四、质量要求及来料检验:

固化前:检查外观,应为白色流体;A,B 组黏度适宜,(A 组 5 000~15 000 cps,B 组黏度 50~100 cps)

操作性能:混合后黏度,可操作时间 20~60 min,初步固化时间 3~5 h,完全固化时间不超过 24 h;

固化后:硬度 25~35(Shore A);导热系数≥0.3 W/(m·K);介电强度≥20 kV/mm;介电常数(1.2 MHz)为 3.0~3.3;体积电阻率$\geq 1.0\times10^{16}\Omega\cdot cm$;线膨胀系数$\leq 2.2\times10^{-4}\ K^{-1}$;阻燃性能符号 UL94-VO。

五、注意事项

胶料应密封贮存。混合好的胶料应一次用完,避免造成浪费。

产品属非危险品,但勿入口和眼,可按一般化学品运输。

任务实施

1. 工作目的描述

组件进行清理、补胶,保持组件外观干净整洁。

2. 所需设备及工装、辅助工(器)具

辅助工具:打胶枪、美工刀、无尘布、乙醇、清洁球。

3. 材料需求

装柜好的组件、硅胶。

4. 个人劳保配置

工作服、工作鞋、工作帽、手套。

5. 作业准备

(1)清理工作区域地面,工作台面卫生,保持干净整洁,工具摆放整齐有序。

(2)检查辅助工具是否齐全,有无损坏。

(3)戴好手套或指套。

6. 作业过程

(1)双手搬动组件,轻放在工作台上,TPT 朝上。

(2)用无尘布蘸上乙醇擦拭 TPT,检查是否有漏胶的地方。

(3)用清洁布清理铝合金边框。

7. 作业检查

检查是否有漏胶的地方,擦拭不干净的地方。

8. 注意事项

(1)操作时必须用双手搬动组件。

(2)不得用美工刀清理 TPT。

任务六　接线盒工序

学习目标

(1)熟悉接线盒的组成及材料。

(2)掌握接线盒检测标准及选型要求。

(3)掌握接线盒安装工艺及操作要点。

光伏组件产生的电力需要通过光伏组件接线盒与外部线路连接。本任务主要介绍接线盒的组成、材料、功能、测试标准及接线盒的安装工序。

相关知识

一、接线盒的组成及材料

光伏组件接线盒的主要作用是连接和保护光伏组件，传导光伏组件所产生的电流。光伏组件接线盒作为光伏电池组件的一个重要部件，是集电气设计、机械设计和材料应用于一体的综合性产品，为用户提供了光伏组件的组合连接方案。

光伏电池组件接线盒是介于光伏电池组件构成的光伏电池方阵和光伏充电控制装置之间的连接器，主要作用是将光伏电池产生的电力与外部线路连接。接线盒通过硅胶与组件的背板粘在一起，组件内的引出线通过接线盒内的内部线路连接在一起，内部线路与外部线缆连接在一起，使组件与外部线缆导通。

光伏组件接线盒包括盒体，其特征在于：盒体内设有印刷线路板，印刷线路板上印制有 N 个汇流条连接端和两个电缆线连接端，每个汇流条连接端通过汇流条与光伏电池组串相连，各相邻汇流条连接端之间还以二极管相连；其中汇流条连接端和电缆线连接端之间串联了电子开关，电子开关由收到的控制信号来控制其通断；第 N 个汇流条连接端与第二个电缆线连接端相连；两个电缆线连接端通过电缆线分别与外界连接；两个电缆线连接端之间还设有旁路电容。

接线盒样式多种多样，但基本结构都是不变的，包括盒体、盒盖、连接器、接线端子、二极管等，一些接线盒厂家设计了散热片，利于盒内温度的散发，也有一些接线盒厂家做了其他方面细节的设计，但是总的结构没有发生变化。

简单的接线盒所需要的材料有十多种，原材料的性能及使用寿命对接线盒本身的质量产生影响，所以接线盒的材料一直受到厂商及光伏运维者的高度关注，表 6-4 列举了接线盒原材料的材质。

表 6-4　接线盒原材料及材质

接线盒原材料名称	材质
底座及上盖	PPO
导电块	铜、黄铜
卡接口	尼龙、铜
二极管	肖特基二极管
电缆线	镀锡铜线 + 低烟无卤交联聚烯烃
连接器	尼龙、PC
后罩及配件	尼龙

二、接线盒的测试标准

接线盒在使用之前要进行测试，主要检查外观、密封性、防火等级、二极管等方面。测试的明细如表 6-5 所示。

表 6-5　接线盒测试明细

评价指标	检测项目	测试方法
外观	尺寸，有无瑕疵	按照来料检验指导书操作
力学性能	导片与汇流条拉力 二极管角卡紧力 导线与接线盒拉力 接线盒与固化后拉力	略
防火等级	耐火测试	外侧（土办法是点燃并记录熄灭时间）
导通性	导通测试	用万用表测试导线两端是否连通
耐低温能力	低温冲击	按光伏接线盒标准要求测试
热变形	烘烤测试	90 ℃，4 h，有无变形

三、接线盒的选型注意事项

接线盒的选型需要综合考虑接线盒的性能，如耐候性、阻燃性、防水防尘以及散热性等。

1. 耐候性

耐候性是指材料经受室外气候的耐受能力。（室外气候如光照、冷热、风雨、细菌等。）

接线盒暴露在环境中的部分为盒体、盒盖及连接器（PC），它们都是由耐候性强的材料制作，目前常用的材料为 PPO（聚苯醚），它的负荷变形温度可达 190 ℃以上，脆化温度为 -170 ℃，是世界五大通用工程塑料之一，具有刚性大、耐热性高、阻燃性高、强度较高、电性能优良等优点。另外，聚苯醚还具有耐磨、无毒、耐污染等优点。PPO 的介电常数和介电损耗在工程塑料中是小的品种之一，几乎不受温度、湿度的影响，可用于低、中、高频电场领域。

（1）耐高温高湿

组件的工作环境非常恶劣，有的工作在热带地区，日平均温度非常高；有的工作温度非常低，如高海拔地区、高纬度地区；有的昼夜温差非常大，如沙漠地区。因此要求接线盒要有优良的耐高温、耐低温性能。

耐候性测试条件如表6-6所示。

表6-6 接线盒的耐候性测试条件

试验	条件
温度/湿度	85 ℃,85% RH
冷热循环	-40～85 ℃

(2)耐紫外线

紫外线对塑料产品都有一定的破坏,尤其是高原地带空气稀薄,紫外线辐照度很高。

2. 阻燃性

阻燃性是指物质具有的或材料经处理后具有的明显推迟火焰蔓延的性质。

阻燃等级由HB、V-2、V-1向V-0逐级递增:

HB:UL94和CSAC22.2No0.17标准中低的阻燃等级。要求对3～13 mm厚的样品,燃烧速度小于40 mm/min;小于3 mm厚的样品,燃烧速度小于70 mm/min;或者在100 mm的标志前熄灭。

V-2:对样品进行两次10 s的燃烧测试后,火焰在60 s内熄灭。可以有燃烧物掉下。

V-1:对样品进行两次10 s的燃烧测试后,火焰在60 s内熄灭。不能有燃烧物掉下。

V-0:对样品进行两次10 s的燃烧测试后,火焰在30 s内熄灭。不能有燃烧物掉下。

3. 防水防尘

防尘防水IP等级,具体如表6-7所示。一般接线盒的防水防尘等级为IP65。

表6-7 防尘防水等级表

防　尘	防　水
0:没有保护	0:没有保护
1:防止大的固体侵入	1:水滴滴入外壳无影响
2:防止中等大小的固体侵入	2:当外壳倾斜到15°时,水滴滴入外壳无影响
3:防止小固体侵入	3:水或雨水从60°角落到外壳上无影响
4:防止物体大于1 mm的固体进入	4:液体由任何方向泼到外壳没有伤害影响
5:防止有害的粉尘堆积	5:用水冲洗无任何伤害
6:完全防止粉尘进入	6:可用于船舱内的环境
	7:可在短时间内耐浸水(1 m)
	8:在一定压力下长时间浸水

4. 散热性

使接线盒内温度升高的因素主要为二极管和环境温度。二极管在导通时会产生热量,同时,由于二极管和接线端子存在接触电阻,也会产生热量。另外,环境温度升高也会使接线盒内部温度升高。

接线盒内容易受高温影响的部件为密封圈,二极管。高温会加速密封圈的老化速度,影响接线盒的密封性;二极管内部存在反向电流,温度每升高10 ℃,反向电流就会增大一倍,反向电流会减小组件产生的电流,影响组件的功率。所以,接线盒必须具备优良的散热性,或作特殊的散热设计。

常见的散热设计为安装散热片。但是安装散热片并没有彻底解决散热问题。因为如果在接线盒内部安装散热片,虽然暂时降低了二极管的管温,但是仍然会使接线盒温度升高,影响橡胶密封圈的使用寿命;如果安装在盒外面,一方面会影响接线盒整体的密封性,也会使散热片易被腐蚀。

四、接线盒的特征

虽然不同厂家会因为做出的产品设计不同、选材不同以及生产能力的不同,导致制成的光伏接线盒有不同的功能及品质情况,具体特性特征也是有一定区别的。不过总体来说,只要是优秀厂家做好了接线盒的设计选材及生产工作,制造出来的接线盒就都具备着下面这样的特征:

(1)接线盒外壳部分采用的进口高级原料,这类原料具有极高的抗老化,耐紫外线能力,所以是能够在使用中长期承受阳光照射的,不易发生老化,寿命有保证。

(2)光伏接线盒适用于室外长时间恶劣环境条件下的使用,甚至使用的实效长达 30 年以上,这意味着在应用接线盒的时候,不会在短期内更换,且因为寿命长,总体应用成本也不会太高。

(3)光伏接线盒一般都是能够根据需要任意内置 2～6 个接线端子,这意味着其在功能上可以满足多种需求,适用性非常好。

(4)光伏接线盒所有的连接方式采用快接插入式,这样不仅连接的时候非常快速,连接效果也是非常可靠的。

五、接线盒市场需求

光伏组件接线盒是光伏发电系统中重要的配件之一。随着我国光伏发电装机量的快速增长,光伏接线盒行业也迎来了较快的发展。我国生产的接线盒除了满足国内光伏电站的装机需求外,还出口到欧洲、美国等国家和地区。

2016 年全球光伏市场的新增装机量为 76. 6 GW,按照市场常规每块组件 300 W 计算,相当于光伏组件市场销售了约 2. 55 亿件,相当于光伏接线盒需求量为 2. 55 亿套。据推算光伏组件 2021 年新增装机量将增长至 111 GW,光伏组件市场销量约为 3. 7 亿件,相当于光伏接线盒需求量为 3. 7 亿套。

2016 年,中国新增光伏装机量 34. 54 GW,按照市场常规每块组件 300 W 计算,则 2016 年光伏组件市场销量约为 1. 15 亿件,相当于光伏接线盒需求量约为 1. 15 亿套。根据欧洲光伏协会的预测,中国光伏累计装机量将保持 20% 的年度复合增长率,到 2021 年累计装机量有望达到 197. 92 GW。

六、智能光伏接线盒的三大功能

近年来,智能光伏接线盒的技术方案层出不穷,主题是围绕优化和提升光伏发电效率,提高光伏系统火灾应对机制比如关断功能,等等。目前,在安装和维护方面具有较大价值的光伏智能接线盒主要有三个功能。

1. MPPT 功能

通过软硬件配合为每块电池板配置了最大功率跟踪技术和控制器件,该技术可以尽最大可能提升电池板阵列中不同电池板特性带来的电站发电效率的降低,减少了“木桶效应”对电站效率的影响,可以极大地提升电站的发电效率,从测试结果,最大甚至可以提高系统发电效率 47. 5% ,增加了投资收益,大大缩短了投资回收期。

2. 火灾等异常状况智能关断功能

发生火灾时,接线盒内置的软件算法配合硬件电路在 10 ms 内就能判断是否有异常发生,并主动切断每一块电池板之间的连接,将 1 000 V 的电压降低到 40 V 左右的人体可接受的电压,确保消防人员的安全。

3. 采用 MOSFET 晶闸管集成控制技术,代替了传统了肖特基二极管

当发生阴影遮挡时,可以瞬间启动 MOSFET 旁路电流来保护电池板的安全,同时因为 MOSFET特有的低 VF 特性,使整体接线盒内的发热量只有普通接线盒的十分之一,该技术大大延长了接线盒使用的寿命,更好地保障了电池板使用寿命。

光伏智能接线盒如何才能真正契合光伏市场的痛点、难点,需要在接线盒电气功能、电子器件使用寿命、智能接线盒成本和投资收益等方面找到最佳的平衡。

七、接线盒的质量改进及发展方向

1. 接线盒质量改进要点

作为光伏组件的配套产品,接线盒所占成本不及电池成本的十分之一,但却是决定光伏组件能否正常工作的重要部件。因此,接线盒质量应从以下几个方面来改进:

将盒体、盒盖分体,由密封圈密封的设计,改进为盒体、盒盖压接一体式密封处理,加强整个接线盒结构密封性和密封强度。

根据目前组件认证、制造、使用的需要,建议接线盒内预留扩展连接座;装配不同规格的二极管可以随时改变接线盒的大工作电流;根据组件生产工艺在接线盒装配中保留密封胶和灌封胶两种安装方式。

考虑在接线盒盒盖设置导气阀以导出盒体内部热量,或在接线盒内部采用薄片状金属端子,增加散热片,以达到降温的作用。

通过系列测试,研究不同类型硅胶和不同材质背板材料的相互匹配性,为光伏组件制造商提供接线盒安装、使用、匹配的整套解决方案。

2. 接线盒的发展方向

接线盒对光伏电池组件起着非常重要的作用,随着整个光伏市场的应用,各大接线盒厂商都在朝着提供更高质量接线盒的方向努力,例如设计出额定电流高、防水性好、散热性能优良、电阻低的接线盒。

同时,随着光伏智能化监控的不断发展,智能接线盒也是未来接线盒发展的大趋势。这种智能接线盒可以随时监控到每一块组件的运行状态,具备组件输出点跟踪功能,同时满足组件级监控的要求。

知识拓展

防水接线盒

防水接线盒也叫塑料防水盒,防水接线盒一般是由热塑性塑料(包含 PC 和 ABS)制成的通用密封箱,不同的盒子其密封的效果不同,密封越好其防护等级越高。

例如,IP67 防水接线盒其中的 IP 是一种防护等级标准,6 代表接触保护和外来物保护等级,这里 6 表示灰尘封闭,说明防水盒箱体内在 2 000 Pa 的低压时不应侵入灰尘。7 代表防水等级

保护,防护短时间浸入水中的情况下,箱体在标准压力下短时间浸入水中不应引起有害作用的水浸入。

防水接线盒材料有工程塑料(ABS)和聚碳酸酯(PC)两种。ABS 制造的密封箱只可能做成光面无预冲孔,适用于室内,它对一些化学物质有较好的抵抗力。例如,在酪农工厂的强清洁剂情况下;聚碳酸酯加入了玻璃纤维强化,增加了密封箱箱壁的强度,适合在严苛的条件和室外应用,温度适用范围从 -50～+120 ℃,有较强的 UV 抗辐射力;防水接线盒尺寸有 400 mm×600 mm×185 mm 等多种规格。防水接线盒,采用高质量的聚碳酸酯或工程塑料材料制造。虽然塑料材质比金属轻,但却具有优异的耐撞击特性。另外,塑料箱不同于金属材质,塑料箱撞击后,表面较不易产生明显的凹痕。恩斯托热塑性塑料防水接线盒防护等级达到 IP65 以上。

防水接线盒的聚碳酸酯材质,适合严苛的环境,也可以安装于屋外使用。聚碳酸酯的工作温度适用范围 -50～+120 ℃。所有聚碳酸酯控制箱,恩斯托采用 UL 核的原料,也就是所谓黄卡(YellowCard)制造。箱体带有预冲孔的聚碳酸酯底座,已加入玻璃纤维强化,借以增强控制箱的强度,使其可以轻松地凿穿法兰孔或是预冲孔。加入玻璃纤维的箱体,整体耐燃等级提升为 5 V·A。防水接线盒,适合安装于屋外使用。即使高温、潮湿的地理环境下,恩斯托控制箱依然提供客户合适的解决方案。

另一种所使用的热塑性材料为工程塑料(ABS),即 Acryl-butadiene-Styrene 复合材料。ABS 制造的控制箱,仅有平面的箱壁不带有任何预冲孔。ABS 耐温特性不如聚碳酸酯,而且对于抗紫外线(UV)能力不佳,因此只适合安装于屋内使用。另外,ABS 耐撞击特性也不如聚碳酸酯。但是,ABS 对于某些特定化学物质,比聚碳酸酯聚有更好的特性,所以在一些环境下,ABS 更适合使用。例如,乳品制造工厂,必须定期使用强力清洁剂消毒,ABS 非常适合该环境下使用。ABS 无法制造透明的类型,控制箱体透明。

上盖和窗口,都是以聚碳酸酯材料制造。包括聚碳酸酯和 ABS 等,这些热塑性塑料,能以一般的工具加工,例如裁切、开孔等。热塑性塑料控制箱维护保养方式,仅需要中性的清洁剂擦拭清洗就可以完成。

任务实施

1. 工作目的描述

给已测好的电池组件装上接线盒,以便电气连接。

2. 所需设备及工装、辅助工(器)具

① 所需工装:气动胶枪、电烙铁。

② 辅助工具:钢丝钳、镊子、剪刀。

3. 材料需求

接线盒、硅胶 1527。

4. 个人劳保配置

工作服、工作鞋、工作帽、手套。

5. 作业准备:

① 工作时必须穿工作衣、工作鞋,戴手套、工作帽。

② 做好工艺卫生,用抹布擦拭工作台。

6. 作业过程:

① 用硅胶涂在接线盒四周安装处。

② 使接线盒引线孔穿过组件引线,把接线盒与 TPT 粘接住。

③ 用电烙铁把组件引线焊到接线盒上的对应位置(用镊子夹住汇流条焊接)。

④ 组件可用钢丝钳将引线头部夹成重叠状,后穿入接线盒接线孔。

⑤ 盖上盒盖。

7. 作业检查

① 检查接线盒是否安装到位,避免倾斜。

② 接线盒与 TPT 连接处四周硅胶要溢出。

8. 注意事项

① 接线盒与 TPT 之间必须用硅胶密封。

② 引线电极必须准确无误地焊在相应位置。

③ 引线焊接不能虚焊、假焊。

④ 引线穿入接线孔内必须到位,无松动现象。

任务七　组框工艺的优化

学习目标

(1)学会 5W1H 分析法分析工作中存在的问题。

(2)学会采用 ECRS 原则对存在问题进行改进。

任务描述

本任务结合某公司实际案例,采用 5W1H 分析法分析组框工艺过程中存在的问题,采用 ECRS 改进原则提出改进方案。

相关知识

组框工艺优化案例

某公司现行的装框工序,需要三名操作工,自动组框机和自动打胶机两台机器,虽说都是自动的机器,但都需要人工进行上料和部分操作。其中自动打胶机就需要人工上料,将未打胶的边框搬到打胶机上打胶,打完胶在再送到二号和三号操作工手中,进行组框。组框时,也需要两名操作工的配合,两名操作工各取半套铝合金边框,放到合适的位置摆好,组框机才能工作,组框工序改善前的联合操作分析如表 6-8 所示。

表 6-8　组框工序改善前的联合操作分析表

作业名称:装框工序		编号:01		图号:				日期:	
开始动作:		结束动作:						研究者:	
1 号操作工/s		2 号操作工/s		3 号操作工/s		打胶机/s		组框机/s	
打胶	30	空闲	40	空闲	50	打胶	30	空闲	50
送边框给三号操作工	20	组边框	10	组边框	30	空闲	60	组边框	30
回来	20	组边框	30	去毛刺	20	打胶	10	空闲	20
取边框	20	去毛刺	20						
打胶	10								

	统计				
	1 号操作工	2 号操作工	3 号操作工	打胶机	组框机
工作时间/s	100	60	50	40	30
空闲时间/s	0	40	50	60	70
周期时间/s	100	100	100	100	100
利用率/%	100	60	50	40	30

从表 6-8 中发现两个问题：

(1)三名操作工的劳动时间存在严重不平衡,一号操作工没有空闲时间,而三号操作工有 50 s空闲时间,这就导致有的员工忙得焦头烂额,有的员工没活干。

(2)机器的利用率很低(打胶机利用率为 40%,组框机利用率仅为 30%)。严重浪费资源,这两点都导致了生产线不平衡。

(3)根据问题,改善这种不平衡,应该从两方面入手:一是平衡三名操作工的劳动时间,尽量缩小其空闲时间差;二是提高机器的利用率。采用 5W1H 的提问技术和 ECRS 原则进行分析改进,5W1H 法工作分析如表 6-9 所示。

表 6-9　5W1H 法工作分析表

问　　题	问题解答
为什么一号操作工没有空闲时间?	因为一号操作工要在 A、B、C 三处来回走动,工作量比较大
有什么办法可以减轻一号操作工的工作量?	可以适当调整 A、B、C 的位置,使两两之间的距离缩短
另有什么办法?	可以让二号操作工在工作空闲时间,帮一号操作工取未打过胶的边框
还有什么办法?	可以让二号操作工在工作空闲时间,帮一号操作工给三号操作工送打过胶的边框
二号操作工能不能自己取料?	不能,因为流水线的缘故,二号操作工和打胶机在流水线的两侧,只能靠他人送料,工作上处于被动
为什么机器的利用率这么低?(组框机的利用率为 30%,打胶机利用率 40%)	因为一个周期,机器的功能单一,只能承担一项作业
如何提高机器的利用率?	调整三名操作工的作业顺序,缩短工作整个周期

5W1H 分析法

5W1H 分析法又称六何法,是一种思考方法,也可以说是一种创造技法。它是对选定的项

目、工序或操作，都要从原因（何因）、对象（何事）、地点（何地）、时间（何时）、人员（何人）、方法（何法）等六个方面提出问题进行思考。这种看似很可笑、很天真的问话和思考办法，可使思考的内容深化、科学化，并能使我们工作有效地执行，从而提高效率。[What（做什么）、Where（在何处做）、When（什么时候做）、Who（由谁做）、Why（为什么做）、How（怎么做）]

采用 ECRS 原则针对工序进行改进。任何作业或工序流程，都可以运用 ECRS 改善四原则来进行分析和改善。通过分析，简化工序流程，从而找出更好的效能、更佳的作业方法和作业流程。ECRS 分析原则如下：

取消（Eliminate），就是看现场能不能排除某道工序，如果可以就取消这道工序。

合并（Combine），就是看能不能把几道工序合并，尤其在流水线生产上合并的技巧能立竿见影地改善并提高效率。

重排（Rearrange），如上所述，改变一下顺序，改变一下工艺就能提高效率。使其能有最佳的顺序，避免重复、办事有序。

简化（Simplify），将复杂的工艺变得简单一点，采用最简单的方法及设备，以节省人力、时间及费用，也能提高效率。

任务实施

根据 5W1H 的分析结果和 ECRS 改进原则，提出以下两种改进方案：

方案一：让二号操作工在空闲时间帮助一号操作工取未打胶的铝合金边框，一号操作工负责打胶并给三号操作工送边框，方案一的联合操作图如表 6-10 所示。

表 6-10　装框工序联合操作（改善方案一）

作业名称:装框工序		编号:01		图号:				日期:	
开始动作:		结束动作:						研究者:	
1 号操作工/s		2 号操作工/s		3 号操作工/s		打胶机/s		组框机/s	
打胶	10	帮一号操作工取边框	20	空闲	40	打胶	10	空闲	40
空闲	10	取边框	10	组边框	30	空闲	50	组边框	30
送边框给三号操作工	20	空闲	10	去毛刺	20	打胶	30	空闲	20
回来	20	组边框	30						
打胶	30	去毛刺	20						
				统计					
				1 号操作工	2 号操作工	3 号操作工	打胶机	组框机	
工作时间/s				80	80	50	40	30	
空闲时间/s				10	10	40	50	60	
周期时间/s				90	90	90	90	90	
利用率/%				89	89	56	44	33	

方案二：让二号操作工在空闲时间帮助一号操作工给三号操作工送打过胶的铝合金边框，一号操作工负责取未打胶的铝合金边框和打好胶的铝合金边框并给三号操作工送料，方案二的

联合操作图如表6-11所示。

表6-11　装框工序联合操作(改善方案二)

作业名称:装框工序		编号:01		图号:				日期:	
开始动作:		结束动作:						研究者:	
1号操作工/s		2号操作工/s		3号操作工/s		打胶机/s		组框机/s	
帮二号操作工	10	给二号操作工送边框	20	空闲	20	打胶	30	空闲	20
取边框	20	组边框	30	组边框	30	空闲		组边框	30
打胶	40	组边框	30	去毛刺	20			空闲	20
					统计				
					1号操作工	2号操作工	3号操作工	打胶机	组框机
工作时间/s					70	70	50	40	30
空闲时间/s							20	30	60
周期时间/s					70	70	70	70	70
利用率/%					100	60	71	57	43

方案一的优点:由于二号操作工的代替,减轻了一号操作工的工作量,平衡了三位操作工的工作时间,并且使三位操作工在一个工作周期里都有一定的休息时间,一号、二号操作工休息10 s,三号操作工休息40 s,避免了工作的疲劳和乏味。

方案一的缺点:机器的时间利用率还是比较低,打胶机的利用率为44%,组框机的利用率为33%,三位操作工的空闲时间差距还是比较大,空闲时间最多的三号操作工与其他两位操作工的空闲时间差为30 s,而整个工作周期是90 s,但比改善前,效果还是显而易见的。

方案二的优点:机器的利用率有较大的提升,打胶机的利用率比改善前提高了17个百分点,组框机的利用率比改善前提高13个百分点,整个工作周期也缩短为70 s,三位操作工的劳动时间差也由50 s缩短为20 s。

方案二的缺点:一号操作工和二号操作工在整个工作周期中没有休息时间,长期可能导致他们的工作乏味,而三号操作工的20 s空闲时间可能导致一号、二号操作工的不满。

优化方案建议采用方案二。

总结:优化方案分析了装框工序存在的问题,并通过联合操作分析、5W1H和RECS分析方法进行改善。最后通过比较,确定出最优方案,缩短了工作周期,将组框机和打胶机的利用率分别提高了17%和13%,操作工的空闲时间也降到了最低,仅三号操作工有20 s空闲时间。

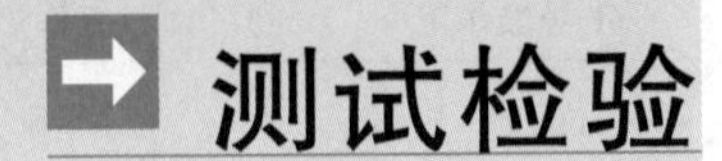

任务一　光伏组件标准

学习目标

(1)熟悉光伏组件外观检测标准。

(2)掌握光伏组件电性能测试方法。

任务描述

本任务主要介绍光伏组件等级标准、外观检测标准以及光伏组件电性能测试操作工序。

相关知识

1. 组件等级的标准

A 级:从工业的角度看是比较完美的,无任何的技术缺陷,外观质量状况在一定的范围内不同于 B 级和不合格品的外观质量状况。

B 级:技术上无任何缺陷,即符合 IEC61215、IEC61703、UL1703 标准,但外观不是很完美。

不合格品:外观质量状况较差(视觉上有较明显的缺陷)。一般来说,所有可能发生危险和对产品寿命有影响的缺陷将作为不合格品处理。

报废:外观有严重不良或电性能异常,低效片或裂片较多,不值得返工或无法返工。

2. 检验基础

(1)条件:

① 检验员有正常的视力,无色盲,无须放大镜。

② 色差在室内正常光线下,离样本约 0.5 m,目视,角度为 30°～90°;其他用直尺(游标卡尺)测量。

③ 检查时间:每个部分 3～5 s。

(2)工具:直尺、游标卡尺、菲林尺。

(3)规则图形(如圆形、正方形、矩形)的面积按不良实际面积计算。不规则图形以外切长方形的近似面积计算。

3. 检验项目及要求

① 带“ * ”的表示有图例，图号为相应的项目号；每项条款超出 Q1、Q2、Q3 的，均视为不合格品，需要返工或报废。

② 拒收项目可参考相关图片，不作专门文字说明。

组件外观检验标准

(1)外表面清洁干净。

(2)无破碎、裂纹、针孔的单体电池。

(3)电池片崩边：崩边沿电池片厚度方向，深度不大于电池片厚度的1/2，面积不大于2 mm^2 的崩边，每片电池片不多于两处。

(4)电池片缺角：每片电池片，深度小于1.5 mm，长度小于5 mm的缺角不得超过1处；深度小于1 mm，长度小于3 mm的缺角不得超过2处。

(5)每块组件崩边、缺角两项缺陷的总和不超过两片。

(6)组件电池片主栅与细栅线连处允许≤1 mm的断点，细栅线允许≤2 mm的脱落。断点与栅线脱落的总数不大于栅线总条数的1/5。

(7)汇流条与焊带连接处，焊带超出汇流条、汇流条超出焊带1 mm以下。

(8)电池片或焊带的间距离、电池片之间、电池片与汇流条之间、汇流条之间的距离要在0.3 mm以上。

(9)电池片横排错位≤2 mm；纵列间隙两端相差≤2 mm；组件整体位移时两边电池片与玻璃边缘距离之差≤3 mm。

(10)焊带与栅线之间不能有脱焊。

(11)组件内杂物：无毛发、虫子等。

(12)组件内气泡：电池片与电池片之间有气泡时，气泡边缘与电池片之间的间距应大于0.3 mm；距离玻璃边缘2 mm内不允许有气泡，且每个组件上不能超过5个，所有气泡的总面积小于9 mm^2。

(13)TPT或TPE背板剥离和EVA缺损应在距离玻璃边缘2 mm以内。

(14)背板折皱时受光面不能有折痕，不能有重叠，不能乱写，没有刮痕。

(15)背面污垢，直径小于5 mm，宽度小于1 mm及长度小于50 mm，每平方米允许有两处。

(16)接线盒、商标的位置无歪斜，接线盒周边无缝隙并涂布硅胶，硅胶一定要溢出接线盒周边，并且范围在5 mm以内。

(17)接线盒内汇流带须平滑，无虚焊；汇流带要求牢固地卡于接线端子的汇流带连接端。

(18)商标检查：印刷、电性能参数值是否符合要求。

(19)组件表面钢化玻璃检验按《钢化玻璃检验标准》执行。

(20)组件边框铝型材接口处无明显台阶和缝隙，缝隙由硅胶填满，螺钉拧紧无毛刺；铝型材与玻璃间缝隙用硅胶密封，硅胶需涂均匀，光滑无毛刺现象，如有缝隙其深度≤1 mm；其他项目检验按《铝合金检验标准》执行。

(21)接线盒螺帽必须拧紧；沿导线伸出的竖直方向施加50～100 N的拉力，导线不松脱。

(22)组件接线盒连线符合要求。

注意：

检验工具及条件：目测或用钢板尺检验，不小于1 000 Lx。

任务实施

1. 工作目的描述

本工序是对组件进行电性能测试。

2. 所需设备及工装、辅助工（器）具

① 所需设备：组件测试仪。

② 辅助工具：连接线。

3. 材料需求

电池组件。

4. 个人劳保配置

工作服、工作鞋、工作帽、口罩、指套。

5. 作业准备

(1)清理工作区域卫生，用无尘布擦拭干净玻璃台面。

(2)检查辅助工具是否齐全，查看测试区室温。

(3)戴好手套。

6. 作业过程

(1)把组件放在工作台上的规定位置。

(2)正确连接正、负极。

(3)打开仪器和计算机，单击"测试"按钮。

(4)记录电性能参数。

(5)操作完毕，按规程关闭仪器。

7. 作业检测

组件各部分性能参数符合质量检验标准。

8. 注意事项

(1)测试时，组件位置固定。

(2)测试两次取平均值。

任务二　光伏组件测试

学习目标

(1)熟悉光伏组件测试主要项目及要求。

(2)掌握光伏组件验收时的质量要求。

(3)掌握光伏组件测试操作工序。

任务描述

本任务主要介绍光伏组件测试主要项目及要求、光伏组件验收时的质量要求、光伏组件测试操作工序。

相关知识

1. 组件电性能检验

(1)工作电压 V_{mp}:

36 片串联:$V_{mp} \geqslant 16.8$ V。

60 片串联:$V_{mp} \geqslant 28.0$ V。

72 片串联:$V_{mp} \geqslant 33.6$ V。

(2)最大功率 P_{max}:

最大功率误差:±5%。

(3)组件电性能全数检验。

2. 组件绝缘耐压检验

(1)耐压检验。

漏电流≤50 μA,或表面无破裂现象。

(2)绝缘检验。

绝缘电阻>50 MΩ。

(3)组件绝缘耐压全数检验。

3. 组件外形尺寸

(1)组件长度、宽度尺寸允许偏差为-2.0~+2.0 mm。

(2)组件四角垂直度:以名义尺寸计算的两对角线长度偏差为-4~+4 mm。

(3)组件厚度尺寸允许偏差为±1.0 mm。

(4)相关记录:成品出货检验报告。

4. 不合格品的处置

(1)检验发现有任意不合格时,立即进行不合格标识并隔离(标识应注明产品名称、型号、不合格项、数量、批次等),转移置不合格品区,由相关责任人进行返工。

(2)若检验时发现单一项不合格率过高时(参照检验计划),立即通报品控主管及相关责任主管并开具"品质异常追踪单",由相关责任人采取改善措施,必要时技术部与品控部参与改善活动。由品控人员进行效果追踪。

(3)返修的过程产品,需由品控部质检人员重新检验,检验合格后方可转入下道工序。

知识拓展

组件验收时质量要求见表7-1。

表 7-1　质量要求

序号	检验项目	合格	降级	返工
1	片间距	2 mm≤片间距≤3 mm	降级	无
2	汇流带外观	无折痕,无扭曲,未剪长度≤2 mm	降级	无
3	汇流带到电池片的距离	2 mm≤距离≤4 mm	降级	无
4	气泡	气泡不在电池表面总体气泡≤2/m², 直径≤1 mm, 气泡不成串	降级	无
5	异物	不允许有毛发,不在电池表面的异物,总长度不得超过 5 mm 且总数不超过 3 个,电池表面的异物不超过 1 mm 且总数不超过 1 个,电池片表面不允许有锡珠,锡疤面积控制在 2 m² 以下,助焊剂残留直径小于 3 m²	降级	无
6	各部件尺寸	按图纸要求	降级	无
7	TPT 划伤	无	降级	无
8	TPT 褶皱	正面无压痕,凸起≤0.5 mm	降级	无
9	电池片缺损	深度≤0.5 mm	降级	无
10	碎片	无	无	返工
11	色差	无明显色差,整体颜色一致	降级	无
12	标签	1. 两张标签号码一致,字迹清晰,无破损,粘贴牢靠服帖,能够正常扫描。 2. 标签贴在规定位置	无	返工
13	铝合金边框	1. 四角磨平,手感光滑。 2. 表面清洁无明显划伤,框架无扭曲变形	无	返工

任务实施

1. 准备工作

(1)工作时必须穿工作衣、工作鞋,戴手套、工作帽。

(2)做好工艺卫生,清洁整理台面。

2. 所需材料、工具和设备

清洗好的组件、组件测试仪、标准组件、绝缘测试仪。

3. 操作程序

(1)按顺序打开总电源开关—计算机电源开关—组件测试仪—电子负载电源开关—组件测试仪光源电源开关。(机器预热 15 min,目的是让机器稳定一下。)

(2)打开测试软件,开始校正标准组件。

(3)把待测组件相对应的标准组件放在测试仪上,将测试仪输入端红色的鳄鱼夹与组件的正极连接,黑色的鳄鱼夹与组件的负极连接。

(4)触发闪光灯(闪光灯是模拟太阳光做的),调整电子负载和光源电压,使测试速度和光强曲线匹配。

(5)触发闪光灯,调整电压修正系数和电流修正系数使测试结果与标准组件的开路电压、短路电流数值相一致。

(6)校正结束，取下标准组件。

(7)将待清洗的组件放上待测组件，取下流程单将测试仪输入端红色的鳄鱼夹与组件的正极连接，黑色的鳄鱼夹与负极连接。

(8)检查组件外观是否有不良。

(9)触发闪光灯，使测试速度和光强曲线匹配，一般测两三次，在右侧对话框内输入该组件的序列号，单击“保存”按钮。

(10)取下组件进行绝缘测试，绝缘测试仪的一端将组件的输出端短接，另一端接组件的铝边框，漏电流为0.5 mA，以不大于500 V/s的速率增加绝缘测试仪的电压，直到等于2 400 V时，维持此电压1 min，观察组件有无击穿。

(11)在流程单上准确填写测试数据。

(12)把组件放置在指定地点。

(13)重复步骤(7)～(12)继续测试。

(14)关机时按照步骤(1)逆向关机(或按照机器使用说明书关机)。

4. 质量要求

(1)正确记入相关参数，按测得功率分档。

(2)测试数据在设计允许范围内。

(3)无绝缘击穿或表面无破裂现象。

5. 注意事项

(1)测量不同的组件须用与之功率对应的标准组件进行校正。

(2)开机测量前应对标准组件重新校正。

(3)测试环境温度应为25 ℃ ±2 ℃，且在密闭环境下。

(4)测试仪输入端与组件的正、负极应连接正确，接触良好。

(5)测试时人眼不可直视光源，避免伤害眼睛。

(6)绝缘测试时，手不可触摸组件，以防电击。

(7)保持组件表面清洁，注意不要划伤型材和玻璃。

(8)不测时不可以将红色的鳄鱼夹与黑色的鳄鱼夹夹在一起。

任务三　测试设备及组件检测的技术要求

学习目标

(1)熟悉组件测试仪的使用及保养方法。

(2)掌握光伏组件检测各项目主要技术指标。

任务描述

本任务主要介绍组件测试仪的使用与维护、光伏组件检测各项目及其主要技术指标。

单片测试仪(组件测试仪)

1. 使用方法

(1)按顺序打开总电源开关。

(2)打开计算机电源开关。

(3)单片测试仪电子负载电源开关。

(4)单片测试仪光源电源开关。

(5)调整探针到两主栅线位置(组件测试仪无此项)。

(6)打开测试软件。

(7)开始校正与其相对应的标准组件(注意调整电流、电压和光强线的位置)调整电压、电流的修正系数使其达到标准数值。

(8)做好记录进行测试。

2. 调整光强

调"光强调节"旋钮,将标准电池片(组件)置于测试台上,打开触发开关,显示出现如图 7-1 所示画面。

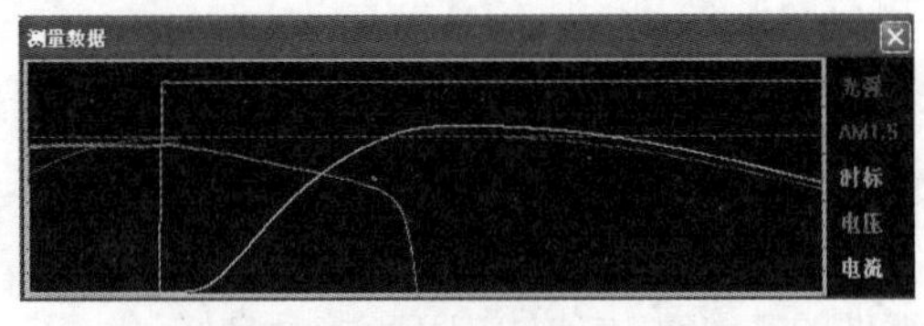

图 7-1　光强调节

反复调节"光强调节"按钮,使红色光强曲线平顶部分与 AM1.5 紫线完全重合。

3. 负载调节

调整"负载调节"按钮,使小窗口绿色电压曲线与电流曲线相交,交点在光强曲线与 AM1.5 直线交点下方,如图 7-2 所示。

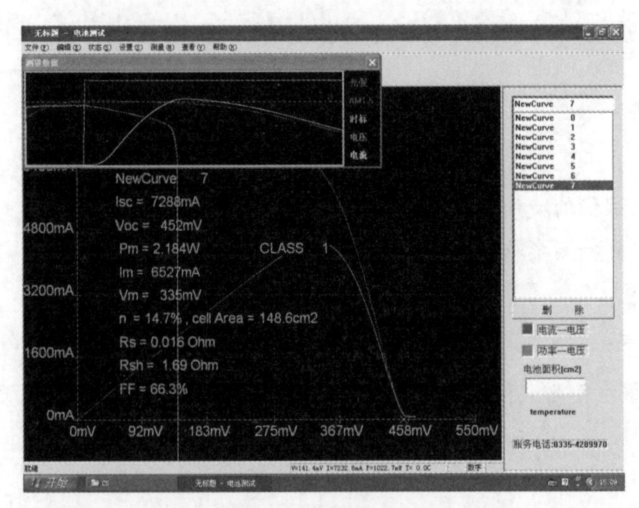

图 7-2　负载调节

4. 保养项目

① 氙灯是否老化。

② 单片测试仪探针是否要更换。

③ 组件测试仪、单片测试仪保持清洁。

任务实施

1. 组件电极性

(1)组件电性能指标符合设计要求,不允许 *I–V* 曲线有台阶,功率及分类等级按合同规定。

(2)标准测试条件(STC);光强 1 000 W/m^2,光谱 AM1.5,温度 25 ℃ ±2 ℃用于校准的标板双方确定的标准。

(3)绝缘电阻和耐压抽测 5%,并符合 IEC61215 规定,即在组件边框与载电体电路间施加 6 000 V直流电压,保持 30 s,无绝缘击穿。

(4)EL 测试仪检测组件无裂片,断删现象不允许超过电池片面积的十分之一,电池片无发光处的面积小于十分之一,由于 PN 结漏电造成某一小部分无发光的现象不允许。

2. 组件检测的技术要求(见表 7–2)

表 7–2 检测的技术要求

序号	项目	技术要求
1	背面	1. 背板允许有轻微褶皱以及由引线引起的轻微凸起;应有轻微凹坑,凹陷面积≤100 mm,深度≤1 mm,数量≤3 个。 2. 从正面不可见的折痕长度≤50 mm,且没有延伸到玻璃边缘。 3. 不允许尖锐鼓包、“弹性”的可触软泡,焊带或引出线引起的鼓包不明显。 4. 电池片和汇流带等连接物不可见或轻微可见,这种轻微可见的状况不能加剧。 5. 背板材料凸点高度≥0.2 mm,数量不超过 3 个/板,鼓点高度 <0.2 mm 的不能密集出现。 6. 背板无划伤、脱膜、填补现象
2	电池片	1. 组件采用 A 级电池片封装,不允许单晶、多晶电池同时在一个组件内出现;不允许规格不同、图形不同(含细栅根数)的电池在一个组件内出现;不允许光面、绒面电池片混用。 2. 颜色;组件整板电池颜色均匀一致,不允许电池片跳色。 3. 电池裂纹(肉眼可见),碎片不允许。 4. 不允许有 V 形缺口和尖锐形缺口其他缺口。要求如下: (1)电池边缘崩边和 U 形缺口:长度≤2 mm,深度≤0.8 mm(1.0 mm),允许 1 个/片(崩边小片不过栅线)。 (2)细长缺口:长度≤10 mm,深度≤0.8 mm(多晶≤1.0 mm),允许 1 个/片。以上缺口崩边均不可过电极(主栅线、副栅线)。缺口不允许电池片表面有助焊剂引起的脏污
3	图形排列	1. 图形排列规整,汇流条,互连条平直不变色,与电池片排列距离; 2. 1 mm≤片距离≤3 mm。 3. 2 mm≤串间距≤4 mm。 4. 2 mm≤汇流条距电池片≤5 mm。 5. 有源部件距边框≥9 mm。 6. 互连条与主栅偏移(露白)≤0.3 mm
4	正面气泡	1. 不允许连片气泡和边框与电池片之间形成连续的气泡。 2. 在电池片上,面积≤4 mm^2 的气泡 1 个,并且不在同一个电池片上;不在电池片上,面积≤1 mm^2 的气泡,数量≤5 个;或者面积≤8 mm^2,数量≤2 个(或者 1 组),2 个气泡不得相连或者明显临近

续表

序号	项目	技术要求
5	异物	1. 不允许连片导电异物,不允许头发连片。 2. 允许面积≤5 mm^2 的异物≤3 处。 3. 异物不能导电两片电池片之间的片距≤0.5 mm。 4. 异物不得引起内部短路
6	条形码	条形码不明显歪斜,数字不允许被遮挡。按图示位置放置,位移≤3 mm,如果条形码的位置正确,则条形码旋转180°,可以接受
7	玻璃	1. 划伤:允许轻微划伤,即1 m处肉眼看不见或手触摸无感觉。 2. 不允许玻璃表面有贝壳凹缺。 3. 气泡:宽度≤5 mm,长度≤50 mm,每平方米数量≤4条。 4. 无任何可见的类似烟雾、薄雾或玻璃的不透明度
8	边框	1. 装配 (1)组件几何尺寸,安装空距等符合设计,误差±1 mm,不允许组件中间鼓肚。 (2)拼缝间隙:≤0.3 mm;长短边框上下面位错:≤0.5 mm。 (3)对角线之差:组件两对角线之差≤3 mm。 (4)组件四角冲坑深度>1 mm,所有加工处无毛刺。 (5)边框与玻璃正面应无空胶,使用0.3 mm塞尺,塞入间隙深度≤5 mm。 (6)边框与背板补胶胶条连续,均匀,美观,无漏胶空胶。 2. 外观 (1)氧化层平滑,均匀,不允许有皱纹、流痕、鼓泡、裂纹、发黏等现象,氧化层厚度符合设计要求。表面清洁,不得有污垢和残胶,整体无变形。 (2)A,B,C面的划伤,撞伤,擦伤: ①边框装饰面A面的轻微外观缺陷在0.5 m,裸眼观察不明显,其他缺陷不允许。 ②B面露底划伤≤5 mm,不超过2处,坑洼直径≤10 mm,深度≤0.5 mm,数量不超过1处,撞伤、擦伤在1 m,裸眼观察不明显。 ③C面露底划伤长度≤10 mm,不超过3处。坑洼直径≤10 mm,深度≤0.5 mm,数量不超过2处,但不能在同一边框出现,撞伤、擦伤在1.5 m,裸眼观察不明显
9	接线盒	1. 接线盒安装位置符合设计要求,位置偏移小于1 cm,与边框的平行度≤3 mm。 2. 接线盒与背板贴紧不得翘起,无明显间隙,有少量黏胶挤出,胶条无间断。溢出胶条均匀、美观、无裂痕、无缺口、无小孔、粘接牢固、密封、无渗水现象。 3. 盒内引出线根部与TPT开口处用硅胶完全密封,无空胶。电极插接可靠,承受≥30 N拉力电极不脱出,输出极性正确,引出线间距不小于100 mm。 4. 二极管极性、数量正确,接线端子完整。 5. 各紧固件连接牢固,合盖严密,用手分别在90°两方向抠盖抠不开。 6. 导线无破损,导线标贴必须完好
10	配件、标贴及其他	1. 配件摆放位置正确,且配件齐全。 2. 标贴字迹清晰,参数正确,无破损,无印刷移位。 3. 背板标签规格正确,粘贴位置符合设计要求,粘贴端正平整,无气泡。 4. 组件封装牢固无松动。 5. 组件正面,反面和边框清洁,不允许残胶和脏污,1 m处观察无可见的杂物或污迹

3. 注意事项

① 注意背面的技术要求。

② 注意接线盒安装的技术要求。

③ 注意边框的技术要求。

任务四　电池片隐裂及处理

学习目标

(1)理解隐裂及隐裂造成的后果。

(2)掌握各工序产生隐裂的原因及预防措施。

任务描述

晶硅电池片由于其自身晶体结构的特性,很容易出现隐裂现象,隐裂可以说是一种较为常见的电池片自身缺陷。本任务主要介绍在组件生产过程中产生隐裂的原因及预防措施。

相关知识

一、什么是隐裂

隐裂就是还没有裂开,已经有“内伤”的电池,比如网板下有点碎片,再次印刷会造成片子隐裂,用乙醇或水在隐裂的地方浇上,反面会有痕迹,那就是隐裂点。如发现就需要加热后撕开背板,更换隐裂片了。如图 7-1 是含有隐裂电池片的组件测试图。

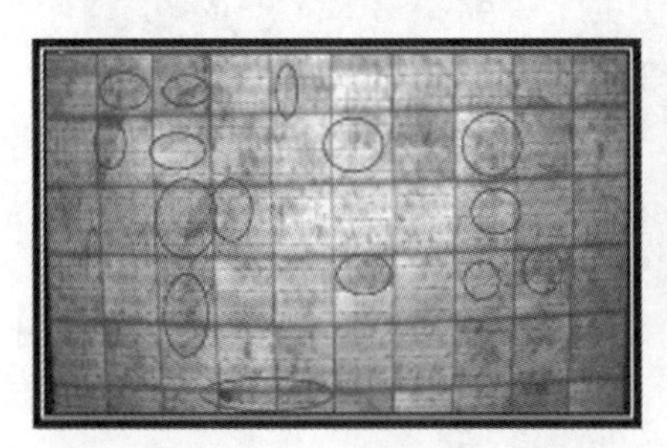

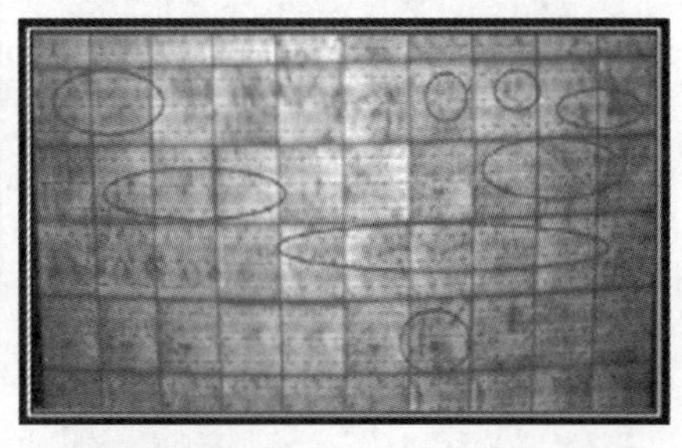

(a)车间隐裂引起的降级组件EL测试图

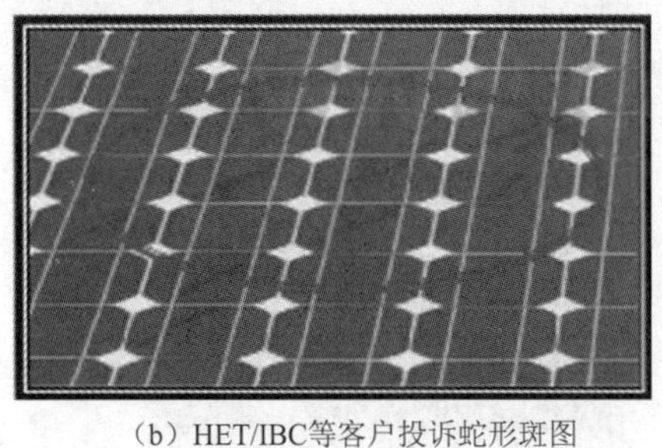

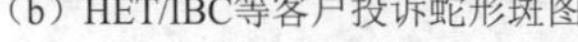

(b)HET/IBC等客户投诉蛇形斑图　　(c)WSB客户投诉的隐裂图

图 7-3　含有隐裂电池片的组件测试图

二、隐裂造成的后果

(1)影响组件的正常使用寿命。

(2)交叉隐裂会造成纹碎片使电池失效,组件功率衰减直接影响组件性能。

(3)隐裂可能会导致热斑效应。特别是单晶电池片,隐裂会沿着晶界方向延伸。

（4）在机械载荷下扩大，有可能导致开路性破损。

（5）降低组件承受压力。

各工序产生隐裂的原因及预防措施

电池片作为光伏组件重要原材料之一，在组件系统应用中起着十分重要的作用。由于硅材料的紧缺及生产成本的降低，电池片厚度由2005年的220～270 μm减到目前的170～190 μm，其发展趋势还会更薄。因此，如何应对电池片裂纹、如何避免组件层压前制作工序中电池片产生的裂纹、破片和层压后各工序中的周转造成组件挠曲使电池片产生隐裂或裂纹，以及如何解决系统应用中出现不良问题的索赔等，是目前组件厂商值得探讨和思考且迫在眉睫的问题。

1. 检测分选

分析原因：在分选过程中，容易造成裂纹、破片的环节有拆封电池片、测试电池片、电池片堆放和传递等。

预防措施：电池片的拆分如图7-4所示；电池片的放置如图7-5所示。

（a）不正确的拆分方式

（b）正确的拆分方式

图7-4　电池片的拆分

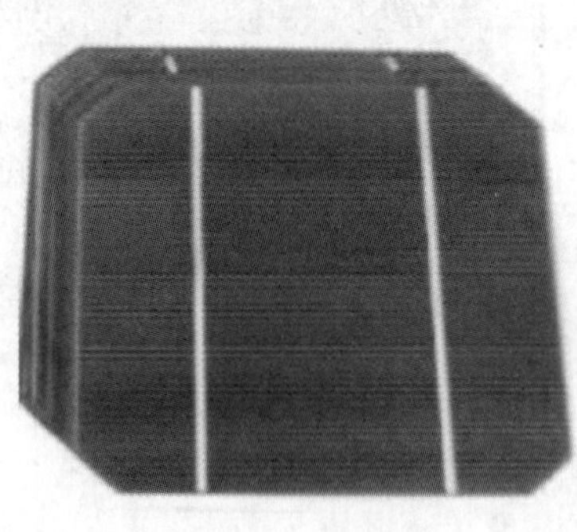

（a）不正确放置

（b）正确放置

图7-5　电池片的放置

2. 焊接

分析原因：在焊接过程中，容易造成裂纹、破片的环节包括电池片焊接工艺、焊带的选择、焊接后的堆放等。

烙铁气筒的温度太高容易造成电池片起头焊接时成八字形隐形的裂纹。

焊接时有堆锡的现象,在串焊层压工序也将造成电池片裂纹、破片。

如果焊接起点和单焊的起点重合,则容易造成电池片裂纹或者破片。

在选择焊带时,如果其厚度、宽度、硬度及收缩率与电池片不匹配,焊接后会因为产生翘曲而引起隐裂或破片。图 7-6 所示为焊接后翘曲度引起隐裂。

堆积较多的电池片会使最底层的几片电池片错乱的堆放导致其缺角、裂纹,如图 7-7 所示。

图 7-6　焊接后翘曲引起隐裂图

图 7-7　堆放不整齐引起隐裂或破片

预防措施:

①控制烙铁头的温度,控制焊接的力度及焊接角度,防止产生锡渣或者锡堆。

②选择厚度、宽度、硬度及收缩率与电池片匹配的焊带,减小翘曲度。

③焊接好的电池片堆放需整齐且不可超过一定数量。

3. 层叠(排版)

分析原因:在排版过程中,易造成裂纹、破片的环节包括电池串的摆放、排版时的操作、EVA、玻璃、背板等原材料表面有异物及排版后的搬运造成等。电池片的摆放如图 7-8 所示;看外观时发现锡渣,如图 7-9 所示。

图 7-8　电池片的摆放

图 7-9　看外观时发现锡渣

预防措施:

摆放电池片时两人动作一致,避免拉伸方向不一致导致焊带连接的电池片产生隐裂。

在敷设玻璃、EVA 和背板之前检查是否有异物或破损。

组件排版结束后进行下道工序搬运的过程中,拇指正确放置在电池片上移动组件,避免组件经受外力的作用下电池片隐裂。

汇流条焊接到位，避免组件内遗留异物、锡渣等残留物。

排版结束后，进行 EL 测试，如若发生隐裂及时返修，避免隐裂组件流入下到工序。图 7-10 所示为 EL 测试机；图 7-11 所示为检测出的隐裂组件。

图 7-10　EL 测试机

图 7-11　检测出的隐裂组件

4. 层压

分析原因：在层压的过程中，由于抽真空、加压等因素，造成电池片的位置、承受压力、温度、组件的翘曲度（见图 7-12）等的改变，会引起电池片的隐裂。交联度不合格（如层压机温度低、层压时间短等）也会造成电池片隐裂。

图 7-12　层压后出现翘曲的组件

预防措施：

①层压时将组件稳定放置在层压放板台上，设置最佳抽真空，加压数据。

②设定最佳层压时间，部分公司为 25 min。

③交联度控制在 80%～90% 之间。

④看机工作人员定时查看层压机相关数据是否异常，如有异常及时通知技术人员。

⑤层压之后进行二次 EL 测试，将层压后出现的隐裂板及时返修，隐裂的电池组件如图 7-13所示。

图 7-13　二次 EL 测试出现隐裂的电池组件

5. 边框及接线盒安装

分析原因：电池片或组件在装框时受外力造成隐裂。

预防措施：

①用机器紧固边框时设置受力的大小。

②手动安装时两人受力均匀。

6. 终检测试

光伏组件经过多道工序，进入最后一道工序时需要对组件进行电性能测试，第三次 EL 测试。这道工序主要是为了防止隐裂组件被当成合格组件包装入库，EL 测试仪如图 7-14 所示。图 7-15为测试电性能组件。

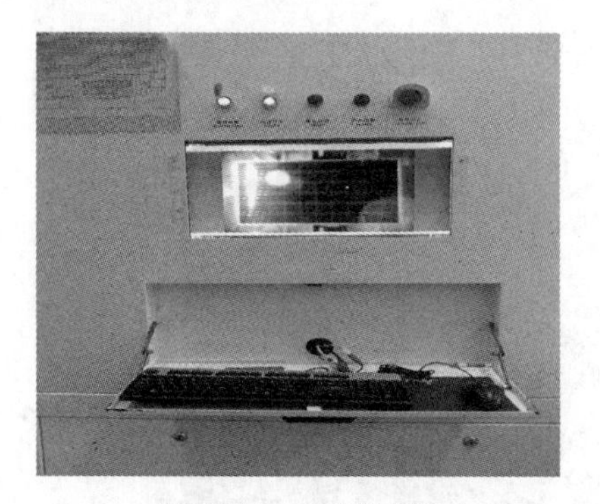

图 7-14　EL 测试仪

图 7-15　测试电性能组件

任务五　产品质量控制工艺优化

学习目标

(1)熟悉成品光伏组件常见清洁工艺。

(2)熟悉成品光伏组件外观常见异常问题。

(3)掌握成品光伏组件质量控制优化改进措施。

任务描述

为了更好地掌握、控制光伏组件质量，需要对成品光伏组件进行严格的清洁和检查。本任务主要介绍成品光伏组件的清洁工艺、外观异常问题及质量控制优化改进措施。

相关知识

成品光伏组件常见清洁工艺的流程

如图 7-16 所示，清洁工序的人员在流程卡上签上自己的名字。

盖线盒相关操作如图 7-17 和图 7-18 所示，拿出接线盒的盖子并盖紧。

图 7-16　签流程单

图 7-17　固定接线盒

图 7-18　盖紧接线盒

撕掉铝材 C 面(背面)的膜如图 7-19 所示。

图 7-19　撕 C 面铝边框膜

撕掉铝材 C 面的膜之后,将组件翻到清洁台面上,如图 7-20 所示。

图 7-20　翻转至清洁台面上

撕掉铝材 A、B 面的膜,如图 7-21 和图 7-22 所示。

图 7-21　撕铝边框正面的膜

图 7-22　撕铝边框侧面的膜

清除玻璃面上的硅胶，如图 7-23 至图 7-26 所示。

图 7-23　玻璃上的硅胶

图 7-24　铝边框的硅胶

图 7-25　清理玻璃上的硅胶

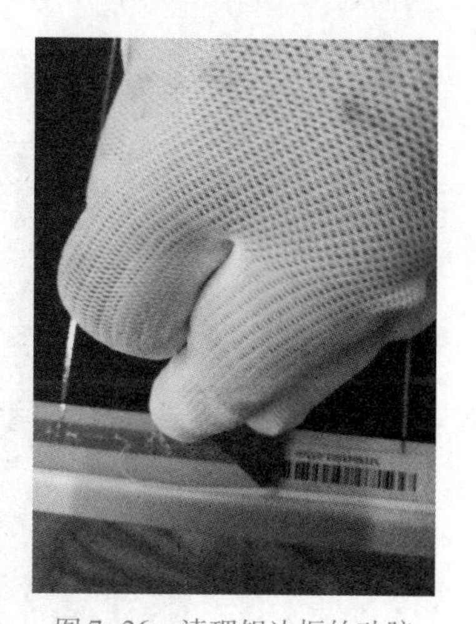

图 7-26　清理铝边框的硅胶

使用乙醇和抹布擦拭玻璃面上的污渍，如图 7-27 至图 7-29 所示。

图 7-27　倒乙醇

图 7-28　准备抹布

图 7-29　擦拭玻璃

质检员检查组件是否合格如图 7-30 所示，不合格的地方要求重新清洁。

图 7-30　质检员检查

组件无任何问题，如图 7-31 所示，方可流到下一工序。

图 7-31　清洁合格组件

清洁工艺的工艺流程如图 7-32 所示。

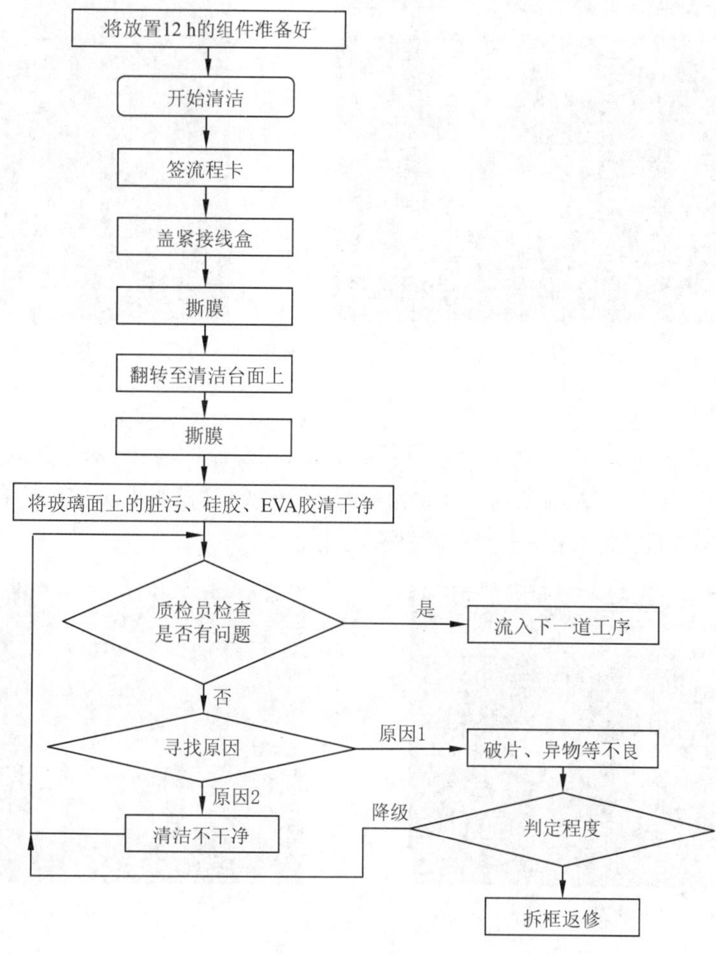

图 7-32　清洁工艺的工艺流程

光伏组件外观存在的问题

光伏组件外观存在的问题较多,国内外成品组件常出现的问题有:

(1)露白

露白如图 7-33 所示,产生的原因是单焊人员焊接速度过快,以及辅焊带手势不对;或者是设备参数没调控好;焊带规格与电池片的主栅线不匹配,也很容易导致露白。

(2)色差

色差会影响组件整体外观,造成客户投诉。色差如图 7-34 所示,色差出现的原因主要有两个方面:一方面为混档;另一方面为来料问题(分选问题)。

图 7-33　露白

图 7-34　色差

(3)崩边和缺角

崩边如图 7-35 所示，可能是电池片本身就隐裂了，在层压的时候，抽真空的压力使得电池片隐裂的地方破片，加上 EVA 的流动性。缺角如图 7-36 所示，排版人员剪汇流条过急，碰到单片，易造成缺角；层压台板时，操作不当很容易造成缺角。

图 7-35　崩边

图 7-36　缺角

(4)破片

破片如图 7-37 所示，电池片本身就存在隐裂问题，再加上 EVA 的流动性导致破片。单串焊时焊带翘起，在后续的层压中，使其破片。

图 7-37　破片

(5)气泡

组件气泡会影响脱层，严重时会导致报废。气泡如图 7-38 所示，EVA 过期；层压机故障，真空度低密封圈有裂纹；层压机参数设定异常；助焊剂表面残留；互连条虚焊；内部不干净有异物会出现气泡，如图 7-39 所示。

图 7-38　气泡

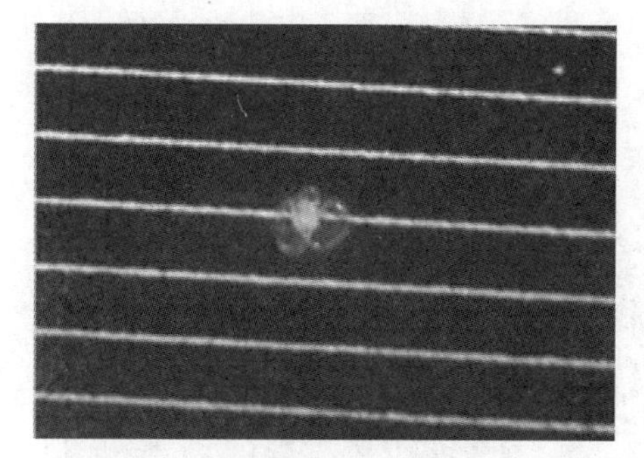

图 7-39　异物引起的气泡

(6)EVA 杂质

EVA 杂质如图 7-40 所示，EVA 含有杂质、未融的小颗粒；单串焊手套脏（含有助焊剂的残留物）。EVA 未融（见图 7-41），产生的原因有 EVA 过期；层压机温度、时间参数不符合标准；交联度试验未能摸索出该 EVA 的正确工艺参数。

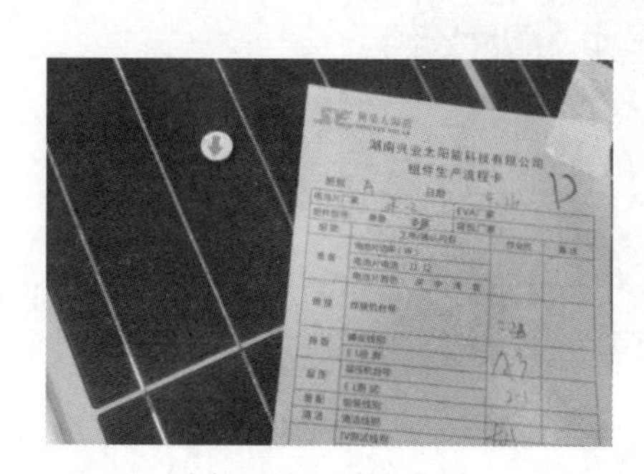

图 7-40　EVA 杂质

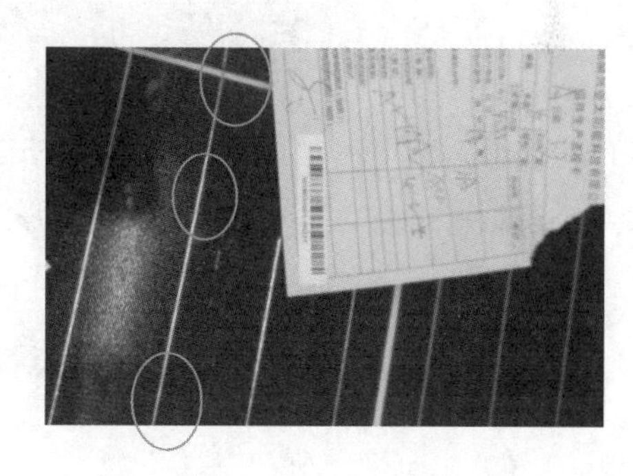

图 7-41　EVA 未融

(7)异物

头发如图 7-42 所示，主要原因是帽子没有完全遮住头发。废焊带如图 7-43 所示，层叠工序排版人员剪过长焊带的时候不经意将残留焊条溅出。木屑如图 7-44 所示，可能是包装材料上面的，排版人员在拿玻璃时，未注意到用来放置玻璃的托盘上面的小木屑粘到了玻璃上。其中，如果头发和废焊带连接了两片电池片，会导致两串电池片短路。

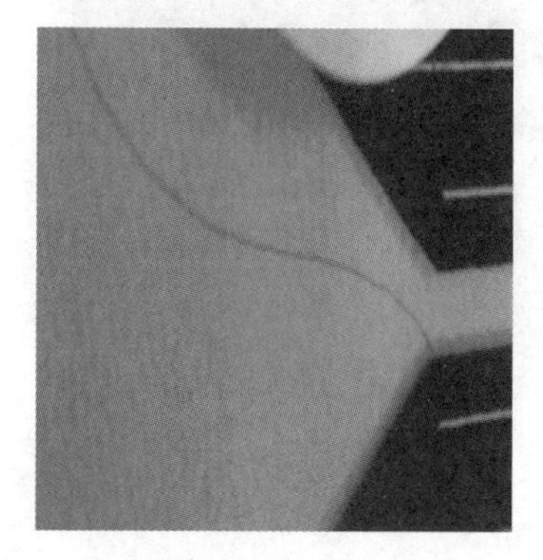

图 7-42　头发

图 7-43　废焊带

图 7-44　木屑

(8)电池片短路

短路如图 7-45 和图 7-46 所示,电池片本身就隐裂了,层压机的压力加上 EVA 的流动性,使电池片碎片连接了两片电池片,导致一串电池片短路;返修人员使用电烙铁的时候,没有注意电烙铁上面的残余锡渣掉在了上面。

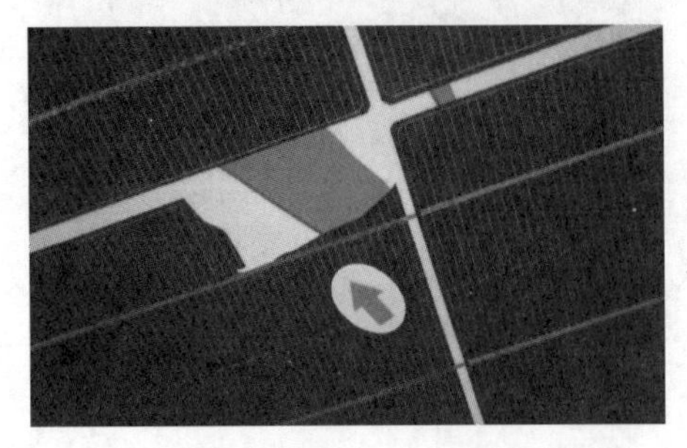
图 7-45　电池片引起的短路

图 7-46　锡渣引起的短路

(9)焊带露铜

焊带露铜如图 7-47 所示,焊带露铜产生的原因只可能是厂家来料不良。

图 7-47　焊带露铜

(10)间距不良

间距不良如图 7-48 所示,产生的原因有:EVA 收缩比率大且不均匀导致层压组件位移;层叠排版工序人员未对串间距进行确认导致间距不良;没有按要求贴定位胶带。间距不良如图 7-49所示,产生的原因有:电池片、背板整体移位,导致汇流条和铝边框边距不良。

图 7-48　电池片间距不良

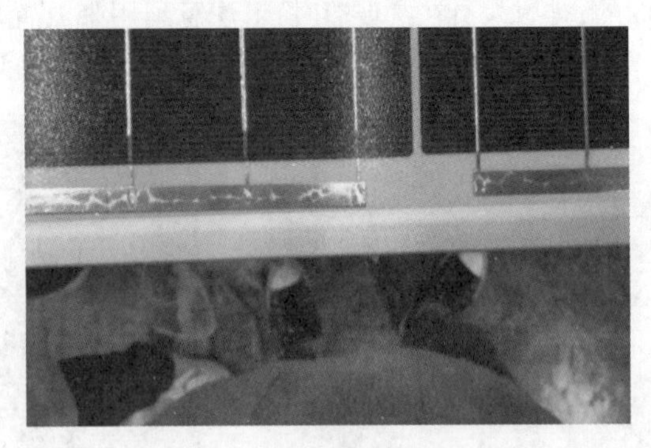
图 7-49　边距不良

(11)脱层

背板脱层如图 7-50 所示。脱层产生的原因有:层压后组件未经冷却就进行割边导致背板脱层;层压后的组件未经冷却就用溶剂进行表面清洗。EVA 脱层如图 7-51 所示,产生的原因是交联度不合格(如层压机温度低、层压时间短等)造成。

图 7-50　背板脱层

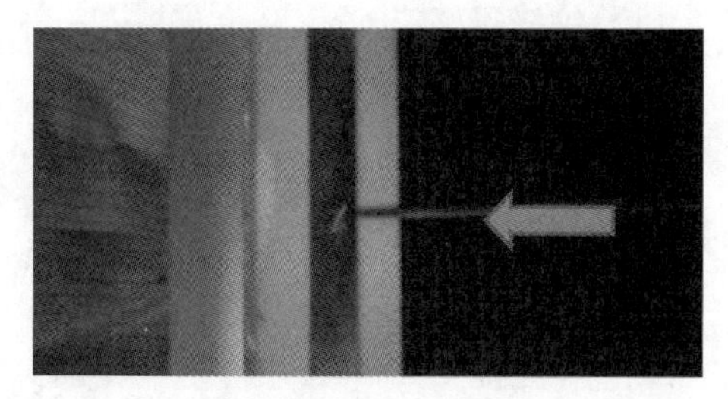

图 7-51　EVA 脱层

(12)背板、电池片移位

背板、电池片移位如图 7-52 所示。产生的原因有:电池片、背板整体移位,导致条形码被铝边框遮盖;电池片、背板移位导致铝边框边距不良。

(13)背板凹陷

背板凹陷如图 7-53 所示,产生原因是层压时四氟布上有残余的 EVA。

图 7-52　背板、电池片移位

图 7-53　背板凹陷

(14)背板划伤

增大组件透水性,进入组件内部的水汽就越多,组件的发电性能会被破坏。背板划伤如图 7-54所示,产生原因是清洁时,用刀片清理背面的硅胶,造成背板的划伤。

(15)背板脏污

背板脏污如图 7-55 所示,可能是因为来料不良;层压的时候,由于 EVA 具有流动性,使多余的 EVA 胶流到了背板上。

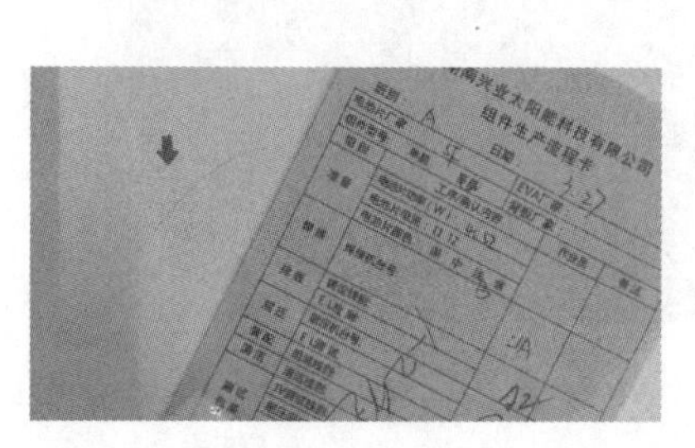

图 7-54　背板划伤

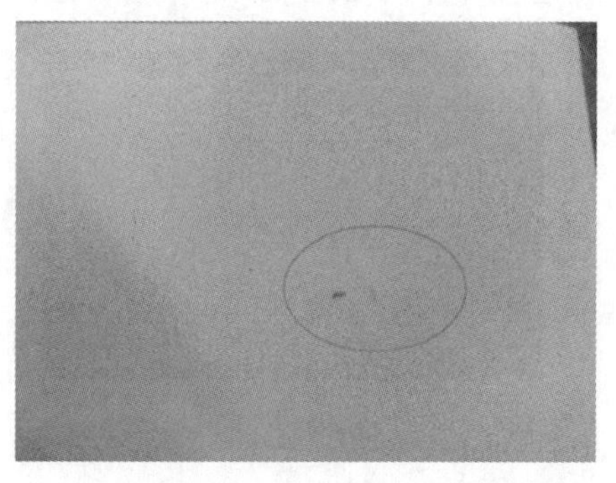

图 7-55　背板脏污

(16)EVA 脏斑

EVA 脏斑如图 7-56 所示,造成的原因有来料不良,以及裁剪人员和排版人员手套脏等。

(17)绝缘条移位

绝缘条移位如图 7-57 所示,产生的原因是排版人员未对其拉到位。

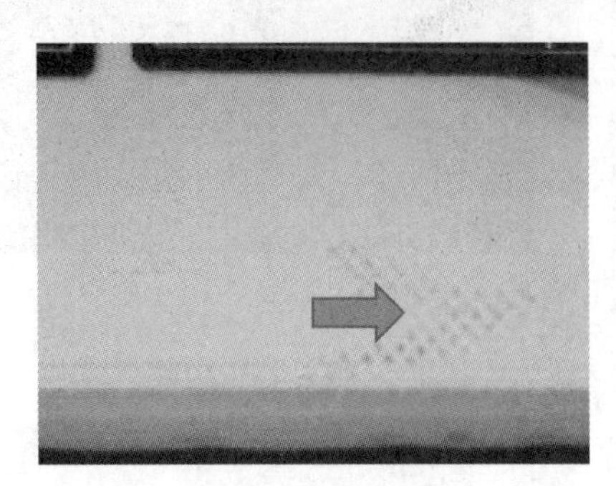

图 7-56 EVA 脏斑

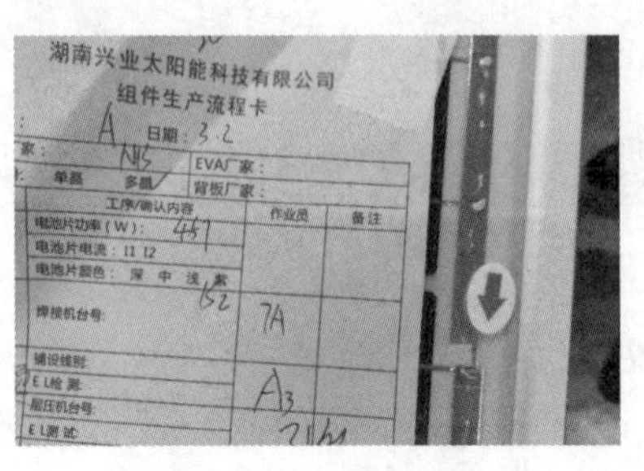

图 7-57 绝缘条移位

(18)汇流条间距不足

汇流条间距不良如图 7-58 所示。其原因是排版人员未控制汇间距;EVA 收缩导致间距不良;没有贴定位胶带。

(19)汇流条未剪

汇流条未剪如图 7-59 所示。其原因是排版人员漏剪导致。

图 7-58 汇流条间距不良

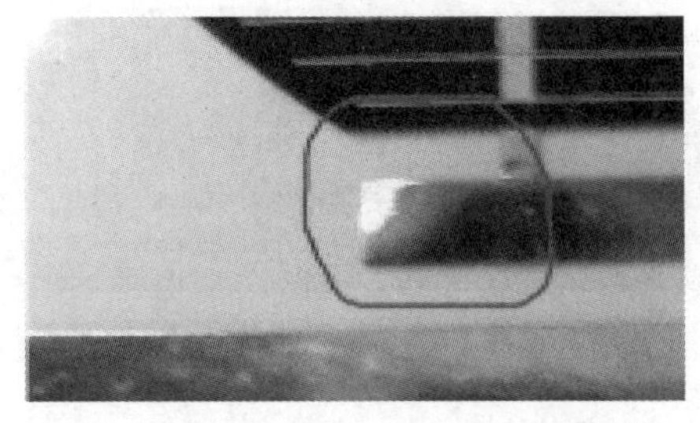

图 7-59 汇流条未剪

(20)铝合金边框

边框缝隙如图 7-60 所示,产生的原因是长边框和短边框来料存在尺寸上的误差及装配组框机不到位。边框磨损如图 7-61 所示,产生的原因是原材料本身存在问题,操作过程中被撞击所致,或清洁工艺中使用刀片时划到型材边框。边框变形如图 7-62 所示,产生的原因是叉车司机在运输过程,撞到了铝边框导致变形。边框有孔如图 7-63 所示,产生原因是来料存在问题。

图 7-60 边框缝隙

图 7-61 边框磨损

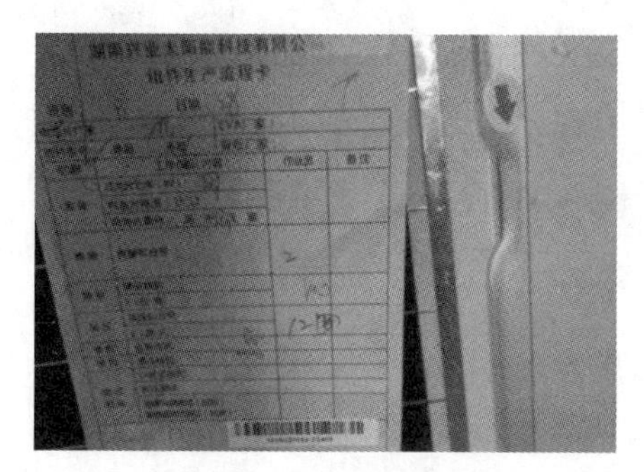

图 7-62　边框变形

图 7-63　边框有孔

(21)玻璃划伤

玻璃划伤如图 7-64 所示,造成的原因有原材料来料不良,以及在清洁工序中组件正面刀片使用不当等。

图 7-64　玻璃划伤

(22)组件清洁不干净

主要是由于装配人员的手套上有硅胶(见图 7-65),组件翻转时,弄在组件的玻璃上,或者由于装配工序的自动涂胶机打边框时未能控制好边框的胶量,使在自动装框时,挤压多出来的硅胶流到玻璃边上(见图 7-66)。EVA 胶溢出如图 7-67 所示,由于 EVA 胶在层压工序中抽真空,使残余的 EVA 流到了玻璃上。

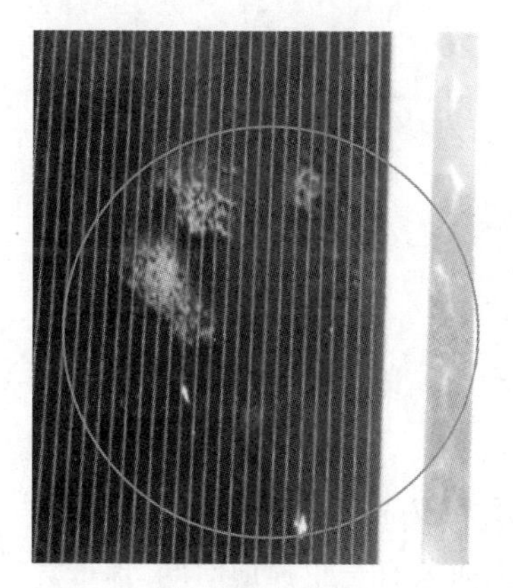

图 7-65　硅胶

图 7-66　硅胶流到玻璃边上

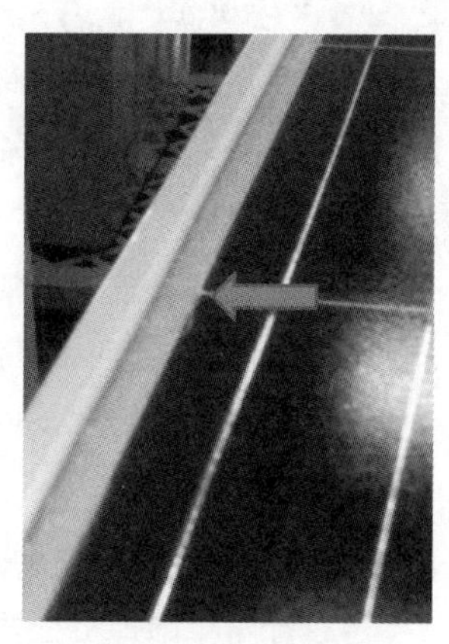

图 7-67　EVA 胶溢出

成品光伏组件质量控制优化改进措施

1. 露白

(1)通过培训加强员工的质量意识,并讲述什么样的露白不可以流入下一道工序。

(2)制定不同电池片的厂家与焊带的匹配性,并且调试好相对应的工艺参数。

2. 色差

(1)反馈给电池片的供应商要求整改,并对来料检验做严格的把关。

(2)分选人员把不同颜色的电池片做好标识,以免后面焊接机在投料时投入不同颜色的电池片造成混片。

(3)返修区域要区分好电池片颜色等级的标识,避免用错片子造成色差。

3. 崩边和缺角

(1)在排版过程拿电池串要稳拿稳放,剪汇流条时要细心,力量不要太大。

(2)要平稳的抬组件,手不要压倒电池片。

4. 破片

(1)对串焊机及时做好5S管理。

(2)对层压机的工艺参数,及时调整处理。

5. 气泡

(1)改善车间5S环境。

(2)连续几锅板出现气泡时,请技术部调整层压机参数。

(3)对层压机每班做好点检,及时观察上下抽真空数值,及时检查密封圈状况,做好日常保养工作。

(4)助焊剂用多的情况下,马上用乙醇擦掉。

(5)尽量减少层叠时对电池片的返修,防止异物掉入而产生异物引起的气泡。

(6)巡检人员每2 h对层压机设定的工艺参数进行确认。

6. EVA杂质

(1)加强原材料供应商的改善及原材料检验。

(2)每隔2 h进行一次巡检,加强对层压机温度、时间等重要工艺参数的检测。

7. 异物

(1)确保员工按要求戴帽子,防止头发飘入电池片中。

(2)做好5S管理,保持周围工作环境的干净、整洁。

(3)改善焊带长度,尽量从工艺上来控制。

8. 电池片短路

(1)保证焊接时烙铁头能一次性焊到位,避免在同一个地方反复拉的过程,烧伤电池片。

(2)针对单串焊员工要进行详细的培训,提醒单串焊员工收尾时要有一个提前时间,保证焊接收尾时比较平滑。

(3)调整单焊的操作方法,寻找一种符合本公司的单焊操作方法,用推焊或者平焊。

(4)控制员工对烙铁头进行喂锡,这也是堆锡的主要原因。

(5)针对单焊用四氟布做一个工装。

9. 焊带露铜

由于焊带露铜只有可能是来料不良,所以可以要求退货。清点好有多少重量的焊带是露铜的。

10. 间距不良

(1)加强EVA收缩比率的实验,确保原材料的品质。

(2)加强对排版员工的自互检意识的培训,确保串间距、定位胶带符合工艺要求。

(3)重新修改层压参数。

11. 脱层

(1)削边人员要检验搓边刀和美工刀,对不锋利的刀要及时更换。

(2)要求原材料的供应商进行改善以及对原材料进行严格的检验。

12. 背板、电池片移位

排版时控制好电池片之间的距离,并且用高温胶带固定好。

13. 背板凹陷

(1)及时清理胶板上的残留EVA。

(2)出现破损的高温布应及时更换。

14. 背板划伤

(1)组件在搬运或翻转过程中注意不要让组件的背板面碰及工作台台角。

(2)加强检验力度,及时发现原材料本身所带的背板划伤和背板缺陷。

(3)裁剪背板时要注意不要将其他物品放在背板上,防止拉背板的时候将表面划伤。

15. 背板脏污

(1)加强对原材料的检验。

(2)裁剪背板必须要带干净手套、裁剪时确保材料表面没有脏斑,裁剪完后认真做好自互检工作。

16. EVA脏斑

(1)加强对原材料的检验。

(2)裁剪EVA时必须要带干净手套、裁剪时确保材料表面没有脏斑,裁剪完后认真做好互检工作。

(3)叠层时,注意指套是否干净。

(4)保持车间环境卫生。

(5)保持车间环境卫生。

17. 绝缘条移位

(1)排版检验员应做到自检。

(2)层压作业员加强对层压前反光检验。

18. 汇流条间距不足

(1)按照模板标尺上面的距离进行焊接。

(2)叠层时调整组件位置(移上下距离)时重新检查。

(3)反光检查要认真负责,有条理。

(4)加强员工自互检及巡检的力度。

19. 汇流条未剪

(1)按照从左往右的顺序剪汇流条,并且剪完之后要自觉地自检一遍。

(2)技术部更改汇流条设计尺寸工艺,使其合理。

20. 铝合金边框

(1)加强来料检验力度,同时要加强对装框岗位人员的培训。

(2)清洁工艺时用刀片要仔细,不能划伤铝边框。

21. 玻璃划伤

(1)对流水线上的台面,可以垫橡胶垫,从而起保护作用。

(2)通过培训现场指导清洁工序中的员工应该如何清洁组件,在使用刀片的过程中不会对玻璃产生划伤。

(3)加强叠层岗位上员工自互检意识。

22. 组件清洁不干净

(1)尽量保证边框的胶量,使其硅胶溢出后,不会溢出多余的硅胶。

(2)员工应注意清洁台面和手套上的残胶,确保残胶不会弄到组件的玻璃面上。

(3)清洁过程要一一进行,仔细检查清洁干净后,确保良品流入下一道工序。

晶硅光伏组件新技术

任务一　双玻组件

学习目标

(1)熟悉双玻光伏组件的组成结构。

(2)了解双玻组件的特点及优势。

(3)掌握双玻组件的加工工艺。

任务描述

双玻组件系由两片玻璃与电池所组成的光伏组件,取代传统组件的背板与铝框结构。本任务主要介绍双玻组件的组成结构、双玻组件的特点及双玻组件的加工工艺。

相关知识

双玻光伏组件顾名思义就是指由两片玻璃和光伏电池片组成复合层,电池片之间由导线串、并联汇集到引线端所形成的光伏电池组件。早期的双玻组件由于使用前后标准的光伏玻璃,所以重量大,搬运不方便。同时由于无法解决由于电池片间漏光导致的功率损失,所以一直没有形成大规模的量产。

随着技术的不断进步,双玻光伏组件越来越普及,双玻组件经过多年的孕育终于从台后走到了台前,越来越多的光伏组件企业开始积极尝试双玻组件的设计和生产。2013 年,天合光能率先推出了商业化的耐用双玻无框组件,2014 年开始,英利、阿特斯、海润等国内知名企业以及多家国外公司纷纷推出了自己的双玻组件产品。英利正在建设中的 30 000 m^2 光伏综合利用项目,是同类项目中单体最大的工程。

双玻组件系由两片玻璃与电池所组成的光伏组件(见图 8-1 和图 8-2),取代传统组件的背板与铝框结构。早期采用的光伏玻璃难以在价格、强度、重量、透光度等要素之间取得平衡,因此并未有大规模量产;但随着近年来的光伏玻璃技术增进,已能产出价格较实惠、强度够且又不会太厚重的产品,提升了光伏组件的品质。

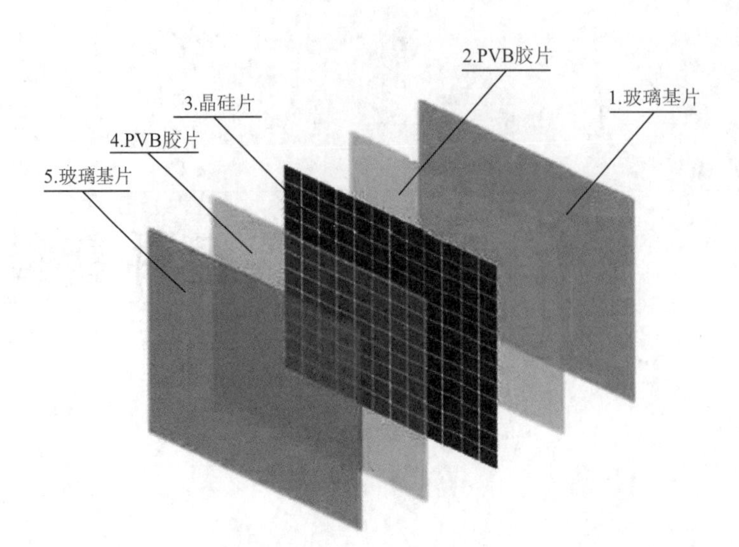

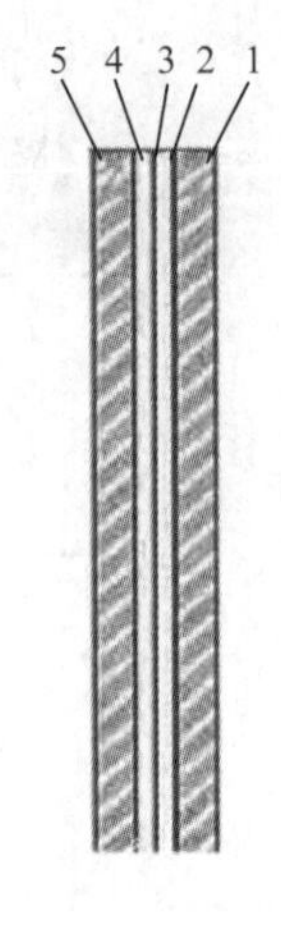

图 8-1　双玻组件组成结构

图 8-2　双玻组件

双玻组件的优势为高品质光伏电站提供了最好的解决方案,主要体现在:

(1)生命周期较长:普通组件质保是 25 年,双玻组件提出的质保是 30 年。

(2)生命周期内具有更高的发电量:双玻组件预期比普通组件高出 25% 左右,当然这里指的是双玻组件 30 年的发电量与普通组件 25 年发电量的对比。

(3)具有较高的发电效率:比普通组件高出 4% 左右。这里指的是相同时间内发电量的对比。

(4)衰减较低:传统组件的衰减在 0. 7% 左右,双玻组件是 0. 5% 。

(5)玻璃的透水率几乎为零,不需要考虑水汽进入组件诱发 EVA 胶膜水解的问题。传统晶体硅光伏组件的背板有一定的透水率,导致组件内部发生电化学腐蚀,增加了出现 PID 衰减和蜗牛纹等问题的概率。双玻组件这一优势尤其适用于海边、水边和湿度较高地区的光伏电站。

(6)玻璃的主要成分是无机物二氧化硅,与沙子属同种物质,耐候性、耐腐蚀性超过任何一种已知塑料。紫外线、氧气和水分导致背板逐渐降解,表面发生粉化和自身断裂。玻璃则一劳永逸地解决了组件的耐候性问题,也随之结束了 PVF 和 PVDF 哪个更耐候的争端,更不用提其他 PET 背板、涂覆型背板。该特点使双玻组件适用于较多酸雨或者盐雾大的地区的光伏电站。

(7)玻璃的耐磨性非常好:有效解决了组件在野外的耐风沙问题,大风沙地区双玻组件的耐磨性优势明显。

(8)双玻组件不需要铝框:即使在玻璃表面有大量露珠的情况下,没有铝框使导致 PID 发生的电场无法建立,其大大降低了发生 PID 衰减的可能性。

(9)双玻组件没有铝框,更容易清洗,减少组件表面积灰,有利于提升发电量。

(10)玻璃的绝缘性优于背板,其使双玻组件可以满足更高的系统电压,以节省整个电站的系统成本。

(11)双玻组件的防火等级由普通晶硅组件的 C 级升级到 A 级,使其更适合用于居民住宅、化工厂等需要避免火灾隐患的地区。

(12)双玻组件有机材料较少,更利于环保,容易回收,更符合绿色能源的发展。

(13)双玻组件可以实现透明组件的需求,可以广泛应用于农光互补、渔光互补、林光互补项目;尤其在光伏玻璃温室大棚方面具有得天独厚的优势,既实现了光伏发电,又实现了温室内农作物的种植,同时可以兼顾到温室大棚外表的美观,增加了观赏效果。

(14)双玻组件前后两片玻璃的结构形式,也减小了组件在施工安装过程中产生局部隐裂问题的发生。

(15)双玻组件结构形式简单,耗材用量较少,比如汇流带用量减少,省去了铝边框等。

(16)双玻组件更容易实现三个接线盒的结构设计,减少热斑效应,同时接线盒 45°出线的方式,便于组件与组件的连接,减少了光伏线缆的用量,降低了发电线损;而单玻组件因边框的限制,难以实现接线盒线缆四处的出线,从实际应用来看以及兆瓦级双玻组件的光伏线缆用量比单玻组件减少 2 300 m 左右。

(17)双玻组件无背板,散热性好。温度过高将使组件的发电量降低,而双玻组件在散热性方面要优于单玻组件,从而提升了发电量。

(18)双玻组件在产生积雪时更容易自然滑落,同时人工清理积雪时也比较容易。主要原因在于单玻组件的边框阻碍了积雪的自然滑落,而人工清理积雪,边框又很容易阻挡清理工具。

(19)在未来的研发领域,双玻组件将更容易实现双玻发电。

(20)双玻组件在安装方式方面也较单玻组件灵活。可以采用压块式安装,也可以采用背挂式安装。压块式安装带来的压块遮挡从而影响发电量也是一个不容忽视的问题,而双玻背挂式安装的理念,使得组件正面完全无遮挡,当然外部环境因素导致的遮挡除外。这也从另外一个角度提高了发电量。光伏的双玻组件是指由两块钢化玻璃、EVA 胶膜和光伏电池硅片,经过层压机高温层压组成复合层,电池片之间由导线串、并联汇集到引线端所形成的光伏电池组件。

双玻组件与普通组件的比较

和普通的组件相比,双玻组件(见图 8-3)有以下的几处优点:

(1)生命周期较长。普通组件质保 25 年,双玻组件的寿命能达到 30 年。

(2)具有较高的发电效率。比普通组件高出4%左右。这里指的是相同时间内发电量的对比。

(3)衰减较低。传统组件的年衰减率在0.7%左右,双玻组件年衰减率为0.5%。

(4)解决组件耐候问题。玻璃则一劳永逸地解决了组件的耐候性问题。双玻组件适用于较多酸雨或者盐雾大的地区的光伏电站。

图8-3 典型的双玻组件

(5)玻璃的耐磨性非常好。有效解决了组件在野外的耐风沙问题,大风沙地区双玻组件的耐磨性优势明显。

(6)双玻组件不需要铝框。即使在玻璃表面有大量露珠的情况下,没有铝框使导致PID发生的电场无法建立,其大大降低了发生PID衰减的可能性。

(7)清洗方便。双玻组件没有铝框,更容易清洗,减少组件表面积灰,有利于提升发电量。

(8)节约成本。玻璃的绝缘性优于背板,其使双玻组件可以满足更高的系统电压,以节省整个电站的系统成本。

(9)防火等级高。双玻组件的防火等级由普通晶硅组件的C级升级到A级,使其更适合用于居民住宅、化工厂等需要避免火灾隐患的地区。

(10)环保。双玻组件有机材料较少,更利于环保,容易回收,更符合绿色能源的发展。

(11)减少局部隐裂问题的发生。双玻组件前后两片玻璃的结构形式,也减小了组件在施工安装过程中产生局部隐裂问题的发生。

(12)散热性好。双玻组件无背板,散热性好。温度过高将使组件的发电量降低,而双玻组件在这方面散热性要优于单玻组件,从而提升了发电量。

任务二 半片电池组件

学习目标

(1)了解半片技术提高组件功率的原理。

(2)熟悉半片组件现阶段存在的主要问题。

(3)掌握半片组件的生产加工工艺。

半片技术是一种通过减小电池片尺寸，降低串阻损耗来提高组件功率的技术。本任务主要介绍半片技术的发展及切割方法、目前存在的主要问题及发展趋势。

半片技术简介

近年来，光伏技术发展迅速、应用范围广，市场对高功率组件的需求量也日益增加。降低组件封装损失、提高组件输出功率已成为国内外组件厂商研究的趋势。其中半片技术是一种通过减小电池片尺寸，降低串阻损耗来提高组件功率的技术。通过将标准规格电池片激光切割为尺寸相等的两个半片电池片，可将通过每根主栅的电流降低为原来的1/2，内部损耗降低为整片电池的1/4，进而提升组件功率。目前挪威 REC、日本三菱（Mitsubish）、德国博世（Bosch solar）都已经研发了半片组件产品。SCHNEIDER 等采用四点弯曲法测试半片和整片电池的机械性能，结果表明半片电池片比整片电池具有更良好的机械性能，实验验证了144 半片组件比72 常规整片组件功率提升5%。HANIFI 等通过模拟和试验验证了半片组件在电池片阴影遮挡时的性能，实验结果表明，阴影遮挡下半片组件比整片组件具有更好的性能。MALIK 等对比研究了半片组件和整片组件户外发电量差异，实验结果表明，半片组件电站比整片组件月发电量高1.9%～3.9%，且辐照度高的时候发电量增益大。

从电池到组件的封装过程中，大家主要关注电池技术、封装材料特性和组件封装损失，从而优化与提升组件功率。在实际工业化量产中很少有人关注切割电池后在电压、电流、电阻等方面的变化对组件功率的提升，只是简单认为切割后与整片组封装后功率会表现一致。

半片电池技术是使用激光切割法沿着垂直于电池主栅线的方向将标准规格的电池片（如156 mm×156 mm）切成尺寸相同的两个半片电池片（如尺寸156 mm×78 mm），如图8-4所示。由于电池片的电流和电池片面积有关，如此就可把通过主栅线使电流降低到整片的1/2，当半片电池串联以后，正负回路上电阻不变，这样功率损耗就降低为原来的1/4，从而最终降低了组件的功率损失，提高了封装效率和填充因子。

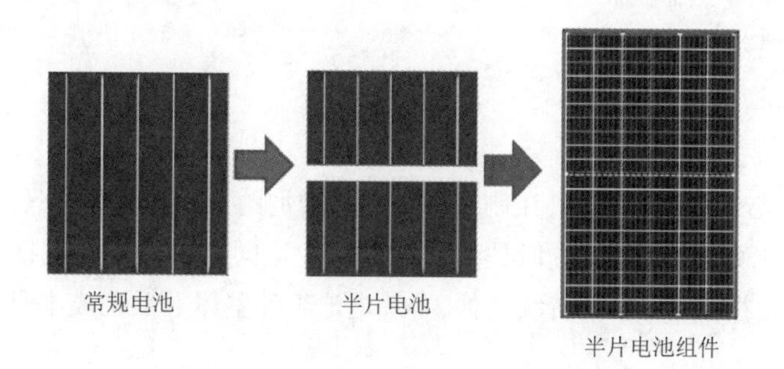

图8-4　半片电池组件形成过程

半片电池技术具有以下特点：

（1）相同效率的半片光伏组件比常规整片组件输出功率有明显的提升。这主要得益于半片

组件串联电阻的降低,填充因子 FF 的提高。同时组件因内部电阻降低,使其发电工作时的温度比常规组件低,从而进一步提高组件发电能力。

(2)半片组件能降低由于遮挡造成的发电功率损失,能显著提高组件在早晚及组件下沿积灰、积雪时的发电量,提升电站的经济效益。

(3)与其他新技术相比,半片技术最成熟、最容易实现快速规模化量产,同时,增加的额外成本不多。

任务实施

1. 半片电池组件生产工艺流程

半片电池组件生产工艺流程如图 8-5 所示。半片电池组件生产的前几个工序与常规组件略有差异,目前这些工序均可以实现自动化,其余工序与常规组件可以兼容。

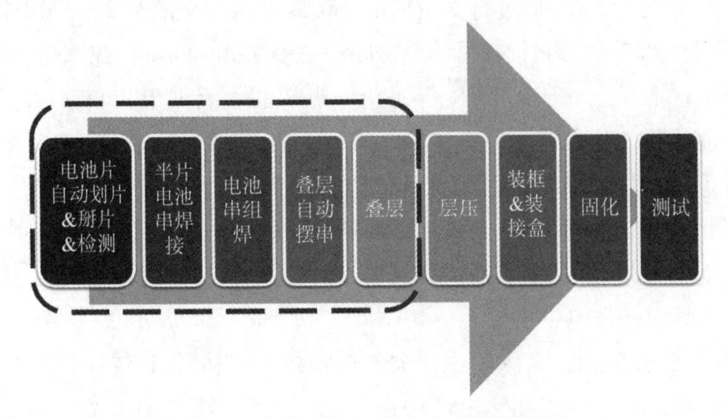

图 8-5 半片电池组件生产工艺流程图

2. 现阶段主要存在以下问题

(1)电池片损耗、组件次品率较高。

(2)需要配套设备设施,现有设备难以兼容(焊接、层叠等)。

(3)工时增加。

(4)半片电池片漏电流增加。

(5)户外可靠性差。

(6)版型增加,物料成本增加。

3. 近期发展趋势

半片电池组件与常规组件相比,在制造环节主要增加的是电池的切片、辅料和人工费用、设备折旧费等,增加的额外成本不多。但是半片电池组件比同版型的组件能提升 5～10 W(2%～4%),甚至更高。随着组件价格的持续走低,半片电池组件整体上系统成本是降低的,目前可降低 0.9～1 分/W。

随着电站投资商平价上网的压力越来越大,对发电成本的诉求越来越高,在高效降成本的前提下,不增加过多额外成本,但又能让输出功率有效提升的“半片”技术无疑是最佳的方案,“半片”技术将会得到大规模应用。

任务三　双面电池组件

学习目标

(1)了解双面电池组件的常见类型。

(2)熟悉双面电池组件的特点及优势。

(3)掌握双面电池组件的生产加工工艺。

任务描述

两面受光均可发电的光伏电池称为双面电池,而将双面电池封装而成的组件称为双面电池组件。本任务主要介绍双面电池组件的特点、常见类型及使用场景。

相关知识

双面组件简介

通俗地讲,两面受光均可发电的晶体硅光伏电池就是双面晶体硅光伏电池,俗称双面电池。而采用不同于常规组件制备技术将双面电池封装而成的组件,则称为双面组件。

双面电池可采用N型和P型晶体硅材料制成,包括N型PERT电池、HJT电池、IBC电池,以及P型PERC双面电池等。

常见的晶硅电池(以P型单晶单面电池为例)的工艺主要包括六步:制绒与清洗、$POCl_3$扩散、去磷硅玻璃(PSG)与边绝隔离、正面钝化减反射膜、丝网印刷和测试分选。

单晶双面PERC电池(见图8-6)的工艺,仅在常规单晶电池工艺的基础上增加了背面叠层钝化膜(一般为Al_2O_3/SiN_x)和背面激光开空两道工艺。如果将单面PERC电池的背面全铝背场改为背铝栅线印刷,就成了双面PERC电池。从外观上看,这两种PERC电池的正面并无差异,只是双面PERC电池的背面为不同厚度膜覆盖,铝背场局域接触,从而也能受光发电。而N型双面电池的工艺相对复杂一些,需要在制绒和清洗后进行多增加一次掺杂过程(BBr_3扩散)。单面普通电池、双面PERC电池、N型双面电池工艺制作流程如图8-7所示。

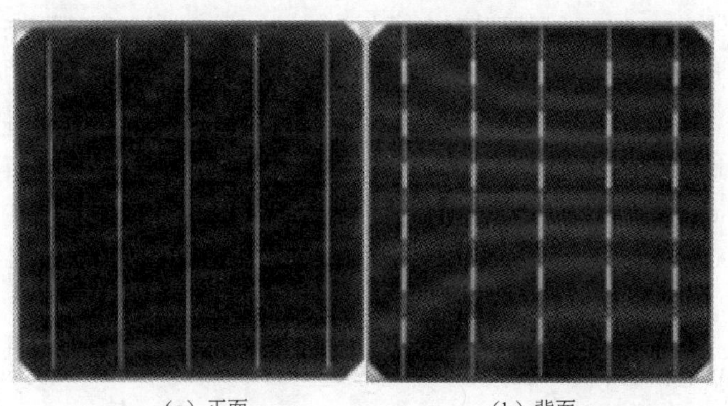

(a)正面　　(b)背面

图8-6　典型单晶PERC双面电池正面和背面

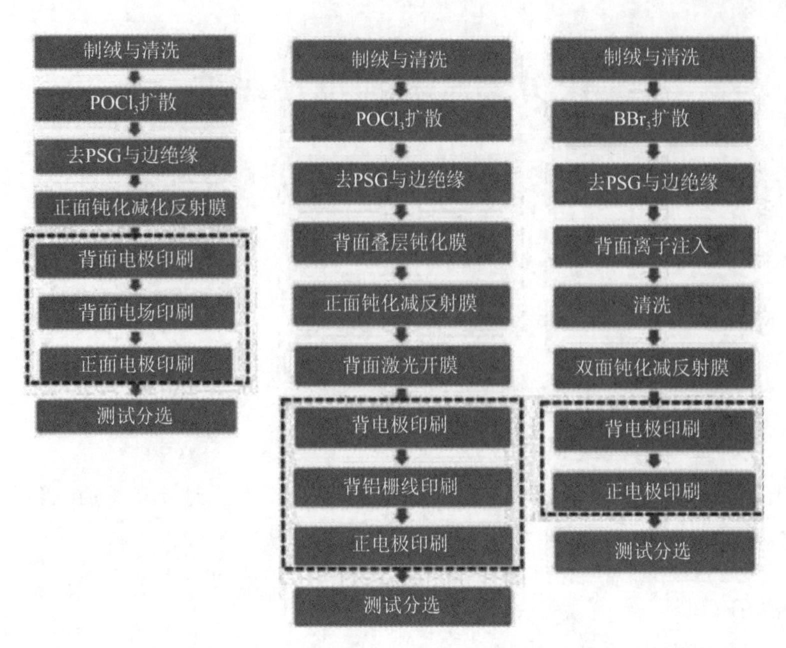

图 8-7　单面普通电池、双面 PERC 电池、N 型双面电池工艺制作流程

任务实施

认识双面组件的特点

与常规光伏组件背面不透光不同，双面组件背面是用透明材料（玻璃或者透明背板）封装而成的，除了正面正常发电外，其背面也能够接收来自环境的散射光和反射光进行发电，因此有着更高的综合发电效率。

归纳起来，双面组件有以下典型的特征：

正面、背面都可受光发电，背面的光电转换效率是正面的 60%～90%，系统集成后系统发电功率相对于传统单面组件电站的增益 4%～30%。

根据双面组件在户外实证基地得出的发电增益数据来看，对应双面组件的背面为草地、沙地、水泥地以及地面刷白漆时，其背面的发电增益分别为 10%、12%、13% 及 32%。

正面和背面都可采用钢化玻璃作为保护材料，其采光性、耐候性佳，可靠性高，应用场景更多样化、更富有创意。

安装方式多样化，可垂直、可倾斜，由此产生许多新的利用方式，如温室、高速公路围栏、阳光房等。

相对于常规单面组件，由于双面发电，雪天时组件表面不易积雪，且地面的雪地带来的高反射使得组件的发电增益更高。

但在使用双面组件时，需要特别关注其安装方式、二极管的选择、逆变器的选择，以及由于失配导致的热斑等可靠性问题。

任务四　光伏组件回收工艺

学习目标

(1)熟悉废弃光伏组件中有哪些主要可回收的资源。

(2)掌握废弃光伏组件的回收方法与工艺。

任务描述

在全球大力鼓励发展光伏产业的同时,都面临着光伏电站寿命期后环境保护问题。废旧组件如何回收再利用是一个十分重要的问题。本任务主要介绍废弃组件中可回收的资源以及光伏组件回收的方法工艺。

相关知识

废弃组件中可回收的资源

将一块光伏组件拆解后,首先能得到保护光伏组件的面板玻璃和用于保护组件的铝边框,之后还可以从光伏电池中得到硅回收料,从连接光伏电池的焊带中回收到纯铜和锡,能从光伏电池的栅线中提取到微量的银,还能得到接线盒和背板等塑料。

(1)面板玻璃、铝边框和接线盒

废弃光伏组件中最容易回收的部分莫过于面板玻璃、铝边框和接线盒了。

面板玻璃可以原型复用,原型复用指面板玻璃回收后经过处理继续作为新生光伏组件保护用的面板玻璃,原型复用的方法免去了制作新面板玻璃所需小号的石英原料费用,避免产生大量的废气,是值得提倡的。面板玻璃也可以用于原料回收,原料回收指将不能复用的面板玻璃用于制作各种新的玻璃制品的原料的利用方法,由于玻璃再生过程损耗很小,可以反复循环。其经济效益和生态效益都是十分明显的。面板玻璃也可以回炉重造,回炉重造指将收到的面板玻璃按材质,颜色等近似的类型归类后再放入熔炉重新制造,实质上是提供半成品原料。

铝边框经过处理后是可以再次用于新的光伏组件的边框保护的,铝合金边框也可以经过加工生成铝合金门、窗等铝合金材质的物品。接线盒主体是塑料,废弃的接线盒是价值良好的可再生资源,将它们回收造粒,或通过改良后造粒,可以用来生产新的接线盒或者新的塑料制品。

废弃接线盒的预处理,在造粒之前需要进行预处理,预处理过程主要包括分类、清洗、破碎和干燥等,分类的工作是将种类繁杂的废塑料制品按原材料种类和制品形状分类。按原材料种类分拣需要操作人员有熟练的鉴别塑料品种方面的知识,分拣的目的是避免由于不同种类聚合物混杂造成的再生材料不相容而性能较差;按制品形状分类是为了便于废旧塑料的破碎工艺能够顺利进行,因为薄膜、扁丝及其织物所用破碎设备与一些厚壁、硬制品的破碎设备之间往往不能互相代替。

对于造粒之前的清洗和破碎,有三种工艺。

① 先清洗后破碎工艺,污染不严重且结构不复杂的大型废旧塑料制品,宜采用先清洗后破

碎工艺,如汽车保险杠、仪表板、周转箱、板材等。首先用带洗涤剂的水浸洗,然后用清水漂洗,取出后风干。因体积大而无法放进破碎机料斗的较大制件,应粗破碎后再细破碎,以备供挤出造粒机喂料。为确保再生粒料的质量,细破碎后应进行干燥,常采用设有加热夹层的旋转式干燥器,夹层中通入过热蒸汽,边受热边旋转,干燥效率较高。

② 粗洗—破碎—精洗—干燥工艺,对于有污染的异型材、废旧农膜、包装袋,应首先进行粗洗,除去砂土、石块和金属等异物,以防止其损坏破碎机。废旧塑料制品经粗洗后离心脱水,再送入破碎机破碎。破碎后再进一步清洗,以除去包藏在其中的杂物。如果废旧塑料含有油污,可用适量浓度的碱水或温热的洗涤液中浸泡,然后通过搅拌,使废塑料块(片)间产生摩擦和碰撞,除去污物,漂洗后脱水、燥干。

③ 机械化清洗,大运塑机为一套生产效率较高的机械化清洗设备。废旧塑料进入清洗设备之前,在一个干的或湿的破碎设备中进行破碎,干燥后被吹人一个储料仓,再由螺旋加料器将破碎料定量输入到清洗槽中。

(2)光伏电池、焊带和背板

光伏组件是由光伏电池组成的,光伏电池中可以从栅线提取到银,可以粉碎电池片,进行处理后从而得到硅回收料。光伏电池借由焊带连接而成,焊带的主要成分是铜,铜表面涂有锡层,从而可以提取到铜和锡,背板也含有塑料,可以依据塑料的回收流程进行回收,以减少对环境的污染。

任务实施

光伏组件回收方法

光伏组件的回收流程如图 8-8 所示。

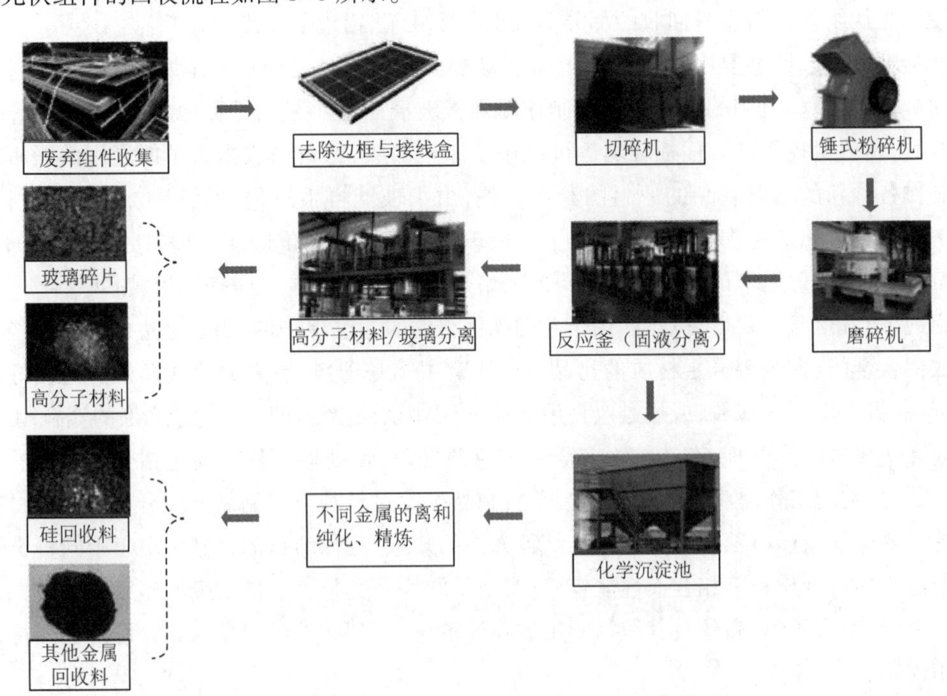

图 8-8 光伏组件回收流程

光伏组件的回收方法较多,如图 8-9 所示。主要的方法有无机酸溶解法、热处理法、有机酸溶解法、物理分离法。

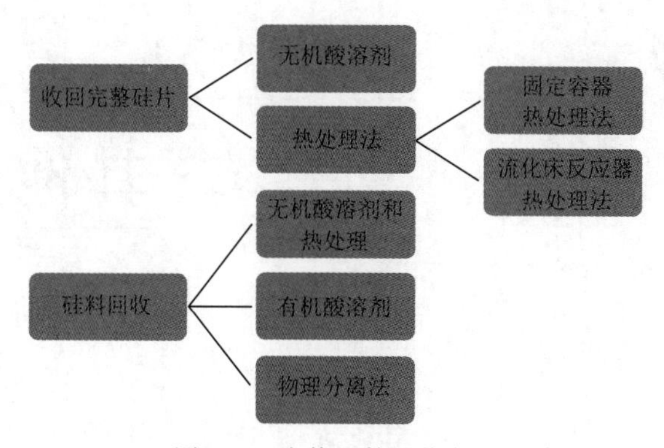

图 8-9　光伏组件回收方法

(1)无机酸溶解法

无机酸溶解法是用硝酸和过氧化氮混合酸,在一定的温度条件下,经过一段时间将 EVA 溶解掉,与玻璃分类。此法可保持晶硅片的完整,但需要进一步对硅晶片进行处理。

(2)热处理法

热处理法分为“固定容器热处理法”和“流化床反应器热处理法”。

固定容器热处理法是将光伏组件放入焚烧炉中,设置反应温度 600 ℃进行焚烧。焚烧完成后,将电池、玻璃和边框等手工分离。回收的各类材料进入相应的回收程序,塑料类的材料完全焚烧。

流化床反应器热处理法是使用流化床反应器对废弃光伏组件进行热处理。将细沙放入流化床反应器中,在一定温度、流速的空气作用下,细沙处于滚烫流动状态,具有液体的物理性质。将组件放入流化床中,EVA 和背板材料会在反应器中气化,废气则从反应器中进入二次燃烧室,作为反应器的热源。对于厚度达到 400 μm 以上的电池片,可以回收完好的硅片。由于制造技术不断发展,电池片逐代变薄,热处理法已无法获得完好的硅片,因此也只能够适用于回收硅料。

(3)有机酸溶解法

有机酸溶解法是用有机溶剂溶胀 EVA,以达到分离电池片、EVA、玻璃和背板的目的。该法所需时间较长,大约 7 天为一次反应周期。另外,EVA 膨胀后使电池片破碎且存在有机废液处理问题,因此该法仍处于实验室研究阶段。

(4)物理分离法

物理分离法是先将组件铝边框与接线盒拆除,随后粉碎无框组件,分离涂锡焊带与玻璃颗粒,剩下的部分再进行研磨,用静电分离方法得到金属、硅粉末、背板颗粒和 EVA 颗粒。该法最终得到是不同材料的混合物,未能实现单一组分的充分分离,仍处于实验室研究阶段。

其他光伏组件

任务一　非晶硅电池组件

学习目标

(1)了解非晶硅光伏电池的发展历史。

(2)熟悉非晶硅光伏电池的技术路线。

(3)熟悉非晶硅光伏电池设备类型。

(4)掌握非晶硅薄膜电池组件工艺流程。

任务描述

非晶硅光伏电池是以玻璃、不锈钢及特种塑料为衬底的薄膜光伏电池,其具有成本低,重量轻等特性。本任务主要介绍非晶硅光伏电池的发展历史、技术路线、主要设备及加工工艺流程。

相关知识

1. 非晶硅光伏电池发展的历史

非晶硅光伏电池技术最早是从美国 RCA 公司发展起来的,RCA 公司的 D. E. Carlson 在世界上首先制备出非晶硅光伏电池,而且在 1983 年以前稳定非晶硅光伏电池的世界纪录一直是 RCA 公司保持,电池效率达到 6% 左右,美国在 20 世纪 80—90 年代光伏企业技术路线如表 9-1 所示。

在 RCA 公司成立之初,在美国出现了三个非晶硅光伏电池企业,这三个公司的技术路线不尽相同。

表 9-1　美国 80 -90 年代三个非晶硅光伏电池企业的技术路线

公　司	技术负责人	技术路线
美国 RCA 公司	D. E. Carlson	多室、单片、玻璃衬底、非晶硅光伏电池
美国 Chronar 公司	G. Kiss	单室、多片、玻璃衬底、非晶硅光伏电池
美国 ECD 公司	S. R. Ovshinsky	多室、不锈钢衬底、非晶硅锗三叠层光伏电池

后来随着中东石油危机的缓解以及非晶硅光伏电池的效率衰减问题使得非晶硅光伏电池

产业陷入低谷，RCA 公司将技术转让给美国的 GE、ENRL、Exxon、Glasteck Solar 等，并且自己也演变成 Solarex 公司。

而 Chronar 公司在出售了最初的 8 条 1 MW 非晶硅光伏电池生产线后宣布破产，被美国 Advanced Photovoltaic System（APS）公司收购，美国退休工人协会注资数千万美元成立了 APS 光伏电池公司。在 1992 年和 1993 年期间 Solarex 公司与 APS 公司打知识产权官司，APS 公司败诉，APS 公司不肯出钱购买 Solarex 公司的专利技术，判决 APS 不得在美国生产非晶硅光伏电池。所以，APS 公司将原有的 5 MW 产能的生产线拍卖，该设备被我国企业购买，据说当时的售价为 80 万美元左右。

以上分析表明，单室多片技术的生产线自 1994 年之后就没有在美国生产，直到 2001 年 G. Kiss 在美国重新组建 EPV 公司，恢复单室技术非晶硅光伏电池生产线的生产，估计是因为 RCA 公司的专利 20 年有效期已过。在 1994 年至 2001 年间，G. Kiss 于 1998 年在其老家匈牙利建了一条 2.5MW 的生产线，该公司取名为 Dunasolar。该生产线运行并不理想，在 2003 年转移到泰国，成立 Bankok Solar 公司。

对于不同时期的单室技术有明显的分界线：

Chronar 时代（1982—1991）：单沉积室，每室为 4 片非晶硅光伏电池片，电池板尺寸为 1 英尺 ×3 英尺（1 英尺 =0.304 8 m），单片功率为 15 W，电池效率在 5%，生产线单元为 1 MW。

APS 时代（1991—1994）：单沉积室，每室为 48 片，电池板尺寸为 61 英寸 × 31 英寸（1 英寸 =2.54 cm），单片功率为 60 W，电池效率仍为 5% 左右，生产线单元为 5～10 MW。

EPV 时代（2001 年至今）：单沉积室，每室 48 片，电池板尺寸为 25 英寸 ×49 英寸，单片功率 40 W，电池效率为 5.5%，双结。生产线单元为 5 MW。

在早期的非晶硅光伏电池生产线上带有化学气相沉积（CVD）制备二氧化锡（SnO_2）薄膜，但是后来生产设备上均无制备 SnO_2 薄膜的设备，这是因为 SnO_2 薄膜已经有专门的厂家生产。

2. 非晶硅光伏电池的技术路线

非晶硅光伏电池的技术关键是制备非晶硅薄膜，到目前为止人们已经研究了多种制备薄膜的技术，包括：

射频等离子体增强化学气相沉积技术（RF-PECVD）。

甚高频等离子体增强化学气相沉积技术（VH-PECVD）。

热丝催化等离子体增强化学气相沉积技术（HW-PECVD）。

微波等离子体增强化学气相沉积技术（Microwave PECVD）。

脉冲等离子体增强化学气相沉积技术（Pulse PECVD）

在这些技术中目前较为成熟的主要是 RF-PECVD 法，用于沉积非晶硅薄膜电池。但是在沉积微晶硅薄膜的时候该种方法显得很慢，因此人们发展了甚高频等离子体增强化学气相沉积技术（VH-PECVD）以加快沉积速度，但是当频率增高时会出现均匀性变差的问题，而且高频屏蔽显得较为困难。微波法在 20 世纪 90 年代在日本兴起过一段时间，但是近年未见用于产业化生产。

硅基薄膜电池的材料特性区分，硅薄膜光伏电池可以分成五代光伏电池：第一代：非晶硅单层光伏电池。稳定效率在 5%，电池衰减：30%（Oerlikon，深圳拓日）。

第二代：非晶硅/非晶硅双叠层光伏电池生产线。稳定效率为 6%；电池衰减为 15%。（EPV、Bangkok Solar、CGsolar、普乐新能源、津能电池等）

第三代：非晶硅/非晶硅锗三叠层光伏电池。稳定效率：7%～8%；电池衰减：10%～15%，或更低(美国 Uni-Solar)。日本的 Fujisolar 和佳能公司将这种光伏电池加以简化,开发出非晶硅/非晶硅锗双叠层光伏电池。稳定效率:7%~8%;电池衰减:10%~15%,或更低。

第四代:非晶硅/微晶硅电池生产线。稳定效率:7%~8%;电池衰减:10%(日本 Kanaka, Sharp,Mitsubushi, Oerlikon 等)。

第五代:非晶硅/非晶硅锗/微晶硅三叠层光伏电池。目标效率 10%(美国 Uni-Solar、日本 Kanaka, Sharp 等)。

硅薄膜光伏电池设备类型

目前,世界上可以公开提供硅薄膜电池生产线设备的制造商共有 14 家:

列支敦士登的 Oerlikon 公司。

美国的 Applied Material 公司。

日本的 Ulvac 公司(日本真空公司)。

日本的 Evatech 公司。

德国的 Leybold Optics 公司。

中国香港豪威公司。

美国的 EPV 公司。

匈牙利的 Energosolar 公司。

匈牙利的 BudaSolar 公司。

美国的 Nano PV 公司。

中国香港华基光电公司。

中国北京北仪创新公司。

中国上海思博露科技。

中国安徽普乐新能源。

这些公司本身并不具备技术,而是向电池工艺研究所或电池制造商购买制造工艺,再结合自己的工艺设备开发,研制出生产线。因此,在所出售的设备中有大约 1/3 的费用是专利费或工艺购买费,这就使得目前光伏电池制备费用高企不下。

光伏电池制造商分成两类,一类属于自身有原创技术或开展研究工作的公司;另一类是自己没有核心技术,单纯购买设备的生产公司。

目前世界上开有更多家的企业正在定购或研制非晶硅太阳技术,准备大力开展硅薄膜光伏电池的生产。已具有非晶硅光伏电池生产线的企业如表 9-2 所示。

生产硅薄膜光伏电池的技术主要区别在于沉积硅薄膜的方法,主要有四种形式:

单室多片型:每个沉积腔室中放置多片衬底(如 48 片),在一个腔室中镀多层膜。设备供应商:EPV,Donarsolar。

多室单片型:每个沉积腔室中只有一片或两片,每个腔室镀一层膜。设备供应商:Ulvac、Applied Material。

多室连续卷绕镀膜:衬底不是块状的玻璃,而是不锈钢或聚酯膜等柔性衬底,在多个腔室中连续镀多层薄膜。设备供应商:UniSolar、MVSystem、MwoE。

表 9-2 世界已具有非晶硅光伏电池生产线的企业

拥有原创技术的生产公司	Kanaka、Unisolar、富士太阳能、佳能、三菱、夏普、三洋、EPV、普乐新能源
生产型公司	Schott Solar、天津津能、深圳拓日、泉州金太阳、CG Solar
计划建设硅薄膜光伏电池生产线的公司	Invetux Technologies AG(30 MW,O)、Ersol Thin Film GmbH(40 MW,O)、中国台湾宇通(Auria)(60 MW,O)、意大利 Pramac (30 MW,O)、无锡尚德(50 MW,AM)、新澳(50 MW,AM)、China Solar (50 MW,U)、常州源畅(5 MW,华基光电)、南通强生(25 MW,AM)、蚌埠(5 MW、EPV 与美国普乐光)、天威薄膜太阳能(46 MW, O)、浙江正泰(25 MW,EPV)、源畅大理(40 MW,美国 CMI)、赣能光伏(40 MW,华基光电)、合肥荣事达(3×40 MW,美国)

单多室结合型:一种将单室技术与多室技术相结合的技术。设备供应商:Oerlikon。

下面分别介绍四种不同的薄膜沉积系统,各种技术可使用的设备如表 9-3 所示。

表 9-3 各种技术可以使用的设备类型

类　　型	α-Si	α-Si/α-Si	α-Si/ZnO	α-Si/a-SiGe/α-SiGe	α-Si/mc-Si	α-Si/α-Si/Ge/mc-Si
单室、多片	√	√	√		√	√
多室、单片	√	√	√	√	√	√
连续卷绕度	√	√	√	√		
玻璃衬底	√	√	√		√	√
金属衬底				√		

(1)单室多片技术

图 9-1 为 EPV 公司的单室多片生产线的薄膜沉积室。其沉积室有 48 片玻璃衬底,进气口为两端,每两片玻璃夹着一片铝板电极,两个相对电极相对于射频点源的正负极相对,共有 24 对电极,电极之间放电在电极之间通过工艺气体放电形成等离子体。

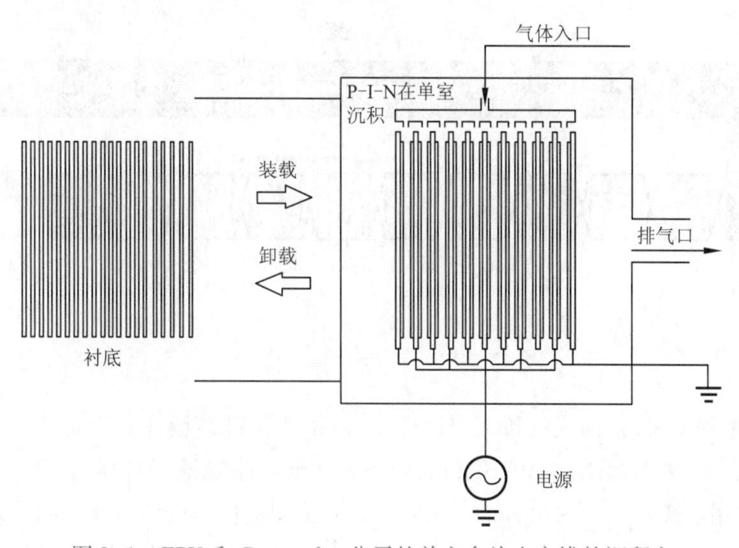

图 9-1 EPV 和 Donarsolar 公司的单室多片生产线的沉积室

其技术特点:

版型:15 W/40 W/60 W。

尺寸:1 英尺×3 英尺; 1.35 m×0.65 m。

电源频率:13.56 MHz、40 MHz。

适用范围:非晶硅单结;非晶硅双结;非晶硅/微晶硅双结;非晶硅/非晶硅锗双结等种类的电池

工艺温度: <180 ℃。

典型效率:双结非晶硅为 6% ;双结非晶硅带反射层为 7% ;双结非晶硅/微晶硅叠层带反射层为 8%～10% 。

(2)单室多片技术

单片多室硅薄膜电池生产线沉积设备的特点是在一个腔室内同时只有两片衬底,在两片玻璃的内侧是一个板式加热体,电极位于腔室的两侧和中心。由于采用了中心板式加热,使得加热更均匀,另外,进气从两侧电极上开很多微孔,使用作为“喷淋”(Shower)技术,使气氛在衬底表面分布的更均匀,这样设计的结果是电池的大面积均匀性更强。

其技术特点如下:

可用样品尺寸: >1 000 mm×1 000 mm。

高通过速度:可以双面镀。

沉积温度: <180 ℃。

可使用 Shower 匀气系统,减少交叉污染。

沉积速度较慢。

镀两层膜之间有运动。

设备较为庞大,造价高。

不同公司制造的多室沉积设备又有所不同。其主要分为日本 Ulvac 公司的直列式多室生产线(见图 9-2)和美国 Applied Material 公司的团簇式多室生产线。

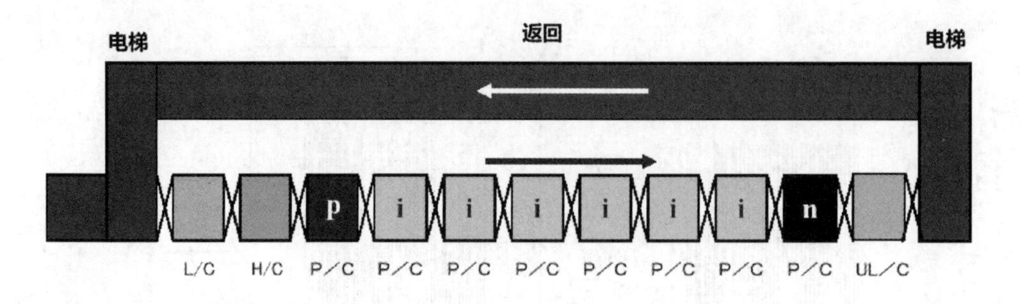

图 9-2 Ulvac 公司直列式多室生产线

从镀膜的过程来看,直列式设备更容易操作,对于非晶硅薄膜比较合适。但是对于微晶硅薄膜电池却不合适,因为微晶硅薄膜镀膜时间较长,因此如果是链式排列,则会出现节拍不匹配的现象,因此使用团簇式镀膜法更合适。因此,Ulvac 公司的微晶硅线也使用团簇式镀膜方式。

单室与多室技术都有各自的优缺点,单室技术的镀膜速度快,设备简单,但是其主要问题之一是气流不均匀,电池容易出现色差。Oerlikon 公司将两种技术加以改进,使得其设备兼有两种技术的一些优点,如图 9-3 所示。

这种技术仍使用一个真空腔室放置多个样品，例如一个真空室放置 10 片样品。但是为了使得气氛均匀，将每一片衬底分开放入一个单片沉积盒，每一个沉积盒的进气使用匀气板(Shower)，这样就增加了气流的均匀性，但是仍没有运动部件，沉积仍在一个腔室中完成，速度快，设备较为简单。

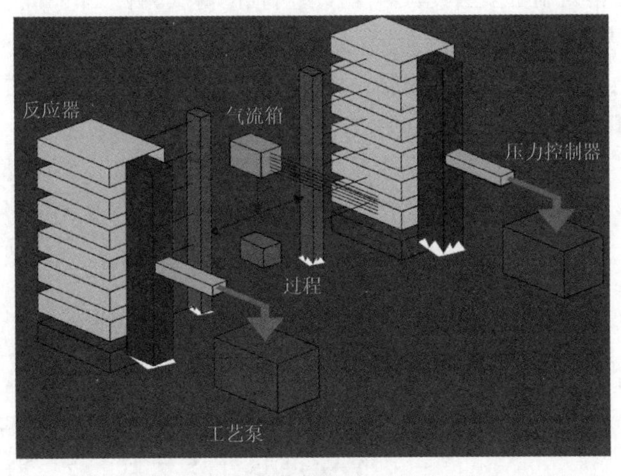

图 9-3　Oerlikon 公司研发出的单室多室结合的镀膜技术

(3)连续卷绕镀膜

在使用不锈钢和聚酯膜等柔性衬底时，一般是要连续镀膜。但是有一点需要考虑，就是各个腔室之间不能使用真空阀门，需使用一种特殊的气体门封技术，就是利用在接口处建立低压井或高压门，使得各个腔室之间的气体不至于流入其他腔室。图 9-4 是 Unisolar 公司的 30 MW 三叠层非晶硅锗光伏电池生产线。

图 9-4　Unisolar 公司 330MW 三叠层非晶硅锗光伏电池生产线

任务实施

一、晶体薄膜光伏电池制备工艺流程

制备硅薄膜电池涉及制备多层具有不同掺杂特性的薄膜,由于非晶硅或多晶硅薄膜的少子寿命较短,因此需要漂移场推动载流子的运动。因此每一层要制备三层,即 P—I—N 三层。而如果是制备叠层电池还需要制备两个叠层,并在两结交界处要增加中扩散层,形成隧道复合结。图 9-5 至图 9-7 是几种硅薄膜光伏电池的结构。

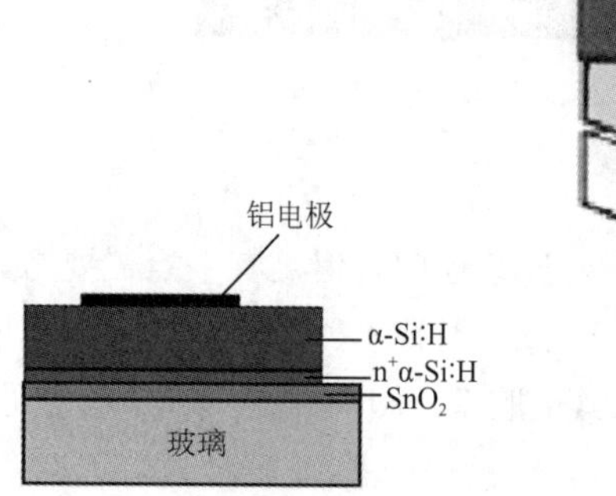

图 9-5　单结非晶硅薄膜电池

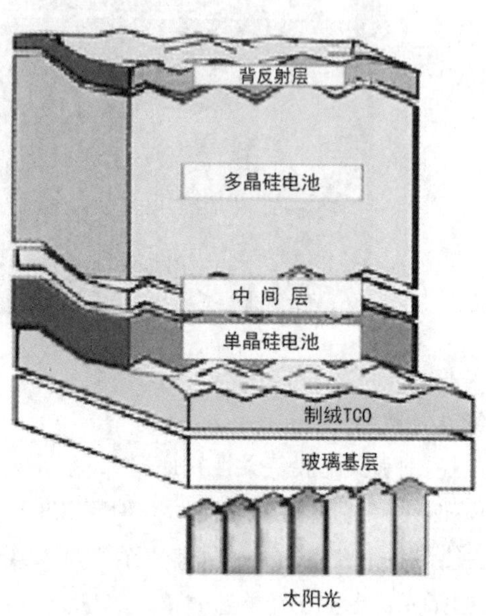

图 9-6　非晶硅/微晶硅双叠层光伏电池

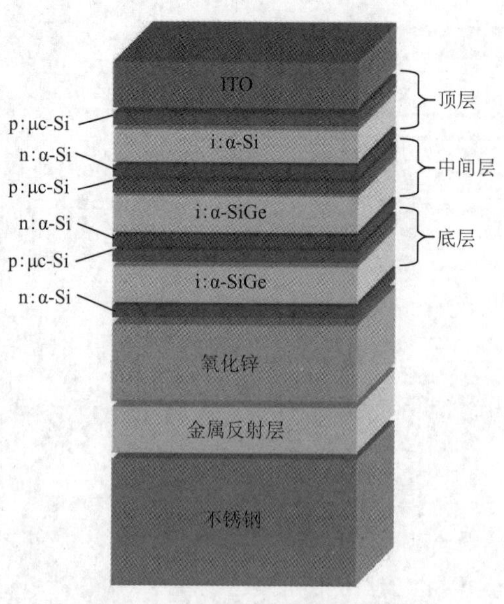

图 9-7　Unisolar 三叠层 α-SiGe 薄膜电池

在制备成电池组件之前应对一块较大的薄膜电池板进行切割，形成电池的串联与并联。因此，每种硅薄膜电池虽然 PECVD 沉积过程有所区别，但其他部分是相近的，如图 9-8 所示。

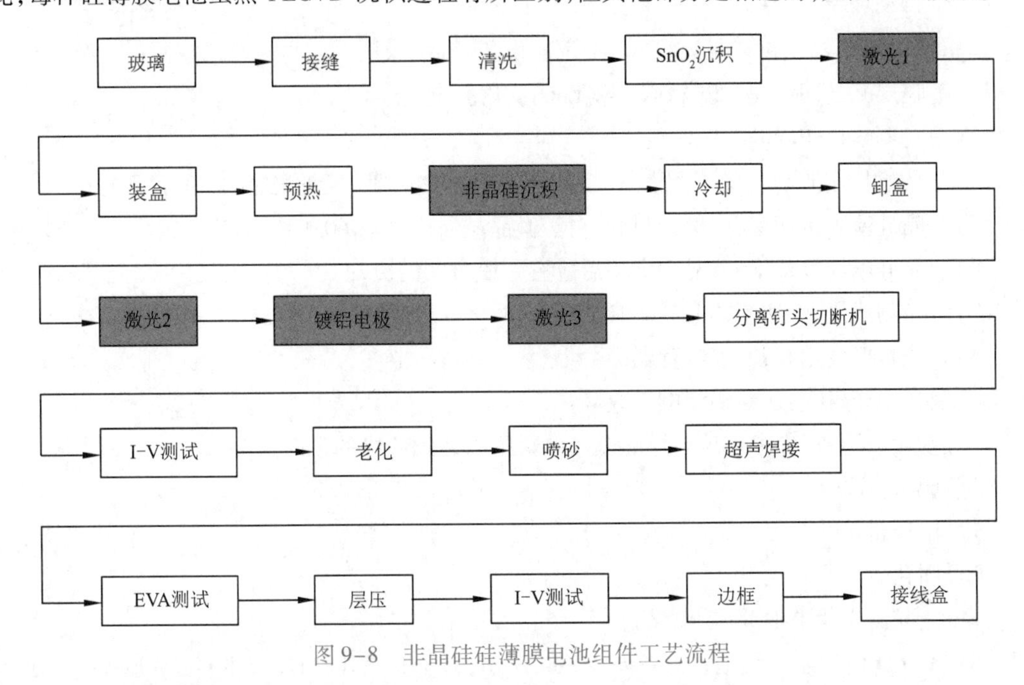

图 9-8　非晶硅硅薄膜电池组件工艺流程

硅薄膜电池的工艺流程主要包括如下几个过程：

① 玻璃镀 SnO_2 薄膜，膜厚 400 nm。

② 镀膜过程：手工上玻璃片→玻璃清洗→CVD 炉（常压、480 ℃）使用的玻璃为普通浮法玻璃，边缘为绿色，没有织构化，也没有光化，透过率据称可达到 90%。镀完 SnO_2 膜后透过率达到 80%。

③ 第一次激光切割：在 SnO_2 上切出隔离线，激光为绿色。

④ 生长双叠层的 α-Si:H 光伏电池的制备。镀膜过程如下：

48 片的炉子，炉子里面有铝板（作为电极），每两片玻璃板夹住一片金属板，有一个电极腔，将玻璃片放入电极后，将电极腔关上，但是电极腔不是真空绝缘的，而是透气的，先将电极腔置入预热室，升温 2.5 h，使温度达到沉积温度。然后将电极腔从预热室中取出，在几分钟内转移到沉积室中，再进行沉积，沉积时间为 5 h，沉积完后再转移到降温室中降温 2.5 h。因此，样品有两次在高温下暴露大气的过程，但因为时间较短，因此问题不大。

样品尺寸为 12 英尺（1 英尺 = 0.304 8 m），每片的初始效率可达到 80 W，稳定效率大于 60 W。效率在 5.5%。在三个真空室（升温、镀膜、降温）之间有导轨运输电极腔，在两端有上玻璃设备和卸玻璃设备。在卸玻璃设备之后又传送台，将镀膜玻璃传到下一个激光光刻工位。

⑤ 第二次激光切割：此次激光光刻为切断非晶硅膜，膜面向下，激光从下方入射到样品表面，这样做的好处是可以使得激光刻蚀所留下的残渣向下落在地上。

⑥ 磁控溅射镀铝：镀铝使用磁控溅射法，铝靶为圆柱形，玻璃水平放置，真空系统使用扩散泵，扩散泵使用液氮冷却。

⑦ 第三次激光切割：切割铝条。

⑧ 封装：EVA + 双层玻璃。可是用传统层压设备封装。

二、硅薄膜电池生产线的设备要求：

(1)全自动玻璃清洗机。

(2)TCO 镀膜设备：可以是离线式 APCVD 设备(SnO_2膜层)，也可以是磁控溅射 + 化学刻蚀设备(ZnO_2膜层)，还可以是 LPCVD 设备(ZnO_2膜层)。

(3)激光刻线机①：切断 TCO 线。

(4)非晶硅电池准备室：将硅片置入准备室加热，待加热达到一定的稳定的温度后再进入镀膜室。

(5)非晶硅薄膜沉积室：一般为射频，对于微晶硅层应采取 60 MHz 的甚高频。

(6)非晶硅电池冷却室：非晶硅沉积后应有一段时间的冷却。

(7)激光刻线机②：切断非晶硅薄膜线。

(8)磁控溅射度铝设备：镀制背电极。

(9)激光刻线机③：切断铝背电极线。

(10)砂轮去边机：去掉玻璃边缘的非晶硅薄膜以达到绝缘的目的。

(11)EVA 铺设台。

(12)层压机。

(13)固化炉。

(14)非晶硅光伏电池 I－V 测试台。

EPV 型光伏电池生产线基本设备如表 9-4 所示，对于其他几种技术，主要是 PECVD 的沉积设备不同，而切割、老化封装等工艺基本一致。

表 9-4　EPV 型光伏电池生产线基本设备列表

数 量	名 称
1	非晶硅玻璃上料机
2	非晶硅玻璃精密快速预热炉*
2	非晶硅玻璃精密快速冷却炉*
2	非晶硅辉光放电沉积炉*
1	高压气体储存瓶柜*∗
1	铝绿光精密激光切割机*
1	金属真空溅射镀膜系统*
3	非晶硅半导体精密老化炉*
1	光伏电池绝缘喷砂系统*
1	光伏电池 EVA 封装系统*
1	玻璃清洗机*
1	A 架精密卸货系统
1	二氧化锡玻璃沉积炉
1	二氧化锡激光精密切割机*
1	非晶硅玻璃精密下料机
1	非晶硅玻璃移载车
1	非晶硅绿光激光切割机*
1	电流电压氧化燃烧系统*
1	铝箔铝薄膜超声焊接系统*
2	光伏电池功率测试分析系统*∗

任务二 CdTe 电池组件

学习目标

(1) 了解 CdTe 材料的性能特点。

(2) 掌握 CdTe 电池的制备工艺。

(3) 掌握 CdTe 电池组件加工工艺流程。

任务描述

CdTe 是直接禁带化合物半导体材料，其禁带宽度与太阳光谱非常匹配，并且具有很高的吸光系数。本任务主要介绍 CdTe 的性能特点、CdTe 电池的制备、CdTe 电池组件加工工艺流程。

相关知识

CdTe 是直接禁带化合物半导体材料，晶体为立方闪锌矿结构，如图 9-9，其晶格常数为 6.481。CdTe 晶体主要以共价键结合，含有一定的离子键，具有很强的离子性，结合能大于 5 eV，因此该晶体具有很好的化学稳定性和热稳定性。CdTe 禁带宽度约为 1.45 eV，与太阳光谱非常匹配，并且具有很高的吸光系数，在可见光范围高达 $10^5 cm^{-1}$，2 μm 的薄膜可吸收 99% 以上的太阳光。

CdTe 薄膜电池的结构如图 9-10 所示。

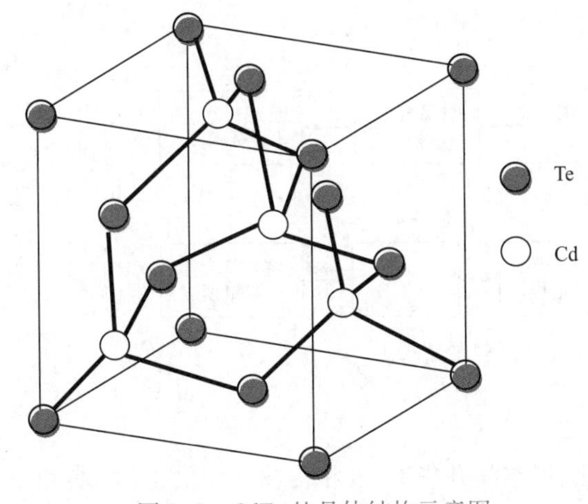

图 9-9 CdTe 的晶体结构示意图

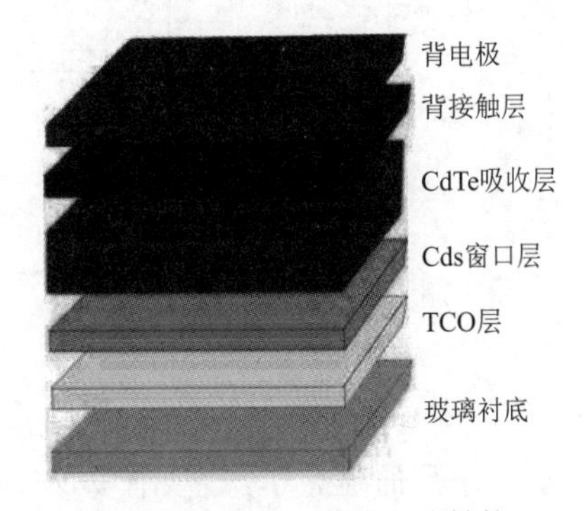

图 9-10 CdTe 薄膜电池结构

CdTe 薄膜光伏电池中各层薄膜的功能和性质如下：

(1) 玻璃衬底：主要对电池起支架、防止污染和入射太阳光的作用。

(2) TCO 层：透明导电氧化层。它主要的作用是透光和导电的作用。用于 CdTe/CdS 薄膜光伏电池的 TCO 必须具备下列的特性：在波长 400～860 nm 的可见光的透过率超过 85%；低的电阻率，大约 $2\times10^{-4}\Omega\cdot cm$ 数量级的或者方块电阻小于 10Ω/方块；在后续高温沉积其他层时候的良好的热稳定性。

(3)CdS 窗口层:N 型半导体,与 P 型 CdTe 组成 P—N 结。CdS 的吸收边大约是 521 nm,可见几乎所有的可见光都可以透过。因此 CdS 薄膜常用于薄膜光伏电池中的窗口层。CdS 可以由多种方法制备,如化学水浴沉积(CBD)、近空间升华法和蒸发等。一般的工业化和实验室都采用 CBD 的方法,这是因为 CBD 的成本低且生成的 CdS 能够与 TCO 形成良好的致密接触。在电池制备过程中,一个非常重要的步骤就是对沉积以后的 CdTe 和 CdS 进行 $CdCl_2$ 热处理。这种方法一般是在 CdTe 和 CdS 上面喷涂或者旋涂一层 300~400 nm 厚的 $CdCl_2$,然后在空气中后者保护气体中 400 ℃左右进行热处理 15 min 左右。这种处理能够显著的提高电池的短路电流和电池的效率。这与 $CdCl_2$ 热处理能够提高晶体的性能和形成良好 CdS/CdTe 界面有关。

(4)CdTe 吸收层:CdTe 是一种直接带隙的Ⅱ—Ⅵ族化合物半导体材料。电池中使用的是 P 型的 CdTe 半导体,它是电池的主体吸光层,它与 N 型的 CdS 窗口层形成的 P—N 结是整个电池最核心的部分。多晶 CdTe 薄膜具有制备光伏电池的理想的禁带宽度(E_g = 1.45 eV)和高的光吸收率(大约 $10^4 cm^{-1}$)。CdTe 的光谱响应与太阳光谱几乎相同。

(5)背接触层和背电极:为了降低 CdTe 和金属电极的接触势垒,引出电流,金属电极必须与 CdTe 形成欧姆接触。由于 CdTe 的功函数较高,使得很难找到功函数比其大的金属或者合金。一般用 Au、Ni 基的接触也能达到满意的结果。另外可以在 CdTe 薄膜表面采用高掺杂欧姆接触,就是一种高掺杂的半导体沉积到 CdTe 薄膜上面,然后在半导体上面沉积一层金属电极。一般的被接触层有 HgTe、ZnTe、Cu、Cu_xTe 和 Te 等。

知识拓展

CdTe 光伏电池制备工艺

CdTe 光伏电池制备流程如图 9-11 所示。

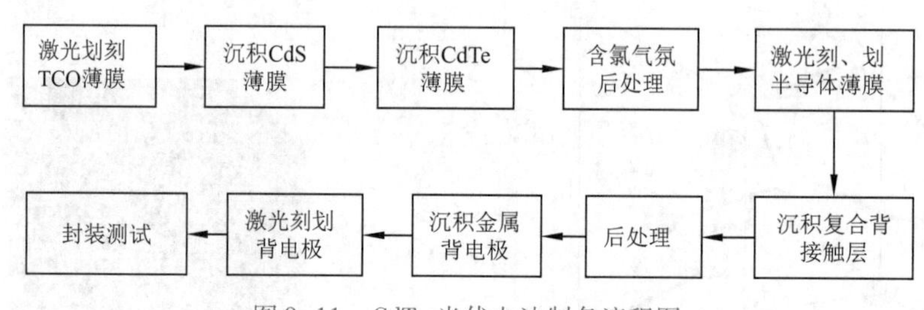

图 9-11　CdTe 光伏电池制备流程图

(1)CdTe 层制备

CdTe 层的制备方法主要有物理气相沉积法、近空间升华法、气相传输沉积法、溅射法、电化学沉积法、金属-有机物化学气相沉积法、丝网印刷法和喷涂热分解法等 8 种方法,当前,近空间升华法制备的电池效率最高,本节主要介绍近空间升华法的制作工艺。

近空间升华法装置如图 9-12 所示。CdTe 在高于 450 ℃时升华并分解,当它们沉积在较低温度的衬底上时,以大约 1 μm/min 的速率化合形成多晶薄膜。蒸发源是被置于一个与衬底同面积的容器内,衬底与源材料要尽量靠近放置,使得两者之间的温度差尽量小,从而使薄膜的生长接近理想平衡状态。为了制取厚度均匀、化学组分均匀、晶粒尺寸均匀的薄膜,不希望镉离子和碲离子直接蒸发到衬底上。因此,反应室要用保护性气体维持一定的气压。保护气体的种类和气压、源的温度、衬底的温度等,是这种方法的最关键的制备条件。保护气体以惰性气体为佳,其中,氦气最好,被国外大多数研究组采用,也可以用氮气和空气。

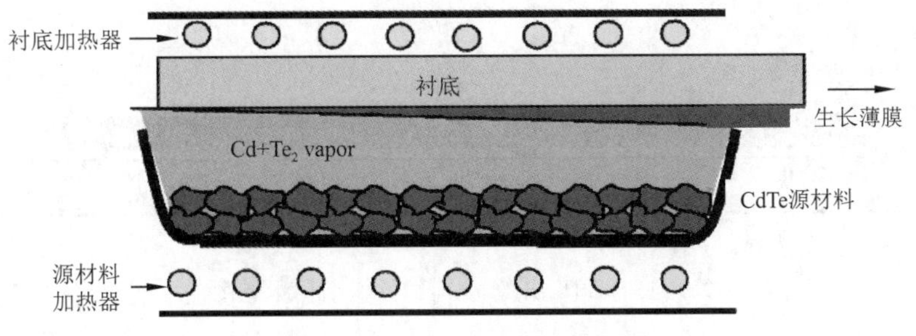

图 9-12　近空间升华法装置图

(2)CdTe 层后处理

几乎所有沉积技术所得到的 CdTe 薄膜,都必须再经过 $CdCl_2$ 处理。$CdCl_2$ 处理能够进一步提高 CdTe/CdS 异质结光伏电池的转换效率,原因是:①能够在 CdTe 和 CdS 之间形成 $CdS_{1-x}Te_x$ 界面层,降低界面缺陷态浓度;②导致 CdTe 膜的再次结晶化和晶粒的长大,减少晶界缺陷;③热处理能够钝化缺陷、提高吸收层的载流子寿命。具体处理方式是将 CdTe 层浸渍在 $CdCl_2$ + CH_3OH 或 $CdCl_2$ + H_2O 中,干燥沉淀 $CdCl_2$ 层,再将之蒸发到 CdTe 上,温度一般为 380～450 ℃,时间为 15～30 min,最后再用去离子水除去多余的 $CdCl_2$。经 $CdCl_2$ 处理后 CdTe 和 CdS 的平均晶粒尺寸大多从 0.1 μm 增加到 0.5 μm。

(3)CdS 层制备

CdS 薄膜制备方法大致有 6 种:化学水浴沉积法、溅射法、真空蒸发法、丝网印刷、金属-有机物化学气相沉积和近空间升华法。相对而言,化学水浴沉积法(CBD)设备简单,无须真空条件,所需温度较低,成本低且薄膜质量高,应用最为广泛。溶液环境为 $CdSO_4$、NH_4OH、$NH_3 \cdot H_2O$、N_2H_4CS 和 H_2O,所需温度 60～85 ℃,沉积速率 3～5 nm/min。利用 Cd 配位合物和硫脲在碱性溶液中配位、分解,沉积在透明导电玻璃衬底上。CBD 形成的 CdS 薄膜附着与均匀性较好,但时间长、利用率低、污染大、不兼容等缺点不利于大面积大批量生产。

(4)背接触层的制备

背接触是影响 CdTe 光伏电池效率的重要因素之一。由于 CdTe 是低掺杂浓度的半导体,功函数高,难与金属相匹配,形成的肖特基势垒较大,严重阻碍载流子传输,影响效率。一般用 H_3PO_4 和 HNO_3 混合溶液腐蚀 CdTe 表面,形成较薄的富 Te 层,使得载流子发生隧穿,让掺杂原子进入 CdTe 内占据 Cd 空位,达到 P 型重掺杂,形成良好的欧姆接触。

任务实施

从图 9-13 可见,若想形成子电池之间的连接需要进行三次激光切割。第一次切断 TCO 膜,第二次切断 CdS/CdTe 膜,第三次切断背接触膜。因此除了在镀膜工艺和所镀制的材料不同外,其他工艺和所用衬底与非晶硅薄膜类似。

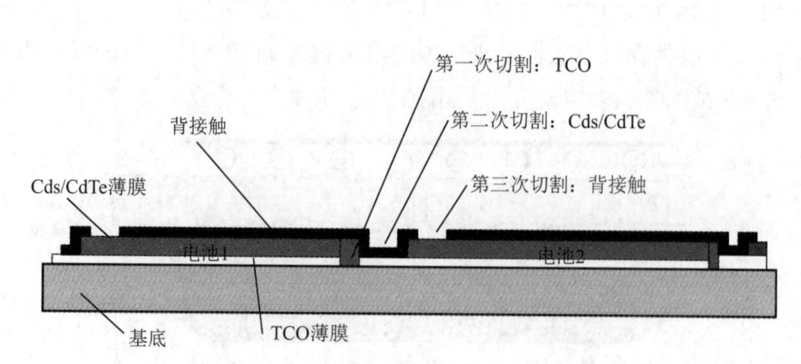

图 9-13　CdTe 薄膜电池组件的结构示意图

因此,CdTe 薄膜电池线包含以下几个组成部分:

① 玻璃清洗。

② 镀 TCO 膜(PVD:物理沉积法)。

③ 第一道激光切割。

④ 镀制半导体膜(近空间升华)。

⑤ 第二次 CdS/CdTe 膜切割(机械法)。

⑥ 镀背电极(PVD 法)。

⑦ 第三次背电极切割(机械法)。

⑧ 层压前性能测试。

⑨ 焊接主栅线。

⑩ 层压。

⑪ 安接线盒。

⑫ 太阳模拟器测试。

德国 Antec 公司的 CdTe 薄膜光伏电池生产线与硅薄膜电池生产线非常相似。该封装线的技术特点如下:

衬底:浮法玻璃。

衬底尺寸:60 cm × 120 cm～60 cm × 150 cm。

产能:130 000 个组件。

车间建筑面积:5 000 m^2。

镀膜线长度:165 m。

图 9-14 显示封装工艺原理。

电池线保证效率 7%,组件功率:45～50 W。

CdTe 薄膜光伏电池最大的问题是安全与环保的问题,关于这个问题,有以下的考虑:CdTe 中的 Cd 的禁带宽度为 5.8 eV,具有很高的键能,在空气中的分解温度高到 1 000 ℃。

薄膜厚度仅为 0.5 μm,被封在两层玻璃之间,万一遇到火灾在 Cd 被释放之前早已熔化在玻璃之中了。

由于环保和安全性的考虑,目前世界上生产此种电池的企业并不多,只有美国的 First Solar 和德国的 Antech 公司。美国 First Solar 的 CdTe 电池的成本降到 1.45 美元,这就使得这种电池的成本很具有竞争性。First Solar 的 CdTe 电池的效率达到了 11%。

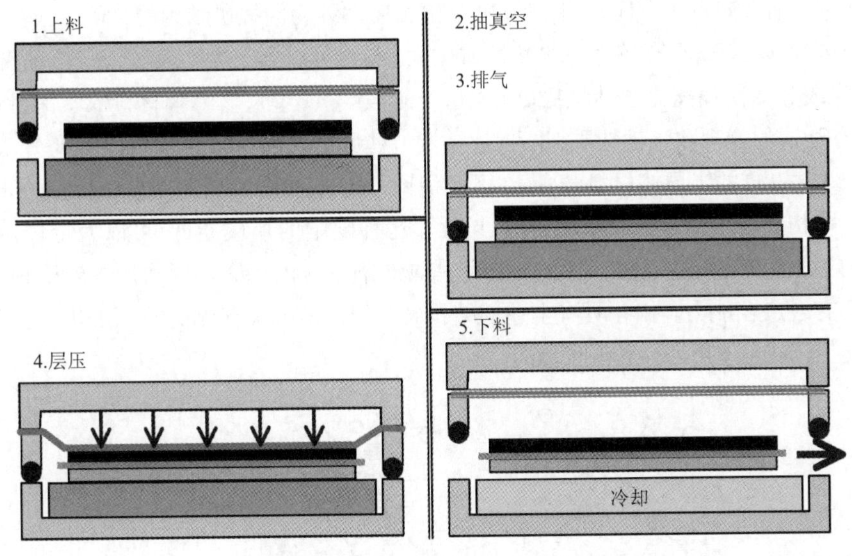

图 9-14 CdTe 薄膜电池封装原理

任务三 CIGS 电池组件

学习目标

(1)了解 CIGS 材料的性能特点。

(2)掌握 CIGS 电池的制备工艺。

(3)掌握 CIGS 电池组件加工工艺流程。

任务描述

CIGS 是太阳能薄膜电池 $CuIn_xGa_{(1-x)}Se_2$ 的简写,主要组成有 Cu(铜)、In(铟)、Ga(镓)、Se(硒),具有光吸收能力强,发电稳定性好、转化效率高,白天发电时间长、发电量高、生产成本低以及能源回收周期短等优点。本任务主要介绍 CIGS 的性能特点、CIGS 电池的结构、CIGS 电池组件加工工艺流程。

相关知识

CIGS 材料的基本性质

CIGS 薄膜光伏电池经济高效,是第三代光伏电池的首选,它具有这些优良性能与 CIGS 材料的结构密不可分。由于 CIGS 是在 CIS($CuInSe_2$)的基础上发展起来的,因此首先对 CIS 的结构进行分析。CIS 属于Ⅰ—Ⅲ—Ⅵ族化合物,在室温下具有黄铜矿结构,属四方晶系,如图 9-15 所示,晶格常数为 $a=0.578\,9$ nm,$c=1.161\,2$ nm,c/a 为 2.01。黄铜矿结构是由Ⅱ—Ⅵ族化合物(如 ZnS)的闪锌矿结构衍生而来,其中Ⅱ族元素(Zn)被Ⅰ族(Cu)和Ⅲ族(In)取代而形成三元化合物,并在 c 轴方向上成有序排列,使 c 轴单位长度大约为闪锌矿结构的 2 倍。根据 Cu_2Se_2—In_2Se_3 相图可知,$CuInSe_2$ 具有较大的化学组成区间,大约可以容许 5%(摩尔分数)的变异,这就意味着薄膜成分即使偏离化学计量比(Cu : In : Se = 1 : 1 : 2),该薄膜材料依然保持黄铜矿结构并且具有相同的物理和化学性质;并且,通过调节薄膜的化学计量比就可以得到 P 型(富 Cu)或者是 N 型(富 In)的半导体材料,这是在不必借助外加掺杂的情况下办到的;还有 CIS 中点缺陷 V_{Cu}、In_{Cu} 可构成电中性复合缺陷对(V_{Cu}^-、In_{Cu}^{2+}),这种缺陷的形成能低,可以大量稳定存在,使 Cu 迁移效应成为动态可逆过程,这种 Cu 迁移和点缺陷反应的动态协同作用导致受辐射损伤的 CIS 电池具有自愈合能力。由于具有上述的结构特性,$CuInSe_2$ 具有优良的抗干扰、抗辐射能力、没有光的衰退效应、使用寿命长等优点。

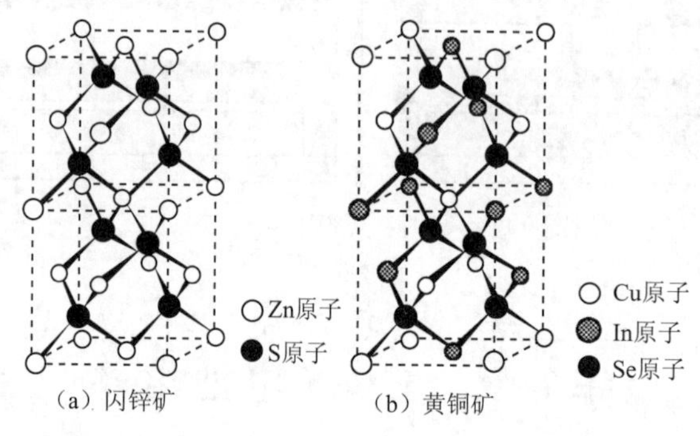

图 9-15　ZnS 闪锌矿和 $CuInSe_2$ 黄铜矿结构示意图

$Cu(In,Ga)Se_2$ 是在 $CuInSe_2$ 的基础上掺杂 Ga,部分取代同一族的 In 原子而形成的。通过调整 Ga/(In + Ga)的原子分数比可使点阵常数 c/a 在 2.01(CIS)和 1.96(CGS)之间变化,还可以改变 CIGS 的禁带宽度,使其值在 1.04 eV(CIS)和 1.67 eV(CGS)之间变化。这也是 CIGS 电池一个非常大的优势所在,能够实现太阳光谱和禁带宽度的优化匹配。通过掺杂 Ga 可提高禁带宽度、增加开路电压(V_{oc})、提高薄膜的黏附力,但同时也会降低短路电流(I_{sc})和填充因子(FF),因此 Ga 的掺杂量需要优化。Ga 对 $CuInSe_2$ 薄膜禁带宽度 E_g(eV)的影响满足下式:

$$E_g = 1.02 + 0.67x + bx(x-1)$$

式中:x 为 Ga/(In + Ga)的原子分数比;b 为光学弓形系数,在 0.11～0.24 之间。目前取得的高效率电池的 x 值都在 0.2～0.3 之间,G. Hanna 等认为当 x 为 0.28 时电池的缺陷最少,做成的光伏电池性能也最好,当 x 在 0.3～0.4 之间时电池的性能反而会下降。

CIGS 光伏电池的结构和工作原理

CIGS 薄膜光伏电池具有层状结构,其结构如图 9-16 所示。衬底一般采用玻璃,也可以采用柔性薄膜衬底。一般采用真空溅射、蒸发或者其他非真空的方法,分别沉积多层薄膜,形成P-N 结构而构成光电转换器件。从光入射层开始,各层分别为金属栅状电极、减反射膜、窗口层、过渡层、光吸收层、金属背电极、玻璃衬底。

(1)衬底:衬底一般采用碱性钠钙玻璃碱石灰玻璃,主要是这种玻璃含有金属钠离子。通过扩散可以进入电池的吸收层,这有助于薄膜晶粒的生长。

(2)Mo 层:Mo 作为电池的底电极要求具有比较好的结晶度和低的表面电阻,制备过程中要考虑的另外一个主要方面是电池的层间附着力,一般要求层具有鱼鳞状结构,以增加上下层之间的接触面积。

(3)CIS/CIGS 层:CIS/CIGS 层作为光吸收层是电池的最关键部分,要求制备出的半导体薄膜是型的,且具有很好的黄铜矿结构,晶粒大、缺陷少是制备高效率电池的关键。

(4)缓冲层:CdS 作为缓冲层不但能降低 i-ZnO 与 P-CIS之间带隙的不连续性,而且可以解决和晶格不匹配问题,i-ZnO 和 CdS 层作为电池的 N 型层,同 P 型 CIGS 半导体薄膜构成 P—N 结。

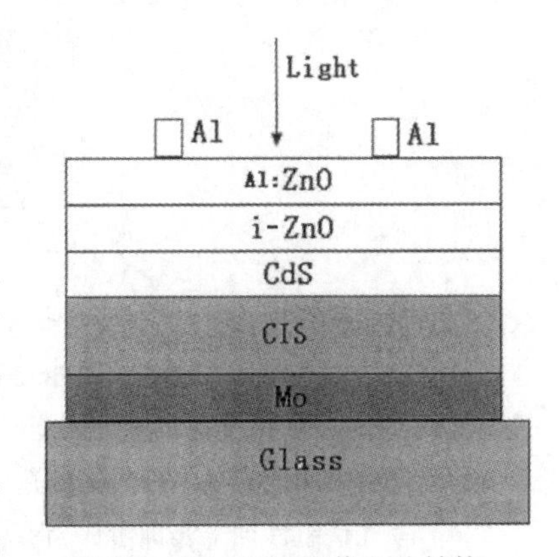

图 9-16　CIGS 光伏电池结构

(5)上电极:n-ZnO 作为电池的上电极,要求具有低的表面电阻,好的可见光透过率,与 Al 电极构成欧姆接触防反射层可以降低光在接收面的反射,提高电池的效率。

(6)防反射层:防反射层 MgF_2 可以降低光在接收面的反射,提高电池的效率。

任务实施

CIGS 光伏电池制备工艺

CIGS 薄膜光伏电池组件的具体工艺流程如图 9-17 所示。

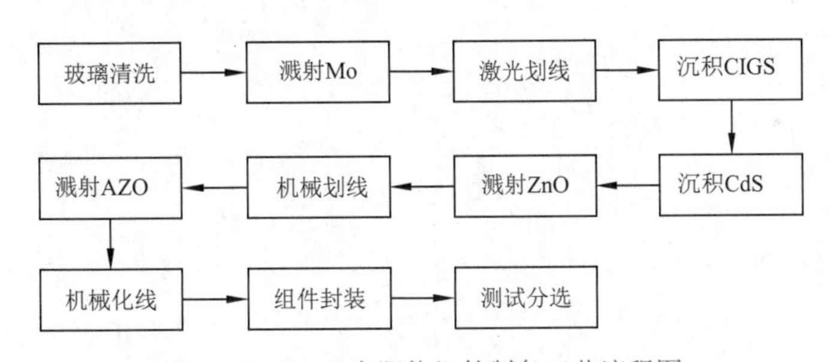

图 9-17　CIGS 太阳能组件制备工艺流程图

CIGS 薄膜光伏电池的底电极和上电极一般采用磁控溅射的方法,工艺路线比较成熟。最关键的吸收层的制备有许多不同的方法,这些沉积制备方法包括蒸发法、溅射后硒化法、电化学沉积法、喷涂热解法和丝网印刷法等。目前应用较为广泛、制备出电池效率比较高的是蒸发法和溅射后硒化法。

参考文献

[1]胡吉昌,段春艳.光伏组件设计与生产工艺[M].北京:北京理工大学出版社,2015.
[2]詹新生,张江伟,刘丰生.太阳能光伏组件制造技术[M].北京:机械工业出版社,2015.
[3]薛春荣,钱斌,江学范,等.太阳能光伏组件技术[M].2版.北京:科学出版社,2015.
[4]李钟实.太阳能光伏组件生产制造工程技术[M].北京:人民邮电出版社,2012.
[5]郑军.光伏组件加工实训[M].北京:电子工业出版社,2010.
[6]马强.太阳能晶体硅电池组件生产实务[M].北京:机械工业出版社,2013.
[7]李一龙,张冬霞,袁英.光伏组件制造技术[M].北京:北京邮电大学出版社,2017.
[8]徐云龙.光伏组件生产技术[M].北京:机械工业出版社,2015.